建立自己的Arduino实验平台，
“玩出”自己的精彩实验。

自己焊接制作一块Arduino最小电路设计板，按需求可以快速用于专题作品的开发和设计或者做各种实验。

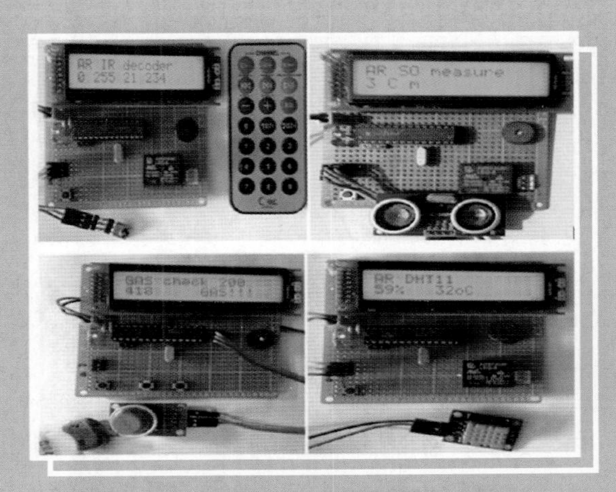

在Arduino最小电路设计板上加上LCD模块、遥控接口，取代Uno控制板。

红外线遥控车。

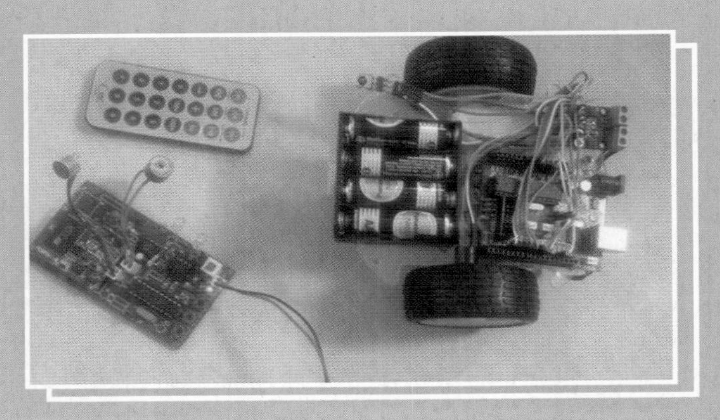

Arduino声控车作品。

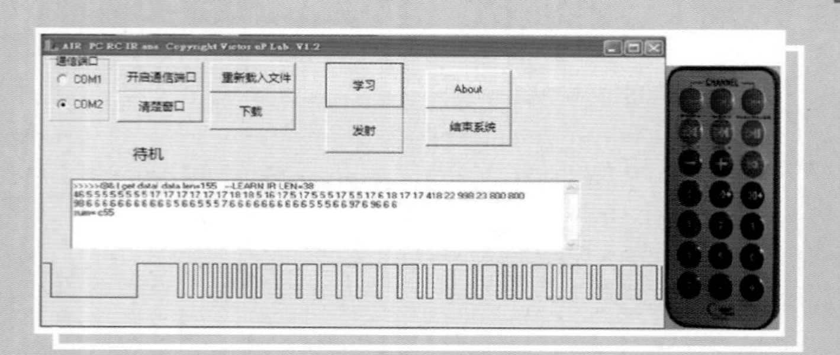

名片型遥控器经过学习型遥控器L51连接到计算机进行控制信号的分析后，信号长度为38，适合译码程序实验。

使用Arduino实现说中文、英文单词及数字的实验——插入语音合成模块。

自制Arduino控制板与学习型遥控器 L51连接，用于做多种遥控实验。

Android手机遥控车实验。

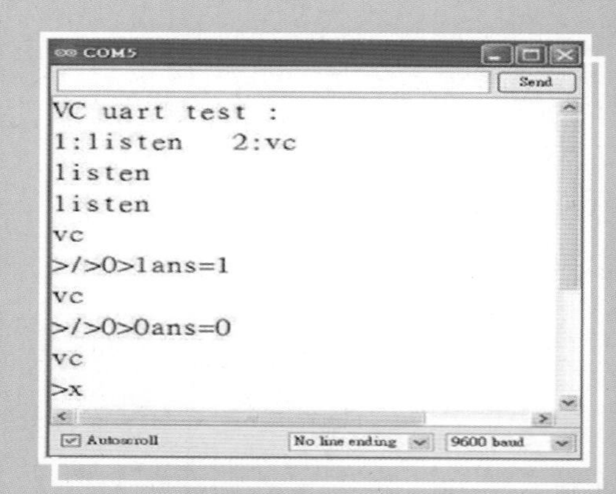

通过Arduino开发软件的“串口监视器”窗口调试声控程序。

自制Arduino控制板 + L51 + VI ——做 “多功能声控红外线遥控器” 实验。

Arduino声控发射飞镖玩具机器人。

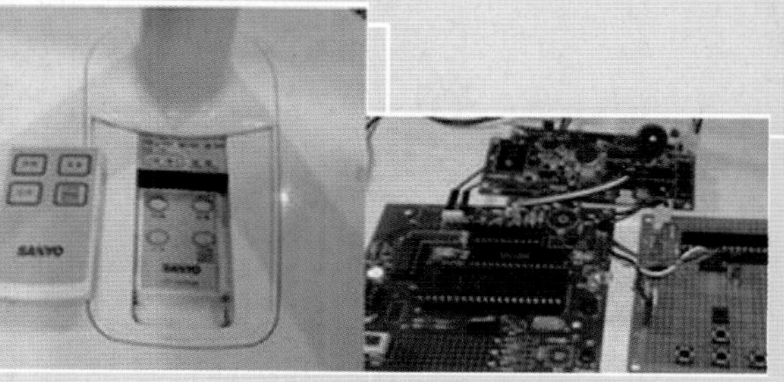

Arduino声控风扇的实验。

Arduino 声控电视机的实验。

遥控八音盒。

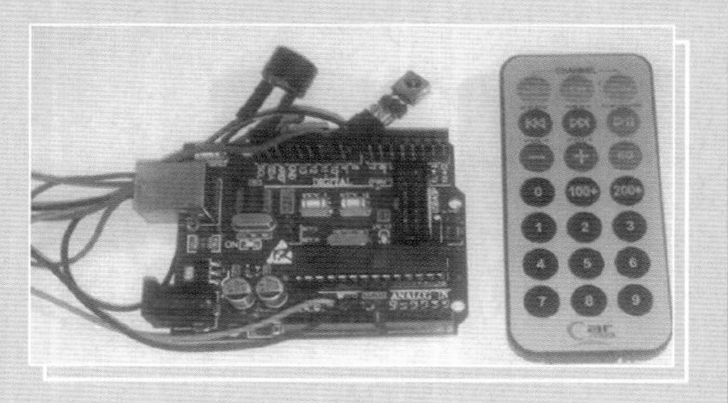

遥控倒计时器。

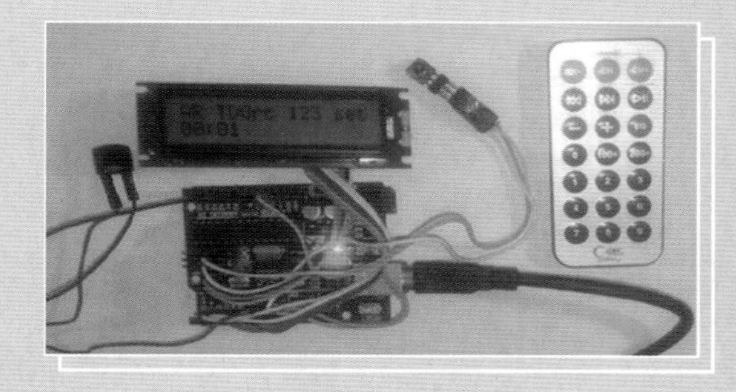

智能盆栽浇灌器。

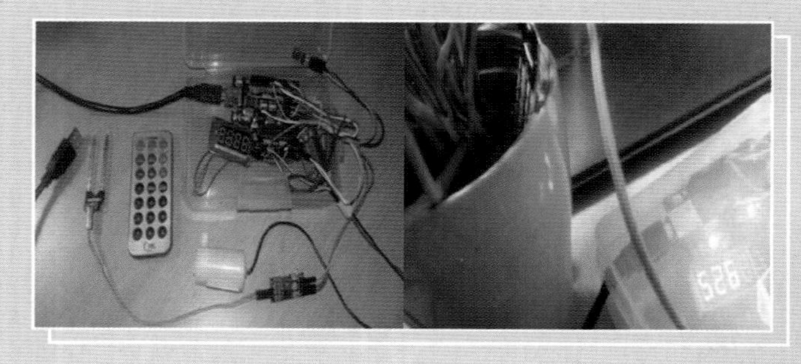

Arduino声控谱曲。

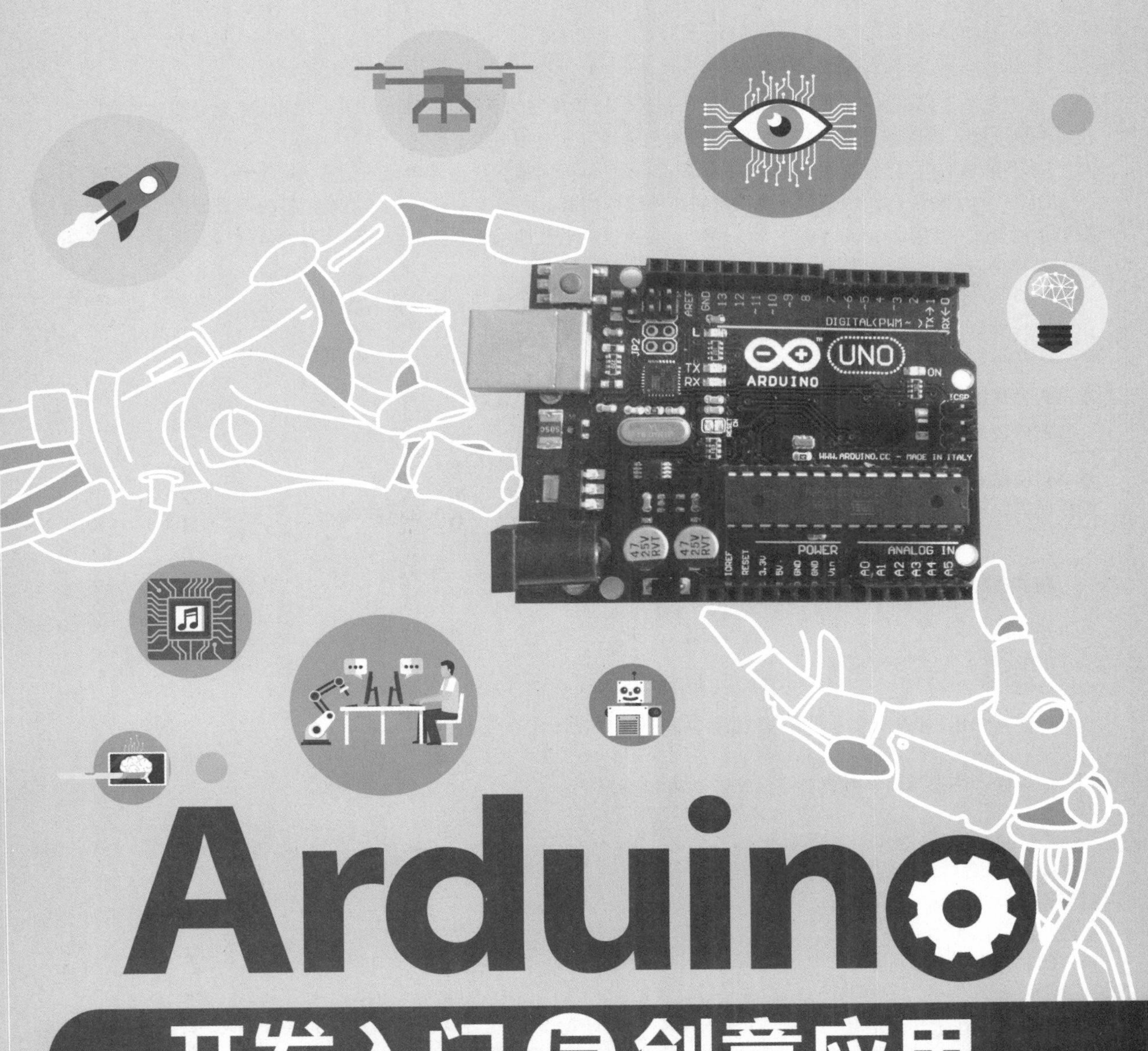

Arduino 开发入门与创意应用

陈明荧 著

清華大學出版社
北京

内 容 简 介

本书是基于作者多年的软硬件平台设计和教学经验撰写的 Arduino Uno 开发入门指导，指导初学者做出自己喜欢的实验，同时帮助有经验的工程师更有效率地开发应用专题。

本书的核心内容包括：引导读者使用 Arduino Uno 开发板轻松创建自己的创意实验平台；基于自己动手制作（DIY）的实验平台，解码和开发稳定的红外线遥控器、声音控制器，完成功能完备的项目专题制作和产品原型机的开发；利用 Arduino 基本 I/O 功能，实现包括七节显示器、按键扫描、串行通信接口、继电器及音乐控制等项目应用。

本书的技术探讨部分深入浅出，实验项目贴近实际应用，既适合初学者自学实践，也适合有经验的工程师用于项目开发的参考。

图书在版编目（CIP）数据

Arduino 开发入门与创意应用 / 陈明荧著. —北京：清华大学出版社，2022.2
ISBN 978-7-302-59934-0

I. ①A… II. ①陈… III. ①单片微型计算机—程序设计 IV. ①TP368.1

中国版本图书馆 CIP 数据核字（2022）第 014851 号

责任编辑： 夏毓彦
封面设计： 王　翔
责任校对： 闫秀华
责任印制： 朱雨萌

出版发行： 清华大学出版社
网　址：http://www.tup.com.cn，http://www.wqbook.com
地　址：北京清华大学学研大厦 A 座　　邮　编：100084
社 总 机：010-62770175　　邮　购：010-62786544
投稿与读者服务：010-62776969，c-service@tup.tsinghua.edu.cn
质 量 反 馈：010-62772015，zhiliang@tup.tsinghua.edu.cn

印 装 者：三河市君旺印务有限公司
经　销：全国新华书店
开　本：190mm×260mm　　彩　插：2　　印　张：17　　字　数：458 千字
版　次：2022 年 3 月第 1 版　　印　次：2022 年 3 月第 1 次印刷
定　价：79.00 元

产品编号：093181-01

前　言

笔者所在的实验室一直将基于8051微控制器的单片机用于教学和项目应用，历经20多年，因而想在基于8051微控制器的实验测试平台之外另行开发一个新的实验测试平台。幸运的是，近几年来Arduino开源电子原型平台成为实现这个想法的最佳选择。对于我这个在8051实验测试平台编写C语言程序有20年经验的人来说，相比于其他程序设计语言，还是更青睐C语言，因为它既简单，移植性又好。

特别是看到Arduino系统的范例及链接库、软件串行接口、I2C 接口、SPI 接口、EEPROM、服务器电机、LCD、SD卡、网络、WiFi等常用的控制接口都有人已经编写好了，笔者内心感动不已。亲自编写过硬件底层驱动程序的人都知道，这不仅仅需要花费很多时间进行编写，还需要花费更多时间进行测试，而现在只要把它们集成到应用中即可，岂不是幸事？ Arduino官网及网上的相关论坛中还有更多的应用，可供读者看和学的资源几乎是“无限的”，实在是太棒了。

再好的工具，自己不能理解掌握就无法成为自己的应用技术。

接下来的N个小时、N个工作日及节假日，笔者都在测试自己感兴趣的相关应用实验。经过数百个小时的“Arduino程序实验奇幻漂流及探索”过程，才有了本书中讲述的各种实验项目，在日常的工作之余，笔者还在持续探索其他神奇有趣的应用，更多实验项目还在持续进行中。

Arduino 是一种开放授权的互动开发平台，它有一块简单输入、输出的开源电路板，并结合了类似Java、C语言的开发环境，让初学者易于上手使用。有了基本工具后，搭配一些常用的电子元器件，如LED、扬声器、按键、光敏电阻、红外线遥控、超声波测距仪、服务器电机等元器件。相信读者阅读完本书，便可以进行有趣的实验，展示产品原型机、互动作品、学生专题，当然读者还需动手做才能实现自己的作品。

对于Arduino Uno而言，笔者的使用心得如下：

- 具有简单、易学、易用的集成开发工具。
- 硬件架构简单。
- 支持标准C语言的程序开发。
- 有DIP芯片可用于手工焊接拓展实验。
- 有大量范例可供学习参考。
- 支持新硬件的应用。

目前根据工作需要，笔者建立了一个Arduino应用开发平台：

- 以Uno板为开发板，自动下载程序，可以快速验证程序功能。
- 自己焊接制作Arduino最小电路设计板，按需求可以快速复制。
- 在Arduino最小电路设计板上加LCD、遥控接口，取代Uno板。
- 定制化各种Arduino应用板。
- 以Arduino玩玩“免改装”声控玩具、家电、居家自动化应用。
- 支持Arduino声控红外线遥控各种可能的应用。

对于不同的用户，笔者的建议是：

- 初学者：测试过后，看看自己是否有需求、有愿望、有动机来学习。有动机学，再来投资硬件进行学习。
- 已入门者：建议自己焊接一块 Arduino 最小电路设计板加 LCD 模块。因为 Uno 板没有输入输出，不方便验证应用，而接面包板只是为了一时的实验，有太多不方便的地方。善用 Arduino 最小电路设计板以及 Uno 芯片，可以互换使用，因为可为 Arduino 最小电路设计板手动下载程序。

有经验的程序员，应该知道笔者想说的是：Arduino 系统提供的现成的开发工具如果可以帮助读者解决工作上的问题，为什么不直接拿来用呢？如果读者正苦于缺乏研发产品的时间和精力，那么采用 Arduino 研发平台将省下很多时间，因为其背后有全世界一流的研发高手在提供支持，很多开发工作不必我们亲自动手，只需看懂程序，便可以拿来开始进行实验。Arduino 为我们准备好了入门学习的所有工具，你准备好了吗？

Arduino 魅力无穷，本书集成了自行研发的模块来进行实验，包括中文语音合成模块 MSAY、控制红外线学习模块 L51、控制中文声控模块 VI。

本书提供了以下实验：

- Arduino 控制史宾机器人、发射飞镖的机器人、遥控风扇、家中电视机的实验。
- Arduino 手机遥控车、声控发射飞镖的机器人、声控风扇、声控家中电视机的实验。

简化程序设计，不必编写一堆程序代码来控制，关键程序只需 10 多行程序语句。

学会 Arduino C 程序设计后，在校学生可以把本书学到的设计应用到自己的毕业设计中，完成属于自己的毕业设计论文，毕业后甚至可以把这个设计作为自己的“代表作”，在面试时也会有加分作用。特别是应聘嵌入式开发工程师时，效果会更好，因为基于 Arduino 的任何专题作品，都是软件与硬件相结合开发的成果。

在 C 语言程序设计中觉得好玩、有趣的实验，笔者都会安排时间去尝试研究和实验。同样，在使用 Arduino 系统开发的过程中，读者将会发现更多的应用，值得读者不断去探索和研究。笔者最大的心愿就是希望本书能引导初学者，用 Arduino 轻松愉快地设计和制造出自己的专题作品以及“玩出”自己的精彩实验。

代码下载

本书的代码可扫描右侧的二维码获取，也可按提示把下载链接转发到自己的邮箱中下载。如果下载有问题，请发送电子邮件至 booksaga@126.com，邮件主题为“Arduino 开发入门与创意应用”。

陈明荧

2021 年 11 月

目　　录

第 1 章

认识 Arduino

Arduino 是一款集成软硬件设计的开源电子原型平台，它把硬件设计、链接库、示例程序、编译、应用下载、实验板等功能都集成在这个统一的开发平台上，使初学者更容易上手使用。开发者可以到官网下载软件，在计算机上解压缩并安装后，便可直接使用。初学者可先试用一下软件开发工具，再来决定是否要购买这些硬件开始下一步的学习。Arduino 是值得学习的好工具，它已跃升为软硬件应用设计主流平台之一。本章就来看看它的魅力所在（本书将要开发和设计的原型产品或者实验产品统称为专题作品）。

1.1 Arduino 软硬件设计的开源电子原型平台

Arduino 是一款互动的开发平台，它有一块拥有简单输入、输出的开放源码电路板，并采用类似 Java、C 语言的开发环境，从而使初学者易于了解和上手使用。有了基本的开发工具后，搭配一些常用的电子元器件，如 LED、扬声器、按键、光敏电阻、红外线遥控、超声波测距传感器、伺服电机等，便可着手进行有趣的实验、开发展示产品的原型机及设计互动作品。

由于网友不断分享开发和设计的成果，Arduino 现在已成为软件、硬件 DIY 爱好者使用的主流设计平台，并得到了这个领域教育和培训人员的支持，也得到了这个领域玩家们的热烈回应，特别是对于那些非电子信息类专业的朋友，他们也可以通过自学入门嵌入式开发，进而做各种自己感兴趣的实验。例如，学生在毕业前做毕业设计，工程师参与基本应用、高级应用或项目设计，业余爱好者设计各种有趣的控制应用及系统集成，等等，Arduino 都可以派上用场。

越来越多的厂商开发并推出了自家的控制模块来支持 Arduino 系统，因此可应用的软硬件资源也越来越丰富，使得开发新的产品和应用更加便利。有志于研究软硬件系统集成的从业者或个人玩家，除了使用传统的基于 8051 微控制器的系统外，现在又多了 Arduino 系统可以选择。当然，有 8051 微控制器软硬件相关的研发经验的人员，再投入 Arduino 系统的开发和设计自然是轻车熟路。不过，刚接触 Arduino 系统时，我们需要逐一对该系统进行如下评估：

- 具有简单、易学、易用的集成开发工具。
- 硬件架构很简单。
- 支持标准C语言程序开发。
- 有DIP芯片可以进行手工焊接，方便拓展专题作品的实现。
- 有大量范例可供学习。
- 支持新硬件设备的应用。

以上各项都是 Arduino 系统具有的特点，在网络平台上具有丰富的教学和演示视频、实验、应用等，让人看了很心动；有简单、易学、易用的集成开发工具，因而不必另外购买，满足 DIY 教育、培训和自学者的应用需求；支持标准 C 语言程序开发，因为我们过去很多项目设计都是基于 8051 微控制器的硬件平台并以 C 语言开发的，因此经过修改、编辑和编译后，即可移植到新的 Arduino 系统上去执行；特别是支持新硬件的驱动范例链接库，在开发应用中使用新硬件就更便捷了，同时也可以研究其驱动程序的编写方法，以便为其他系统平台开发相应的驱动程序。

1.2 Arduino 开发板的硬件架构

图 1-1 是 Arduino 开发板的硬件架构，由以下几部分组成：

- ATMEGA芯片。
- 直流电源稳压器。
- USB接口转换器。
- 数字输入输出。
- 模拟输入输出。
- 输入输出端子。

ATMEGA 芯片是 ATMEL 公司生产的高性能低价位的微处理器。USB 接口转换器用于上传、更新应用程序及数据传输、程序调试，在程序开发时，也可以提供+5V 电源供电。数字输入或模拟输入可以用于连接各种输入设备或传感器，例如温度或亮度探测应用，经过运算和处理，经由数字输出或模拟输出来驱动外界的设备，例如 LED、LCD、继电器等，以低成本、便于实验的方式进行互动控制的应用。总之，这些输入输出端口可以方便地用于实验或在应用中扩充特殊的功能。

图 1-1 Arduino 硬件架构

表 1-1 为 ATMEGA 系列芯片内的程序和内部存储器的列表，其中 FLASH 表示存储程序的闪存，

SRAM 为内部存储器（静态随机存储器），EEPROM 为内部的带电可擦可编程只读存储器。程序和数据保存在存储器中，在一些仪器或设备的设计中，需要存储设置好的系统参数，或者长时间记录追踪的数据，这些参数或数据在断电之后依然需要保存在存储器中，即所谓的非易失性存储器。

表1-1 ATMEGA系列芯片内的程序和内部存储器列表

芯 片	FLASH 容量	SRAM 容量	EEPROM 容量
ATMEGA8	8KB	1KB	512B
ATMEGA168	16KB	1KB	512B
ATMEGA328	32KB	2KB	1KB
ATMEGA1280	128KB	8KB	4KB

图 1-2 为官网上有关 Arduino 开发板的介绍。Arduino 系统支持各种硬件开发板，差别在于芯片型号、芯片封装、电路板大小等，读者可以根据是否方便自己的实验或者实现不同功能的应用来进行选择。其中有 ArduinoLilyPad 圆形电路板设计（见图 1-3），将它与服装设计的应用搭配，可以直接缝合在服饰上，进行跨领域的不同尝试。

图 1-2 Arduino 系统支持的各种硬件开发板（数据源：arduino.cc）

图 1-3 ArduinoLilyPad 圆形电路板（数据源：arduino.cc）

基本上，Arduino 硬件开发板只提供程序代码下载功能，因此仍需要外加必要的输入输出设备，例如按键和传感器输入设备，以及 LED、LCD、继电器等输出设备，才能成为完整的控制器。为了便于功能的扩展和实验，硬件开发板上设计有黑色杜邦接头连接器，方便与兼容引脚的适配卡（称为 Shield）连接，以实现各种功能的扩充，当然适配卡还可以进行堆叠扩展。例如，连接网络适配器（即网卡），Arduino 便可以用于网络实验，为低成本网络控制应用提供解决方案，这样不需要连接计算机就能实现网络控制的应用；连接无线网络适配器，Arduino 便可以通过无线网络访问控制来进行实验，既可以做实验室的应用实验，又可以应用链接库进行软件开发来降低研发成本。

在入门级的应用上，普遍使用的是 Arduino Uno 开发板，如图 1-4 所示。开发板上使用 ATMEGA328 DIP 封装的芯片，出货时可以安装 IC 插座，方便 DIY 实验时反复插拔进行芯片的替换。

图 1-4 Arduino Uno 开发板

Arduino Uno 开发板的规格如下：

- 开放原始设计的电路图，开发软件接口免费下载。
- 内建ISP下载功能，编译完成后便可直接下载程序查看执行结果。
- 使用高速的8位微处理器ATMEGA328芯片。
- 程序内存容量：32KB。
- 内部SRAM容量：2KB。
- 内部EEPROM容量：1KB。
- 支持13组数字输入/输出。
- 支持6组模拟输入/输出。
- 接上计算机USB接口，无须外部供电。
- 外部供电7V~12V直流电压输入。
- 输出电压5V和3.3V，方便实验连接。

Arduino Uno 开发板上的扩展接点已标明了其电气特性，如图 1-5 所示，以方便实验连接及功能验证，常用的引脚说明如下：

- 5V：5V电源输出。
- 3.3V：3.3V电源输出。
- GND：接地。
- RESET：重置信号。
- 0~13：数字输入输出，一般分为数字输入输出D0~D13和模拟输入输出。其中D13在板上已设计并连接有LED，高电平点亮，用于程序代码的测试。

- D3、D5、D6、D9、D10、D11：标示有~符号的为脉冲宽度调制（Pulse Width Modulation，PWM）输出，可以用于数字脉冲的设计，也可以仿真模拟电压的输出，相关实验可参考第8章中的说明。
- D0：此引脚是串口RX，接收输入引脚。
- D1：此引脚是串口TX，传送输出引脚。
- A0~A5：模拟输入引脚，相关实验可参考第7章的说明，但是无法作为模拟电压的输出。此外，当数字输入输出引脚不够用时，A0~A5也可以用作数字输入输出引脚，编号为D14~D19。

图 1-5　Arduino Uno 开发板上的扩展接点及其标明的电气特性

1.3　需要的开发板及实验方式

程序设计需要反复地修改源程序、编译、链接、生成可执行文件，然后将可执行文件下载到开发中的目标板上，或者刻录在 EEPROM 类的芯片上来验证结果。图 1-6 所示为程序开发、测试流程。Arduino 系统支持程序下载功能，不必刻录芯片也可以查看程序执行的结果，以方便实验进行。

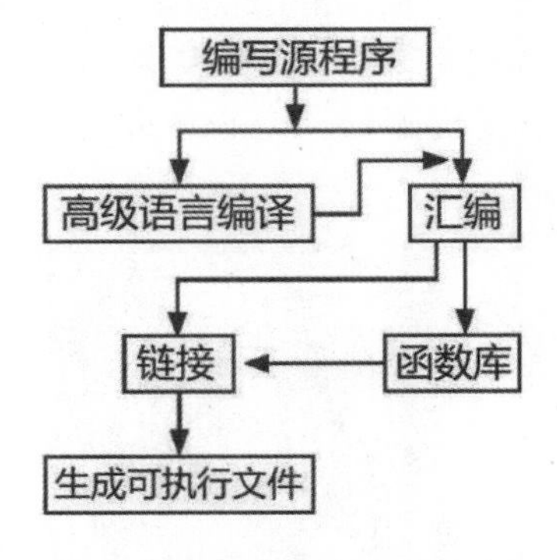

图 1-6　程序开发、测试流程

在实验过程中，只要编辑好源程序，从编译到下载全由系统来处理，我们只要有以下基本的配件便可开始实验：

- Uno开发板。
- 面包板及配线（面包板连接线，专用跳线）。
- 实验元器件。

面包板是学校电子电气实验室常见的用于电子电路实验的工具板，它不需要焊接，只需要以面包板配线便可做简单的电子电路实验，而且可以快速反复拆线，再组合用于新的实验。图 1-7 所示为面包板的使用方法，面包板内部有金属导线将垂直或水平连线互相连接在一起，面包板上下方有两个长排的水平孔，它们用于连接 5V 电源和接地。

如图 1-8 所示为用面包板做实验时的样子。使用 Arduino Uno 程序开发平台，在编译程序之后，再将可执行程序文件下载到 Uno 开发板上去执行。将 I/O 设备插在面包板上，经由面包板配线连接到 Uno 开发板上来做实验，便可以验证程序的功能。在实验中，如果需要配备任何硬件，则可以随时拔插修改，非常方便。

图 1-7 面包板的使用方法

图 1-8 使用 Arduino Uno 与面包板来做实验

通过面包板配线的连接来做实验是没有问题的，但是若要展示给客户看或者在现场进行测试，各个地方搬来搬去，一堆导线看了就烦，其中一条连接导线松了或脱落了，便无法工作。因此，我们采用 Arduino 最小电路设计板来将实验电路变为便于展示的原型机。图 1-9 所示为用 Arduino 开发板实现的瓦斯浓度检测器，是以最小电路设计板来手工焊接完成的“作品”。有关焊接技巧可以参考本书附录。

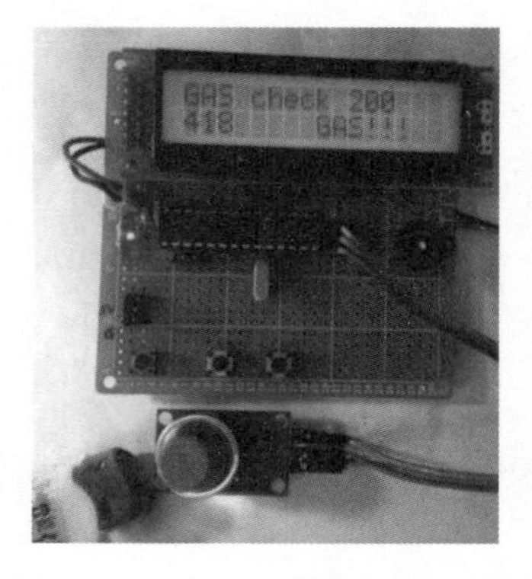

图 1-9 Arduino 瓦斯浓度检测器

因此，以 Arduino Uno 开发板为程序开发平台的完整系统架构如图 1-10 所示。该设计用到的主要元器件如下：

- Arduino Uno开发板（或者兼容板）。
- 面包板。
- 实验元器件或模块。
- 实验程序或项目。
- 展示原型机。

无论是学生还是工程师，都可以利用此实验平台来完成相关实验、专题作品或者项目的开发。由于每个项目使用不同的外部元器件或模块，因此只要独立完成一个项目，在下次开发新项目时，重复使用此实验平台，更换新的外部元器件或模块，再配合相应的实验程序或项目程序，即可开始新项目的测试。总之，自己焊接完成 Arduino 最小电路设计的“万用板”后，就能以最低成本来制作原型机，进而作为展示机或量产前的控制器测试样机。

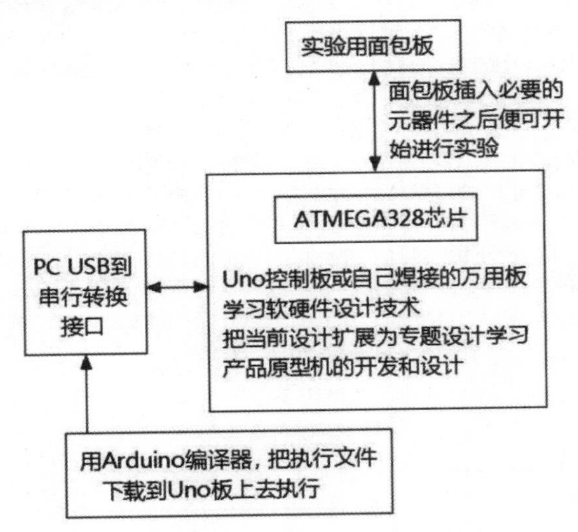

图 1-10　Arduino Uno 开发平台的架构

在开发时，我们利用 Uno 开发板下载程序，配合面包板进行实验来验证功能，此时程序已经在芯片中了，在完成功能开发后，从 Uno 开发板取下芯片，再放入这个最小电路设计中，也就是将电路手工焊接成 Arduino 最小电路设计板，成为展示时的产品原型机。因此，利用此开发平台来制作 Arduino 产品原型机可以：

- 学习Uno开发板原理。
- 自己动手焊接Arduino最小电路设计的万用板。
- 学习基本的软硬件设计技术。
- 把当前设计扩展为专题设计和制作。
- 学习产品原型机的设计和开发。
- 学习Arduino最小电路的设计和制作。

图 1-11 是 ATMEGA328 的引脚图，参考官网 Arduino Uno 控制芯片的电路图，可简化成最小电路设计（见图 1-12），基本电路引脚的分析如下：

- 引脚7：5V电源。
- 引脚8：接地。
- 引脚9：系统频率引脚1。
- 引脚10：系统频率引脚2。引脚9、10连接一个16MHz的石英晶振芯片便可为系统提供工作频率。
- 引脚22：模拟接地。
- 引脚1：芯片重置（RESET）控制引脚，低电平触发。

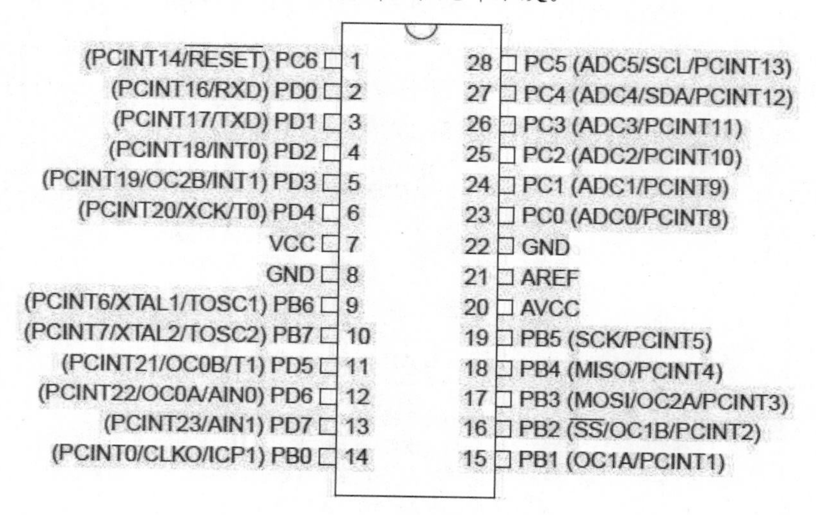

图 1-11　ATMEGA328 引脚图

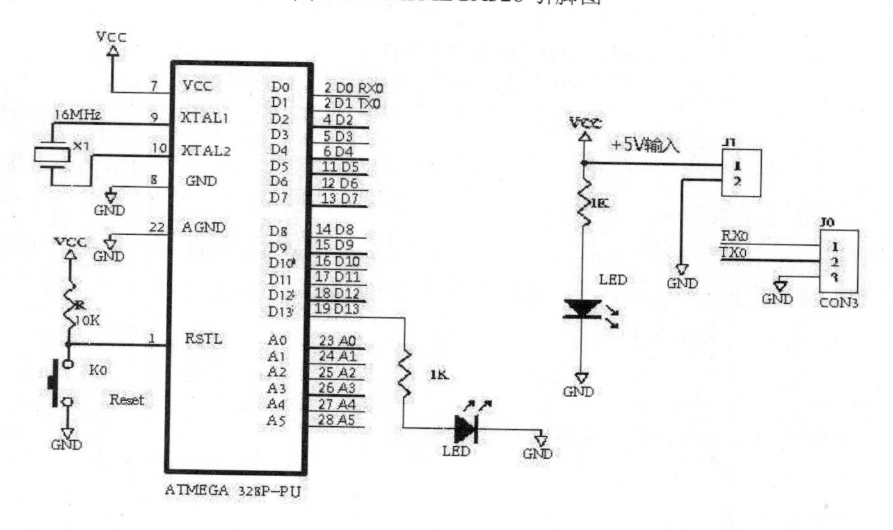

图 1-12　Arduino Uno 最小电路设计

以上引脚只要接好，系统通电后便会自动重置。若要重新执行程序，则按下用于重置的

K0 键，使 RESET 引脚接地，便可以重新启动程序的执行。Uno 开发板 D13 接有一个 LED 指示灯，高电平点亮，可以用于基本程序的测试。Rx0 和 Tx0 引脚连接 USB 到实验板转换板，用于下载程序。因此，自己制作 Arduino 最小电路设计板的优点如下：

- 避免单芯线在实验时造成的接触不良。
- 方便到处携带进行实验测试。
- 可以根据需要扩充模块脚座，方便功能扩充。
- 可以快速焊接复制多套控制板。
- 可用于下载程序。
- 可以学习基本的软硬件设计。
- 扩充成为专题制作。
- 用于产品原型机开发设计。

单芯线实验时容易接触不良，尤其是 LCD 接有 8 条线，当送出脉冲信号时，一旦接触不良，就会出现乱码或宕机。若是经过焊接后，给实际工作带来了诸多便利，要修改程序时，可从最小电路设计板经由 USB 接口下载程序，非常方便，而不需要接回 Uno 去修改程序。

最小电路设计板经由 USB 转换接口与计算机连接（参考 5.3 节 Arduino 串口），便可下载程序，当然安装 USB 转换接口驱动程序是前提条件。只是在上传程序的时候，无法像 Uno 集成环境可以自动上传程序并执行，需要手动操作，具体步骤如下：

步骤 01 当上传程序进行编译时，按住 RESET 键。
步骤 02 当上传程序启动时，放开 RESET 键。
步骤 03 若上传程序成功，程序便会自动执行。

1.4　安装开发环境及使用

下面来看如何快速应用 Arduino 系统来从事项目的开发。基本步骤如下：

步骤 01 安装 Arduino 集成工具及 USB 接口连接，开始建立 Arduino 实验平台。
步骤 02 编译 Arduino 程序并下载到控制板上，反复执行测试，实验便可完成。
步骤 03 建立适合自己的 Arduino 软硬件实验平台，便于开发测试新程序，挑战新的实验。

所有软硬件课程都是从入门、应用到高级设计和开发的渐进过程，自己亲自动手实践，逐一建立起属于且适合自己的应用程序和硬件模块，当 Arduino 专题开发平台建立后，挑战新的实验及开发相关的应用便容易多了。想要体验 Arduino 快速软硬件设计工具，要先安装软件，新版本的 Arduino 开发工具可从官网下载，如图 1-13 所示。

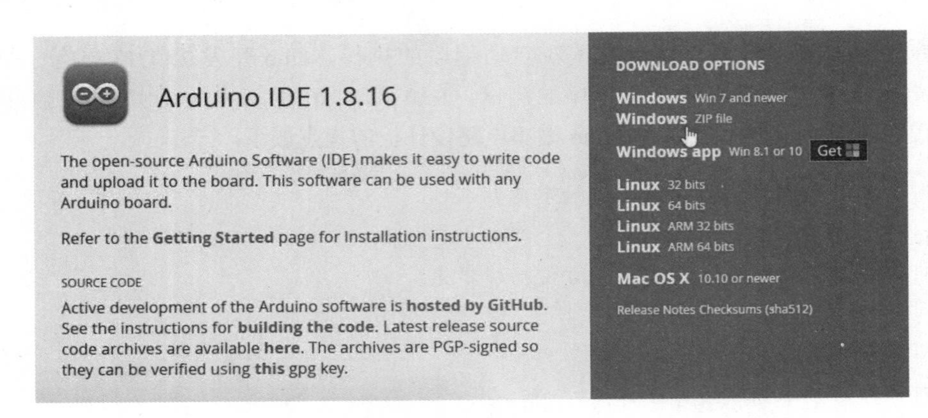

图 1-13 官网下载页面

若要验证旧版软件（如 arduino-1.0.5-r2），也可以从官网下载。

arduino-1.0.5-r2 版本中有内建的在线链接库示例，读者可参考使用。有些时候在验证某些程序时，可能需要使用旧版软件，可根据需要下载搭配使用。

若下载的是安装版本（Installer），则需要完全安装才能执行。若下载的是 ZIP 文件，则下载完成并解压缩后可直接执行。下载 ZIP 文件时，将整个文件夹复制到计算机上，解压缩后便可以执行，不必重新安装。下载 ZIP 文件并解压缩后的结果如图 1-14 所示。

名称	类型	修改日期
drivers	文件夹	2021/9/3 9:53
examples	文件夹	2021/9/3 9:53
hardware	文件夹	2021/9/3 9:53
java	文件夹	2021/9/3 9:54
lib	文件夹	2021/9/3 9:53
libraries	文件夹	2021/9/3 9:54
tools	文件夹	2021/9/3 9:54
tools-builder	文件夹	2021/9/3 9:53
arduino.exe	应用程序	2021/9/3 9:54
arduino.l4j.ini	配置设置	2021/9/3 9:54
arduino_debug.exe	应用程序	2021/9/3 9:54
arduino_debug.l4j.ini	配置设置	2021/9/3 9:54
arduino-builder.exe	应用程序	2021/9/3 9:53
libusb0.dll	应用程序扩展	2021/9/3 9:53
msvcp100.dll	应用程序扩展	2021/9/3 9:53
msvcr100.dll	应用程序扩展	2021/9/3 9:53
revisions.txt	文本文档	2021/9/3 9:53
wrapper-manifest.xml	XML 文档	2021/9/3 9:54

图 1-14 Arduino 系统目录

这是所有系统文件存放的位置，不像有些软件要完全安装才能正常执行，优点是易于携带。该文件结构相当简洁，主要分为几部分：

- arduino.exe：可执行文件。

- drivers：驱动程序目录。
- examples：示例目录。
- hardware：硬件设备目录。
- java：系统程序。
- lib：链接库。
- libraries：硬件设备应用链接库。
- reference：系统参考资料。

执行 arduino.exe，工作界面如图 1-15 所示，分为 6 个常用功能区：

- 验证：编译程序，检查程序是否有语法错误。
- 上传：上传程序到控制板去执行。
- 新建：新建程序。
- 打开：打开旧程序。
- 保存：保存当前的程序。
- “串口监视器”窗口：计算机监控串行端口数据输入输出。

“串口监视器”窗口打开后，程序一旦开始执行，就可以用于接收或发送串口的数据，以便于后续的系统调试。

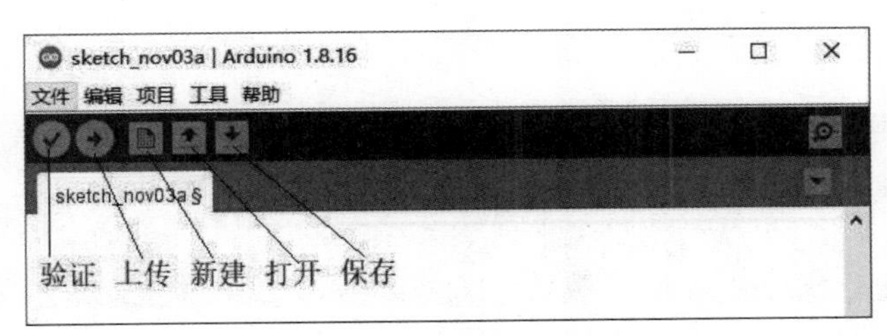

图 1-15　Arduino 系统启动后的工作界面

需要设置相关的硬件选项，Arduino 集成环境才能顺利执行，这里选用 ArduinoUno 开发板，如图 1-16 所示。

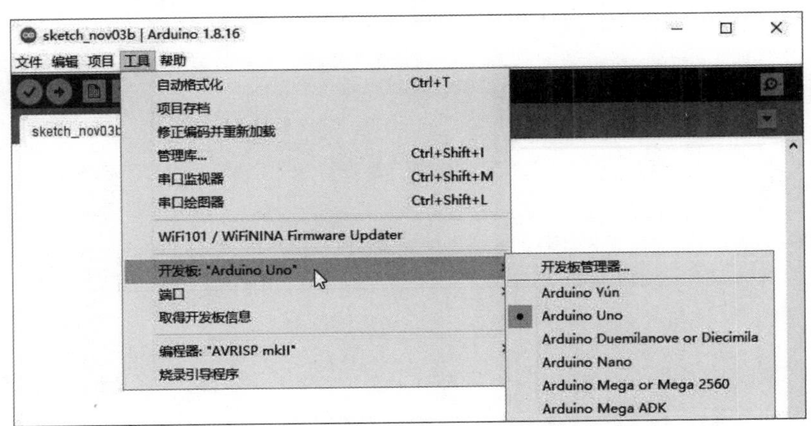

图 1-16　选用 ArduinoUno 开发板来执行程序

安装软件后，再来使用其编译功能生成可执行文件，步骤如下：

步骤 01 选择示例。加载示例程序来测试 Uno 板上的 LED 灯的闪烁情况，以便测试 Arduino 系统是否安装正确。依次单击“文件”→“示例”→01.Basics → Blink，加载示例程序，如图 1-17 所示。

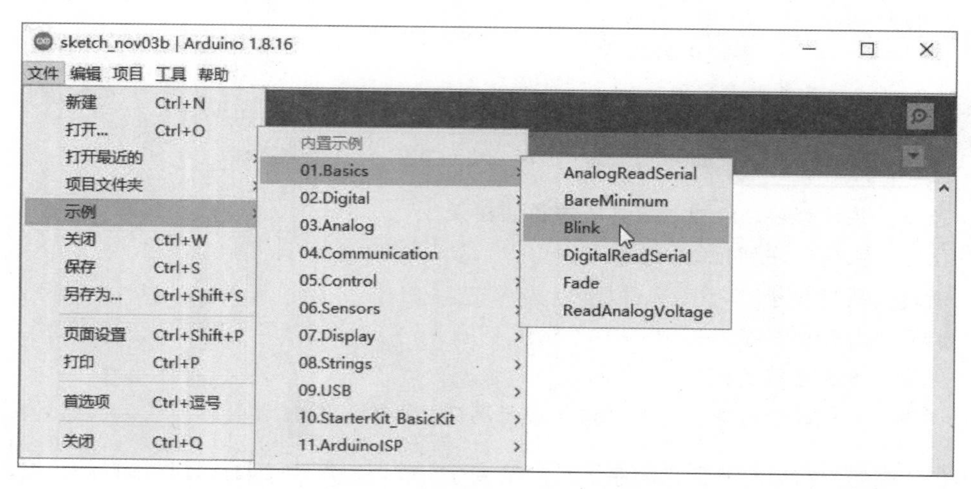

图 1-17 选择示例程序

步骤 02 编译程序，如图 1-18 所示。

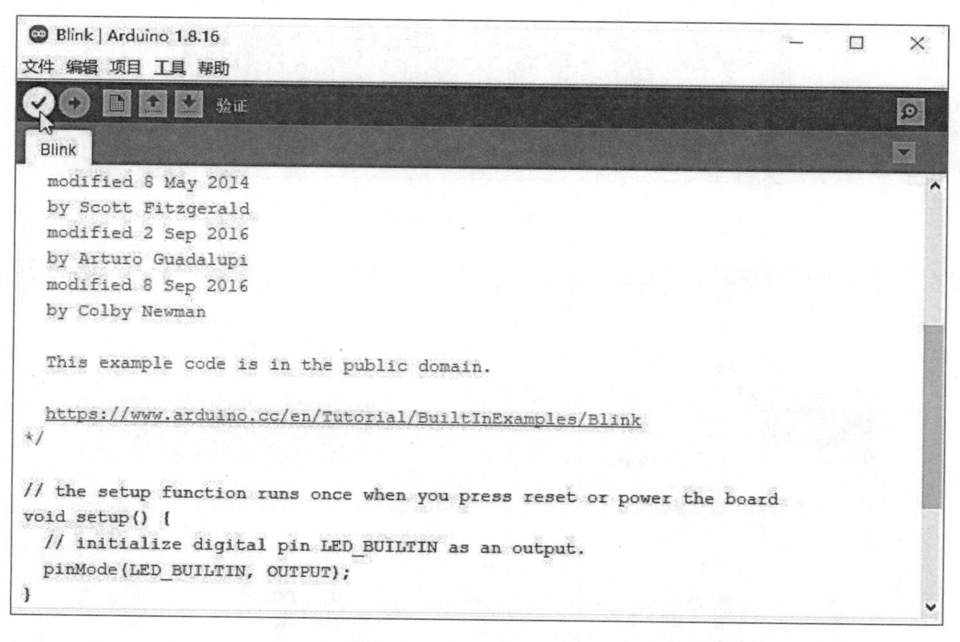

图 1-18 编译示例程序

步骤 03 程序文件编译完成即可生成可执行文件，其大小为 924 字节（上限为 32256 字节）。然后上传程序，如图 1-19 所示。

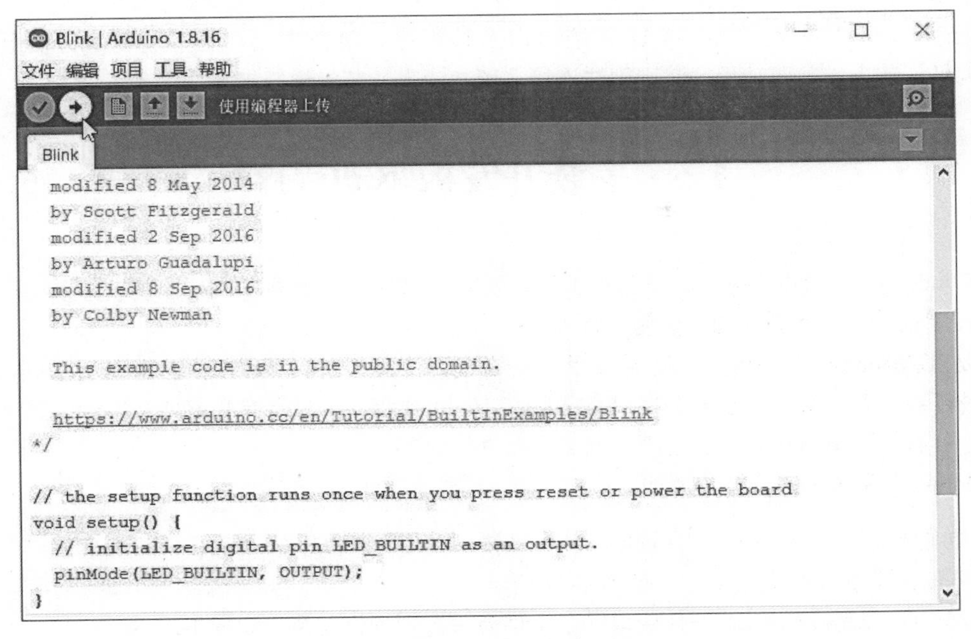

图 1-19　上传程序

程序上传完毕后如图 1-20 所示。

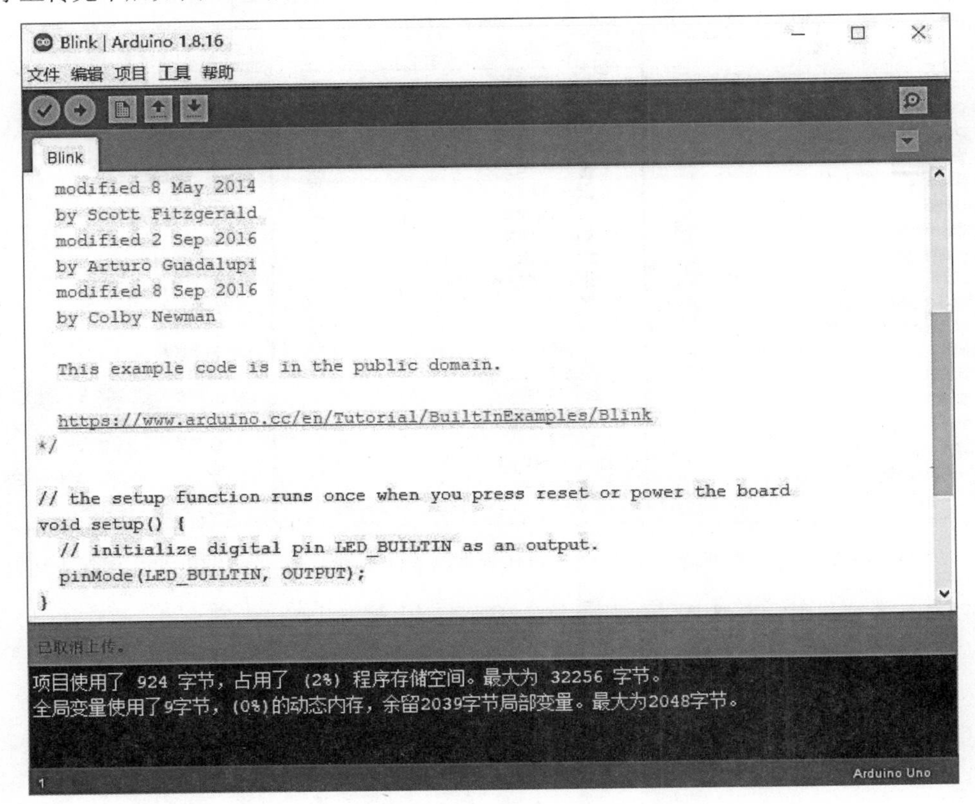

图 1-20　程序上传完毕

若已安装驱动程序，则连接 USB 接口后上传程序，便会自动执行程序，Uno 板上的 LED 灯开始闪烁。若未安装驱动程序，则无法连接，可参考下一节的说明。

1.5 安装开发板驱动程序

在 Windows 10 操作系统下，不需要手动安装驱动程序，直接插入 Uno 控制板，系统自动侦测到 Uno 控制板之后，就会开始安装驱动程序。

若是在 Windows 7 系统下，则需要手动安装 Uno 开发板的驱动程序；若是在 Windows XP 系统（已经相当古老了）下，安装步骤和 Windows 7 下大致相同，只是有些窗口及提示信息可能不一样，读者可以参照 Windows 7 系统下的安装步骤进行安装。

Windows 7 系统下的安装步骤如下：

步骤 01 依次单击“开始”→“控制面板”→“系统”→“设备管理器”，打开“设备管理器”窗口，查看驱动程序的安装状态，如图 1-21 所示。

步骤 02 把 Uno 控制板连接到 USB 端口，会出现无法识别的设备是，如图 1-22 所示。

步骤 03 右击，在弹出的快捷菜单中选择“更新驱动程序”选项，如图 1-23 所示。

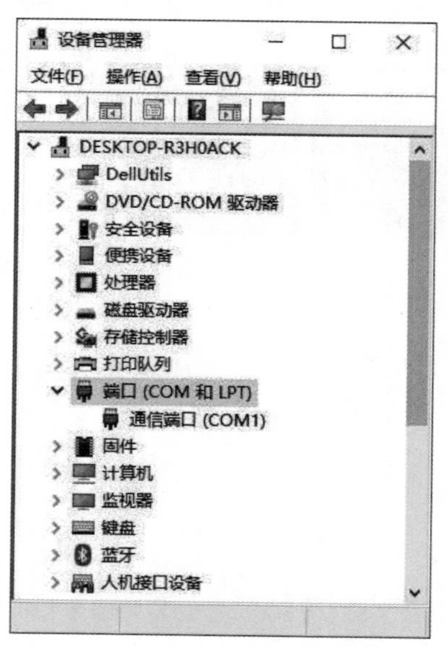

图 1-21 Windows 7 的设备管理器

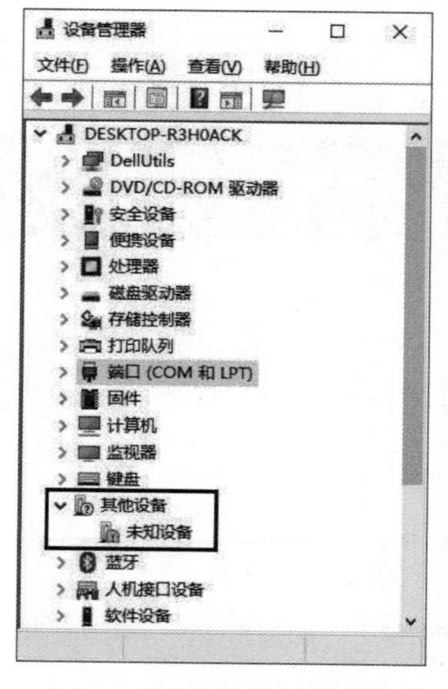

图 1-22 设备管理器无法识别 Uno

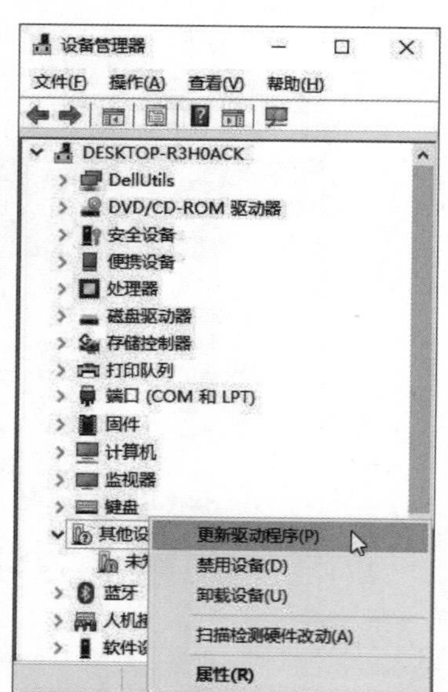

图 1-23 更新驱动程序

步骤 04 在打开的窗口中，选择第二项手动安装驱动程序，如图 1-24 所示。

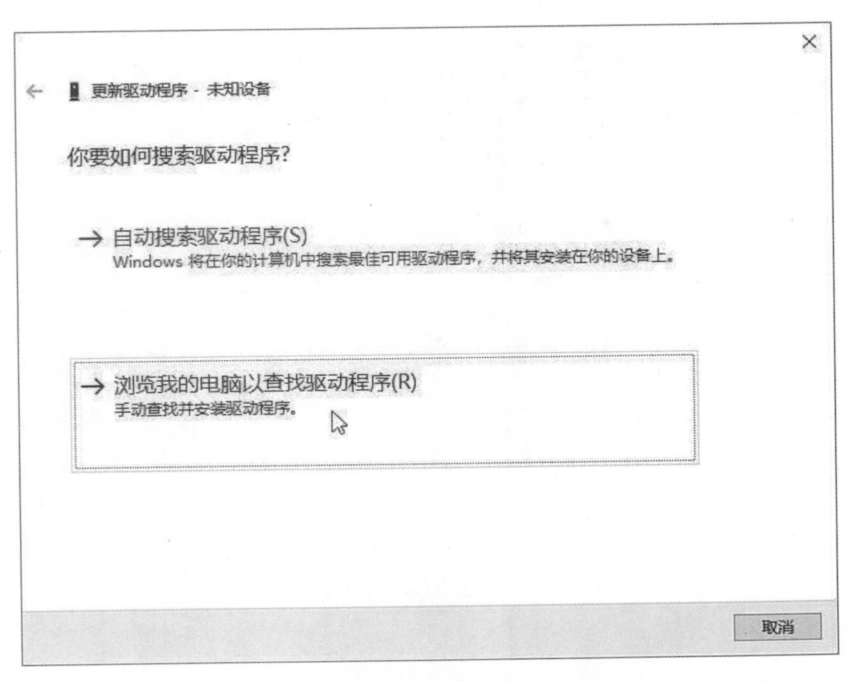

图 1-24　手动安装更新驱动程序

步骤 05 在"浏览文件夹"窗口中选择 Arduino Uno 控制板驱动程序所在的位置，以确保安装正确的驱动程序，如图 1-25 所示。

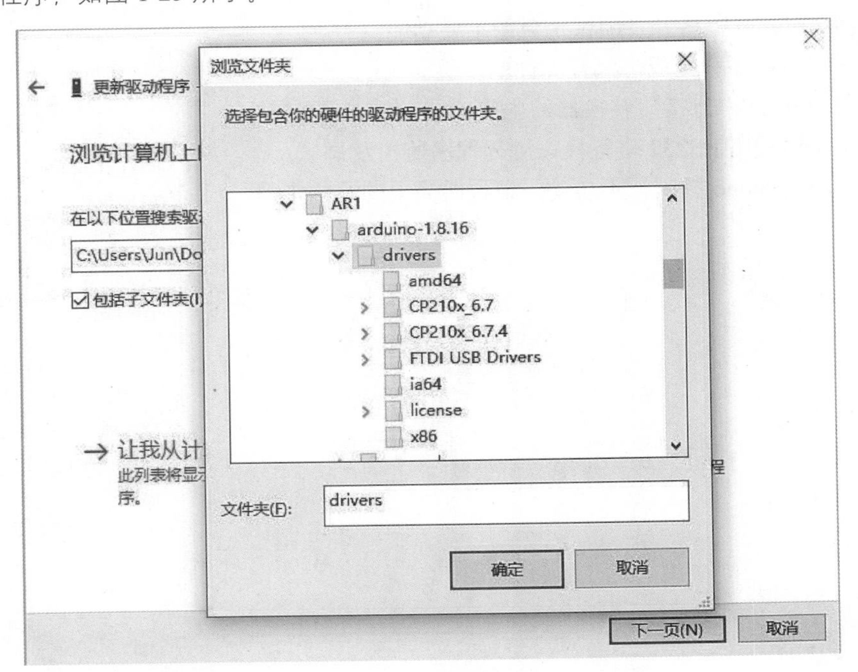

图 1-25　选择驱动程序所在的文件夹

步骤 06 开始安装驱动程序，成功安装后，Uno 控制板经由 COM4 与计算机连接，如图 1-26 所示。

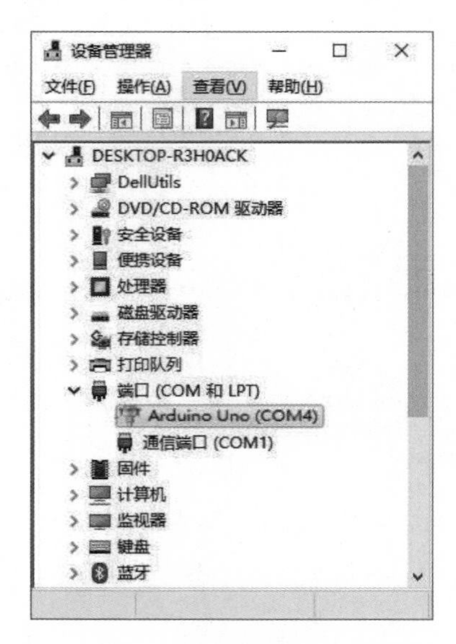

图 1-26 计算机找到 Uno 控制板

1.6 习 题

1. 试说明 Arduino 开发板的硬件架构。
2. 试说明 Arduino 程序开发测试平台的主要功能。
3. 试说明编写程序和生成可执行文件的步骤。
4. 试说明 USB 到串行接口转换器的主要功能。
5. 试说明如何利用 RS232 串行接口进行程序监控及调试。
6. 若自制的 Arduino 控制板不启动，请说明简单的检修步骤。

第 2 章

Arduino 开发环境

Arduino 电路板虽然只是一个简单的输入、输出、开放源码的应用系统，但是越了解它的功能，就越觉得这个系统的功能不简单。若能善用这个系统，对于学习、工作、产品开发应用的帮助都会不小，同时又可以满足编程爱好者进行程序设计的成就感。使用这个系统，不需要编写大量的程序代码，只需要看懂别人怎么使用它即可，自己感兴趣的话，也可以动手做一个。总之，要好好应用 Arduino 的开发环境，利用它来创造价值。

对于初学者而言，或许看不懂本章的内容，那么可以暂时跳过本章，等做过几个 Arduino 实验之后，再回来看本章的内容，可能更加能体会到笔者想表达的实验心得。

2.1 内置示例程序的研究

Arduino 系统内置了大量示例程序供用户学习参考，下面以 LCD 的使用为例来说明。

步骤 01 选择示例程序：依次单击“文件”→“示例”→LiquidCrystal→HelloWorld，加载示例程序，如图 2-1 所示。

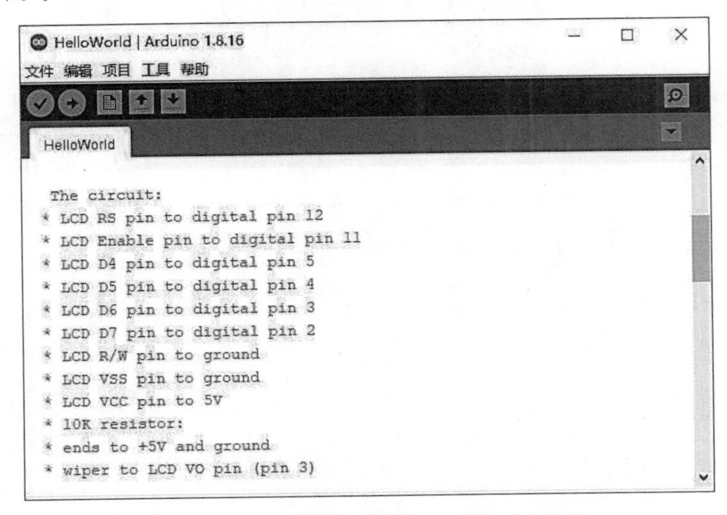

图 2-1 选择使用 LCD 的示例程序

步骤 02 在程序中给出以下信息：

- 硬件引脚控制信号连接。
- 用于声明链接库的头文件LiquidCrystal.h，声明方式为#include<LiquidCrystal.h>。
- 控制程序码。
- 程序解说。

LCD 示例程序代码如下：

```
//include the library code:
#include <LiquidCrystal.h>

//initialize the library by associating any needed LCD interface pin
//with the arduino pin number it is connected to
const int rs = 12, en = 11, d4 = 5, d5 = 4, d6 = 3, d7 = 2; LiquidCrystal lcd(rs,
en, d4, d5, d6, d7);

void setup() {
//set up the LCD's number of columns and rows: lcd.begin(16, 2);
//Print a message to the LCD. lcd.print("hello, world!");
}

void loop() {
//set the cursor to column 0, line 1
//(note: line 1 is the second row, since counting begins with 0): lcd.setCursor(0,
1);
//print the number of seconds since RESET: lcd.print(millis() / 1000);
}
```

只要按照说明连接硬件，接对硬件配线，便可以验证执行结果。执行结果如图 2-2 所示。

图 2-2 LCD 示例程序的执行结果

在 Arduino 系统目录下（例如 D:\ar1\arduino-1.8.16\libraries\）有大量的示例程序可供学习。若要验证实际的执行结果，则需要加载到 Arduino 系统中。

- 路径：C:\ar1\arduino-1.8.16\libraries\LiquidCrystal\ examples\HelloWorld。
- 文件名：HelloWorld.ino。

C 语言程序源代码在以下目录中：

- 路径：C:\ar1\arduino-1.8.16\libraries\LiquidCrystal\src。
- 文件名：LiquidCrystal.cpp，C语言程序源代码。
- 文件名：LiquidCrystal.h，用于声明链接库的头文件。

有兴趣研究程序设计源代码的读者，可以参考这些文件。有兴趣研究驱动程序设计的读者，也可以参考这些源代码来了解驱动程序的设计方式。在示例程序中，还提供了网络链接，如图 2-3 所示。例如单击 http://www.arduino.cc/en/Tutorial/LiquidCrystalHelloWorld 打开网络链接，便可以看到相关的说明，如图 2-4 所示可以用来辅助我们进行程序设计。

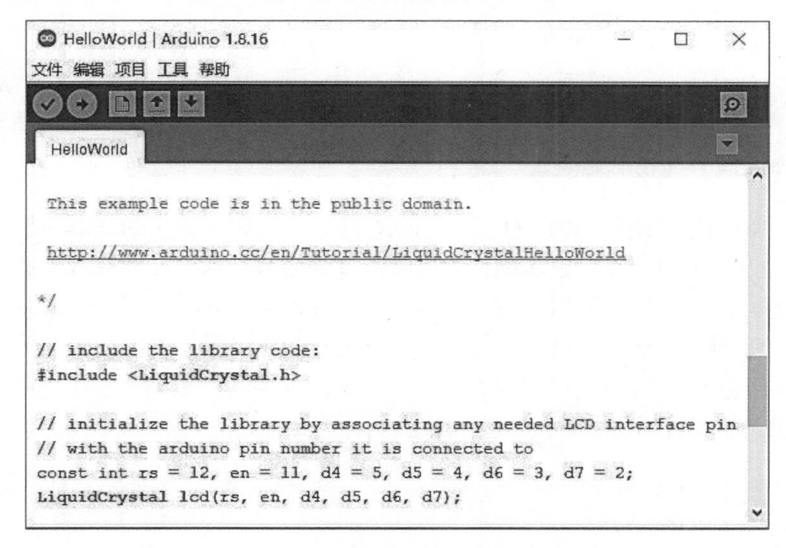

图 2-3　示例程序中相关的网络链接

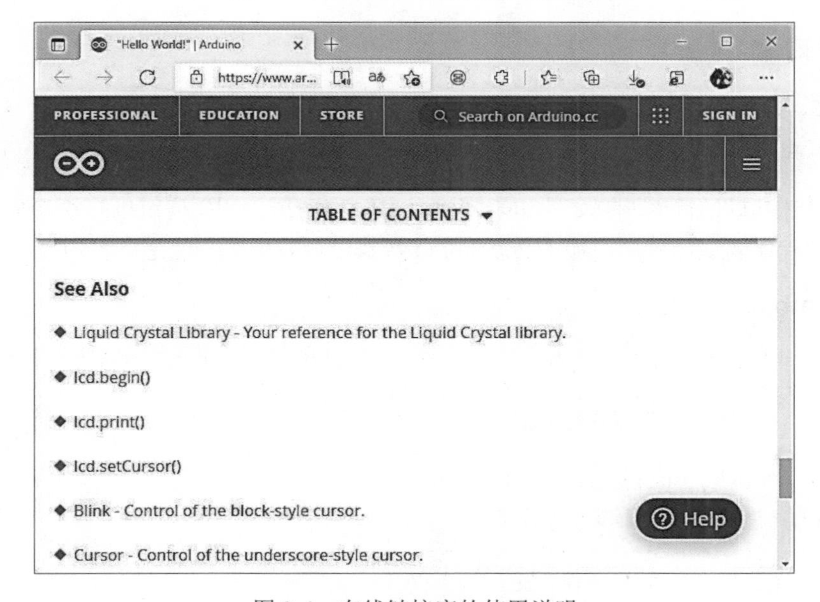

图 2-4　在线链接库的使用说明

2.2　编写基本测试程序

一般我们在做自动控制应用或进行专题制作时，所考虑的控制板就是用于能提供基本的输入输出（I/O）功能的，这样方便我们进行控制程序的开发。那么在系统开发中经常构建哪些基本的 I/O 功能呢？大概可以分为以下几种：

- 按键。
- LED，即工作指示灯。
- 7段显示器。
- LCD液晶显示器。
- 扬声器或压电扬声器。
- RS232串行接口（简称串口）。

在 Arduino 中，编写上述常用的 I/O 基本测试程序，结合输入输出的基本功能，就可以辅助我们进行控制程序的开发。笔者在开发新硬件平台时，首先会编写这样一批基本测试程序，在开发专题出现问题时，会再设计调试程序进行检测和排错。初学者善用这些基本测试程序，可以方便 Arduino 应用的程序开发。平时多加练习，就可以设计出自己想要的应用程序或控制器。

执行程序之后，打开“串口监视器”窗口，串口收到 Uno 控制板传来的数据，LCD 显示出信息，再通过串口输入指令传到 Uno 控制板，程序响应如下：

- 数字“1”：LED闪动2下。
- 数字“2”：LED闪动4下。
- 数字“3”：LED闪动6下。

按下 k1 和 k2 键，响应如下：

- k1：压电扬声器“哔”1声。
- k2：压电扬声器“哔”2声。

没有程序设计基础的读者刚开始一定看不懂，但是只要看完本书，便可以轻松看懂程序的功能。通过简单的测试程序测试硬件后，加入必要的 I/O 特殊设备或模块，便是完整的控制器了。

示例程序 arbaL.ino

```
#include <LiquidCrystal.h>                //包含 LCD 链接库的头文件
LiquidCrystal lcd(12, 11, 5, 4, 3, 2); //设置 LCD 引脚
int bz=8;         //设置扬声器引脚
int led = 13;     //设置 LED 引脚
int k1 =7;        //设置按键 k1 引脚
int k2 =9;        //设置按键 k2 引脚
//------------------------------------
void setup() { //初始化各种设置
  lcd.begin(16, 2);
  lcd.print("hello, world1");

  Serial.begin(9600);
  pinMode(led, OUTPUT);
  pinMode(bz, OUTPUT);
  digitalWrite(bz, LOW);
```

```
  pinMode(k1, INPUT);digitalWrite(k1, HIGH);
  pinMode(k2, INPUT);digitalWrite(k2, HIGH);
}
//-----------------------------------
void led_bl()        //LED 闪动
{
  int i;
  for(i=0; i<2; i++)
  {
    digitalWrite(led, HIGH); delay(150);
   digitalWrite(led, LOW); delay(150);
  }
}

void be()              //发出“哔哔”声
{
  int i;
  for(i=0; i<100; i++)
  {
    digitalWrite(bz, HIGH); delay(1);
    digitalWrite(bz, LOW); delay(1);
  }
  delay(100);
}
//-----------------------------------
void loop()          //主控循环
{
  boolean k1f, k2f; char c;
  led_bl(); be();
  Serial.print("uart test : ");

  delay(1000);
  lcd.setCursor(0, 0);lcd.print("hello, world2"); delay(1000);
  lcd.setCursor(0, 1);lcd.print("test line2");

  while(1)          //无限循环
  {
    if (Serial.available() > 0)   //有串口指令进入
    {
      c= Serial.read();            //读取串口指令
      if(c=='1')  {Serial.print("1 ");led_bl();}
      if(c=='2')  {Serial.print("2 ");led_bl();led_bl(); }
      if(c=='3')  {Serial.print("3 ");led_bl();led_bl(); led_bl();}
    }
    k1f=digitalRead(k1); if(k1f==0) be();              //扫描 k1 是否有按键动作
    k2f=digitalRead(k2); if(k2f==0) { be(); be();}    //扫描 k2 是否有按键动作
  }
}
```

2.3 最小电路设计板功能的扩充

第 1 章介绍过最小电路设计板的制作原理，当基本硬件完成后，可以由面包板实验来验证新软硬件的功能，学习基本软硬件的设计，再逐步开发成各种实验平台，进而用于开发各种 Arduino 产品控制器的原型机或进行专题作品的制作。可以参考以下设计案例：

（1）最小电路设计板的制作 ＋ 网络适配器

Arduino 可以做网络实验，提供低成本网络控制应用的解决方案，不需要连接计算机便能实现网络控制的应用。

（2）最小电路设计板的制作 ＋ 无线网络适配器

Arduino 可以做无线网络访问控制实验，携带方便，不需要通过网线来建立物理连接。

（3）最小电路设计板的制作 ＋LCD 接口

建立 Arduino LCD 接口功能开发平台，读者知道 LCD 接口可以用于多少应用的设计吗？显示接口相关的专题应用都会用到它。不需要多复杂的硬件接线，便可以显示程序执行的信息，用于调试、人机接口等应用的开发，非常方便。

（4）最小电路设计板的制作 ＋ 红外线遥控设备

建立 Arduino 遥控设备功能开发平台。红外线遥控是一种低成本的互动人机接口的遥控方式，可以快速地切换各种功能应用，或者从诸多功能选项中择一来执行。此外，Arduino，Uno I/O 引脚较少，遇到要输入数字数据时，使用红外线遥控器的按键 0~9 即可方便地输入。

（5）最小电路设计板的制作 ＋ 学习型红外线遥控设备

参考第 14 章的介绍，可以轻松建立 Arduino 数字家电控制应用平台，只需编写数行程序，便可以驱动 Arduino 用于红外线遥控应用，例如红外线遥控家电，原系统完全不必改装。建立 Arduino 数字家电控制应用一般可以使用网络，但是要求新购具有网络连接的家电，原先的旧系统不能使用。更为简单、低成本的方式是使用学习型遥控器接口，直接控制想要控制的家电。如果对学习型红外线遥控设备的应用不满意，则可以自行结合 Arduino 开发自己的应用系统。

（6）最小电路设计板的制作 ＋ 中文声控

参考第 15 章的介绍，可以轻松建立 Arduino 声控应用平台，同样只需编写数行程序，便可以驱动 Arduino 用于声控应用，而且中文声控系统可以串接学习型红外线遥控设备，通过声控启动想要控制的家电，中文声控系统本身便可以独立操作。

经由 Arduino 控制的应用非常广泛，因为结合网络上 Arduino 的广大开源设计资源，中文声控将可以控制更多的设备，只需要有 Arduino，便可以开发出属于自己的应用系统。

2.4 善用 C 语言的移植性来开发程序

程序设计语言很多，C 语言是移植性最高的一种程序设计语言，在计算机上以 C 语言所编写的应用程序只需稍加编辑和修改，便可以拿到其他不同的系统上重新编译和执行。由于 Arduino 支持标准 C 语言的程序开发，因此在 Arduino 系统功能的验证实验中，我们尝试将以前实验室自行开发的程序，以基于 8051 微控制器的 C 语言来设计红外线遥控器译码程序，也就是将原有的程序移植到开发实验中，原始程序是用于东芝（TOSHIBA）电视机的遥控器译码，对长度为 36 位的红外线遥控器数据进行译码，取出 4 字节数据，我们尝试将这个程序移植到 Arduino 上来执行。

图 2-5 所示为红外线遥控器译码实验的器材。其中红外遥控器具有 3×7 的按键阵列：

- 数字0：0 255 22 233。
- 数字1：0 255 12 243。
- 数字2：0 255 24 231。

完整的实验结果可参考第 11 章的说明。

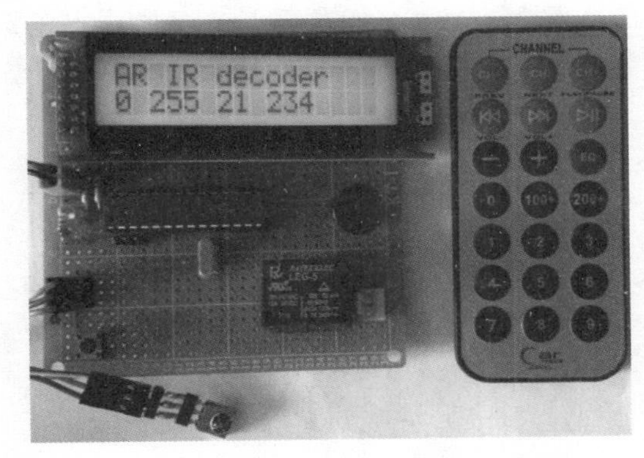

图 2-5 Arduino 红外线遥控器译码实验的器材

一般程序移植过程如下：

1）不同系统延迟程序的改写。
2）不同系统输入输出控制指令的改写。
3）不同系统串口输入输出的改写。
4）以串口输入输出进行调试。

把基于 8051 微控制器的红外线遥控器译码程序移植到 Arduino 来执行，修改说明如下：

（1）不同系统延迟程序的改写

红外线遥控器译码对信号采样的时间基准为 0.1 毫秒（ms），等于 100 微秒（μs），调用 delayMicroseconds()函数，代码如下：

```
void deli() /* 100 微米 0.1 毫秒 delay */
{ delayMicroseconds(100); }
```

（2）不同系统输入输出控制指令的改写

Arduino 进行数字输入的程序语句如下：

```
digitalRead(cir);
```

（3）不同系统串口输入输出的改写

Arduino 调用 Serial.print(c)从串口输出变量的值，以方便调试，程序代码改写如下：

```
for(i=0; i<4; i++) { c=(int)com[i]; Serial.print(c); Serial.print(' '); }
```

源程序的文件名为 dir_src.ino，它在 Arduino 系统下可以顺利编译，而后再下载执行，一切正常的话可以顺利完成译码，执行结果与在 8051 微控制器系统上的一模一样。这个结果再次验证了 C 语言是一门移植性非常高的程序设计语言。在基于 8051 微控制器的系统上编写的 C 程序，经过编辑与修改，再经由 Arduino 系统编译，便可跨平台顺利执行，而不必从零开始重写 C 语言源代码，节省了大量的时间。

有关东芝电视机遥控器信号规格的说明，可参考第 11 章的内容，其中还包括遥控器译码应用的一些实验。对于 dir_src.ino 译码程序，读者有兴趣的话可以研究一下，也可以直接引用。把 rc95a 目录（含程序的源代码）复制到系统文件目录 libraries 中，在程序中加入以下语句：

```
#include <rc95a.h>
```

便可以直接引用，简化了程序设计（不必再编写一堆程序代码），只需编写 10 多行程序语句。

示例程序

```
#include <rc95a.h>          //包含红外线遥控器译码链接库的头文件
int cir =10;                //设置红外线遥控器译码控制引脚
int led = 13;               //设置 LED 引脚
void setup()                //初始化各种设置
{
  pinMode(led, OUTPUT);
  pinMode(cir, INPUT);
  Serial.begin(9600);
}
void led_bl()       //LED 闪烁
{
  int i;
  for(i=0; i<2; i++)
  {
    digitalWrite(led, HIGH); delay(150);
    digitalWrite(led, LOW); delay(150);
  }
}
/*------------------------------------------------------------*/
void loop()     //主控循环
{
  int c, i;
  while(1)
  {
    loop:
    //在循环中可加入自己的应用程序部分
    //循环扫描是否有遥控器按键发出的信号
    no_ir=1; ir_ins(cir); if(no_ir==1) goto loop;
```

```
      //发现遥控器信号，进行转换
      led_bl(); rev();
      //串口显示译码结果
      for(i=0; i<4; i++){c=(int)com[i]; Serial.print(c); Serial.print(' '); }
      Serial.println();
      delay(300);
   }
}
```

原始的程序：rc95a.h

```
//decode ir 4 bytes
//www.vic8051.com By Victor uP LAB.
#include <Arduino.h>
#define RLEN 32               //定义内存长度
unsigned hid[RLEN];           //内存缓冲区
unsigned char fa[]={1,2,4,8,16,32,64,128};     //转换数组
unsigned char com[4];         //译码结果
char no_ir=1;                 //无遥控器信号的标志

void deli() { delayMicroseconds(100); }        //100 微秒，即 0.1 毫秒的延迟

void rev()                    //遥控器信号进行转换
{
  char d, i, j;
    for(i=0;i<32;i++)
    {
      if(hid[i]<10) hid[i]=0;
      else hid[i]=1;
    }
    for(j=0; j<4; j++)
    {
      d=0;
      for(i=0; i<8; i++)
        d+=fa[i]*hid[8*j+i];
      com[j]=d;
    }
}
//-----------------------------------------------------------------
void ir_ins(int ir)
{
  byte c, i,in;
  no_ir=1;
  in=digitalRead(ir);
  if (in==1) return;
  /* HI--> LO ...start.   */
  while(1)
  {
    deli();
```

```
    in=digitalRead(ir);
    if (in==0)
    {
      for(i=0; i<80; i++) deli();
      while(1) {
        deli();
        in=digitalRead(ir);
        if (in==0) goto go; //found IR else return;
      }
    }
  }
  //...........................
  go:
  c=0;
  while(1)
  {
    deli(); c++; in=digitalRead(ir);
    if (in==1) break; if (c>=100) return;
  }

  c=0;
  while(1)
  {
    deli(); c++; in=digitalRead(ir);
    if (in==0) break; if (c>=100) return;}
    /* test bit start.*/
    for(i=0;i<32;i++) /* 8 bit */
    {
      c=0;
      while(1)
      {
        deli(); c++; in=digitalRead(ir);
        if (in==1) break;
        if (c>=30) return;
      }
      c=0;
      while(1)
      {
        deli();
        c++;
        in=digitalRead(ir);
        if (in==0) break;
        if (c>=30) return;
      }
      hid[i]=c;
    }
  no_ir=0;
}
```

2.5　建立 LCD 功能的开发平台

小型液晶显示器 LCD 模块经常用于电子产品设计中，也经常用于传感器的实验应用中。在 Arduino 相关设备研发的实验阶段，可以用计算机的串口连接 Arduino 控制板作为调试的显示窗口，若要脱离计算机进行现场测试，则需要显示设备，这时需要安装 LCD 模块，用于显示数据、对变量进行调试等。

在本书的实验中，以 Uno 控制板连接面包板进行 LCD 模块实验时，由于 LCD 模块的接线较多，常常会遇到接触不良的情况，因此有必要建立 LCD 功能开发平台，将 Arduino 以最小电路设计板的制作结合 LCD 接口，成为 LCD 功能开发平台，这样可以加速实验的开发。图 2-6 是在各种实验控制器中使用 LCD 的案例。

图 2-6　在各种实验控制器中使用 LCD 的案例

（1）LCD 功能开发平台 + 红外线遥控器 + 接收模块

Arduino 可用于红外线遥控器译码显示实验，加上继电器驱动电源开关，进而可以做遥控电源的实验或相关应用。

（2）LCD 功能开发平台 + 超声波模块

Arduino 可用于超声波测距显示实验，或者超声波测距警示实验，综合起来可应用于物体靠近侦测防盗的场合。

（3）LCD 功能开发平台 ＋ 瓦斯烟雾实验模块

Arduino 可用于瓦斯或烟雾浓度显示实验，应用于居家安全传感器。

（4）LCD 功能开发平台 ＋ 温湿度模块

Arduino 可用于温度、湿度常规显示实验，应用于居家防火灾传感器。

2.6 建立遥控设备功能的开发平台

红外线遥控器除了用于特定家电的遥控外，还有许多应用场合，本书从红外线遥控器译码实验开始，以其应用为例，给传统的设备装上遥控器，以方便遥控操作。除此之外，遥控器还可用于控制器的数据输入，当 Arduino 控制器的硬件支持有限时，若要输入更多的数字数据，遥控器便能派上用场。

在本书的实验中，以 Uno 控制板连接面包板做各种实验时，只要加上具有 3 个引脚的遥控器接收模块，结合译码程序，Uno 控制板便具备了遥控功能，是非常实用的控制器。特别是作为舵机相关的遥控应用，如遥控车实验，将 Arduino 以最小电路设计板的制作结合接收模块接口，成为遥控设备的开发平台。图 2-7 是各种实验使用遥控器的案例。

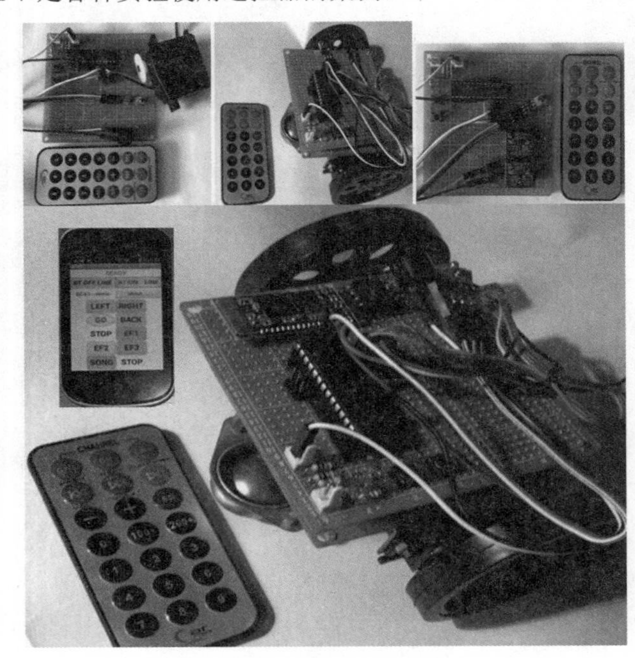

图 2-7 各种实验使用遥控器的案例

（1）红外线遥控开发平台 ＋360° 转动舵机

Arduino 可用于红外线遥控器实验，或者用于互动设备的遥控实验。

（2）红外线遥控开发平台 ＋2 组 360° 转动舵机

Arduino 可用于遥控车行进实验，可应用于遥控机器人移动平台。

（3）红外线遥控开发平台 ＋ 继电器

Arduino 可用于继电器电源遥控应用。

（4）红外线遥控开发平台 ＋ 两组 360° 转动舵机 ＋ 手机遥控功能

Arduino 可用于遥控车或手机遥控行进实验，可应用于遥控机器人移动平台。

2.7　习　题

1. 试说明计算机系统开发上经常会构建哪些基本的 I/O 功能。
2. 试说明为何要建立基本测试程序平台。
3. 试说明如何在 Arduino 系统中查看 LCD 驱动程序库。
4. 试说明如何在 Arduino 系统中查看 LCD 示例程序。
5. 试说明如何在 Arduino 系统中查看 LCD 在线帮助文件。

第 3 章

认识 Arduino C 语言

Arduino 的程序设计采用简化的 C 语言版本来设计，使初学者更容易上手。在真正进入 Arduino 程序设计之前，本章首先介绍 C 语言及 Arduino 程序的基础知识，对于初学者而言，可以很快掌握 C 语言的程序设计重点，而对于学过 C 语言的读者（或者学过 C++），则可以跳过这部分。掌握 C 语言之后，就可以高效地使用 C 语言来设计 Arduino 相关的控制程序了。

3.1　C 语言的特色

在计算机的"远古"时期，人们学习程序设计可能是从 BASIC 语言开始的，在 UNIX 操作系统流行之后，越来越多的人直接选择 C 语言作为程序设计的语言。各种高级程序设计语言其实都可以用于应用程序的设计，那么人们青睐 C 语言是基于 C 语言的什么魅力呢？C 语言作为早期出现的语言，特别是在当时，具备以下突出的特色和优点：

- C语言编写的程序能够良好地结构化，符合结构化编程的先进思想，特别是在面向对象程序设计出现之前。
- C语言具有注释的功能，便于修改和维护。
- C语言移植性高，在计算机上以C语言编写的应用程序稍加修改后，拿到其他不同的系统上用C语言编译器重新编译，即可顺利执行。
- C语言提供了多种数据类型，程序设计人员可以自由使用。
- C语言可以直接进行底层控制，如位（bit）运算，更可以混编或搭配汇编语言，从而提高程序运行的效率（C语言本身的代码效率就很高）。
- C语言提供了指针变量，可用来对内存或硬件I/O进行控制。
- C语言提供了众多的链接库供程序设计人员使用，实现了程序设计的标准化和模块化，从而提高了程序开发的速度和目标程序的执行效率。

C 语言的高移植性也是许多程序设计人员喜欢使用它的原因之一，例如在计算机上用 Turbo C 编写的应用程序，只需稍加修改，拿到 8051 微控制器系统上用 KEIL C 语言编译器重新编译，生成的可执行文件便可以在基于 8051 微控制器的控制板上执行。或者用 Arduino 编译器重新编译，生成的程序便可以在 Arduino 控制板上执行，免去了重新编写程序的大量时间，对于较大的应用程序而言，省下的人力、财力是不可忽视的。

3.2 C语言程序的架构

早期学C语言的人，一般是从Turbo C开始的，本节以一个简单的C语言程序来带领读者进入程序设计的世界。这个C语言程序的文件名为test.c，其功能是在计算机屏幕上输出“This is a test !”，程序代码如下：

```
/* first c program */
  main()
  {
   printf("This is a test !\n");
  }
```

C语言程序中的注释以“/*…*/”来标记，在“/*”与“*/”注释标记之间的文字都是注释内容。注释一般用来辅助说明程序的功能及其设计原理，在编译时会被编译器忽略。C程序从主函数main()开始执行，大括号“{”和“}”标记函数的起始和结束。printf()是C语言的一个标准函数，其功能是在屏幕上输出信息。

“This is a test !\n”为要输出的字符串内容，是printf()函数的参数，字符串中的“\n”表示的是换行符，是通过转义字符“\”和“n”字符组合而来的。

C程序的主要架构是由一个函数或由多个函数组成的，其中主函数名为main()。如前所述，任何一个C程序都是从main()函数开始执行的，是程序执行的入口，所以主函数也被称为主程序。在主函数中可以再调用其他的函数（或称为子程序）来完成一系列的运算或程序代码的执行。

3.3 Arduino程序架构

Arduino 程序是由一个或多个函数组成的，主程序名为 loop()，Arduino 程序都是从 loop()函数开始执行的，在主程序中再调用其他的函数或子程序来完成整个程序的执行。示例程序如下：

```
/* first c program */
void setup()
{
  Serial.begin(9600);
}
void loop()
{
  Serial.print("This is a test !");
}
```

在程序执行之前，会先执行 setup()函数，用来初始化系统的状态，如初始化变量的初值、控制引脚为输入或输出、初始化特殊函数软件接口（如 Serial.begin(9600)便是初始化串口，而后才能从串口输出数据）。

setup()函数只执行一次，而 loop()函数是一个无限循环（也被称为主控循环）函数，函数中的程序代码会持续重复地执行，Serial.print()函数会从串口输出数据作为显示信息，或者把数据传输到应用中。函数前面的 void 表示函数执行后没有返回值，有些函数执行后会根据需要返回特定的值。上述示例程序执行后，会持续发送数据。

3.4 C 语言的标识符及保留字

程序设计语言一般对标识符（如变量名称）的使用都有一些限制，C 语言也不例外。C 语言中标识符的命名规则如下：

- 由英文大小写字母、数字或下画线（“_”）组成。
- 标识符的第一个字符不可以是数字。

标识符不建议随意命名，通常要取与程序执行有关联含义的名称。

示例：变量 count→计数器，我们只要一看到 count 便会联想到此变量用于计数器。
示例：一些合法的变量名：TEST、test、Test、tEST、_TEST。
示例：一些不合法的变量名：

- 1TEST→变量名不可以用数字开头。
- TEST,T1→变量名中不可以有逗号“,”。
- TEST.3→变量名中不可以有句点“.”。

C 语言中的保留字具有特殊用途，这些保留字不能用作变量名。图 3-1 中列出的是 ANSI C 语言（即标准 C 语言）的保留字。

auto	break	case	char	continue
default	do	double	else	enum
extern	float	for	goto	if
int	long	register	return	short
sizeof	static	struct	switch	typedef
union	unsigned	void	while	signed

图 3-1 ANSI C 语言的保留字

3.5 数据类型

ANSI C 语言支持的基本数据类型有以下 3 种：

- char：字符类型。

- int：整数类型。
- float：浮点类型。

1. 字符类型

字符类型是由一字节（byte）组成的数据类型，其长度为 8 位，因此一字节可以存放 256（2 的 8 次方）种数据，表示为数字数据时，其值的范围为-128~127，若前面加上 unsigned（无符号）修饰词，即成为 unsigned char，其值的范围为 0~255。

示例：声明一个字符变量。

```
char c =-100;
unsigned char c=200;
```

一般也把字符类型的变量称为字符编码，256 个不同的字符编码是以 ASCII 编码的次序来排列的，其中字符编码 0~31 为控制字符，32~127 为英文字母、数字、标点符号以及其他一些特殊符号，字符编码 128~255 未加以定义，由各个计算机厂商自行定义。有关 ASCII 编码的定义，读者可以参考附录中的说明。

示例：声明一个字符变量 charc 并将其值设置为 'c'。

```
char charc ='c';
```

也可以用如下方式声明该变量：

```
char charc=99;
```

因为字符 'c' 的 ASCII 编码为 99。

从以上示例可知，字符可以传给字符变量，但对于不可见的控制字符，在 C 语言中的定义如表 3-1 所示。

表3-1 不可见的控制字符在C语言中的定义

符 号	ASCII 码	功 能
\0	00H	空字符
\a	07H	响铃
\b	08H	退格键
\f	0CH	换页
\n	0AH	换行
\r	0DH	回车
\t	09H	水平制表
\v	0BH	垂直制表
\\	5CH	反斜杠
\'	27H	单引号
\"	22H	双引号

与字符有着密切关联的数据类型就是字符串，字符串是指在两个双引号中的任意字符序列。

示例：" " →字符串均为空格符
"This is a test " →字符串由许多字符组成

C 语言在将字符串放入内存时，会在字符串的最后自动加上空字符 '\0'，用来表示字符串结束。
示例：若一个字符串变量 string 的内容为 "THIS"，则在内存中，字符存放如下：

T	H	I	S	'\0'

示例：若一个字符串变量 string 为 "THIS"，则可以做如下声明：

```
char string[]="THIS";
```

其中 string[]为一个字符数组。

2. 整数类型

整数是指不带小数的数值数据，它由两字节组成，长度为 16 位。若整数加上 long 修饰词，则其长度会增加为 32 位成为长整数，无论是整数还是长整数，均可以加上 unsigned（无符号）修饰词。
示例：声明一个整数变量 dig 并将其值设置为 1234。

```
int dig=1234;
```

示例：声明一个无符号整数变量 dig1 并将其值设置为 65000。

```
unsigned int dig1=65000;
```

3. 浮点类型

浮点类型就是数学中的实数（带有小数点的数值数据），其长度为 32 位，其数值的范围为：

$\pm 1.17 \times 10^{-38} \sim \pm 3.4 \times 10^{38}$

浮点的表示方法有两种：

- fff.fff: 小数点表示法，小数点左边为整数部分，右边为小数部分。
- fff.fff e ± fff: 科学记数法，将一个数字以e或E分开，左边为真数部分，右边是以10为底的指数部分。

示例：声明一个浮点变量 digf 并将其值设置为 0.123。

```
float digf=0.123;
```

Arduino Uno 系统中还定义了 boolean 数据类型（布尔类型），其值为 1 或 0，用来表示两种状态。
示例：声明布尔数据类型的变量 flag 并将其初值化为 0。

```
boolean flag=0;
```

表 3-2 列出了 ArduinoUno 系统所支持的数据类型。

表 3-2　ArduinoUno系统所支持的数据类型

数据类型	占用的位数	表示的数值范围
Boolean	8	0/1
char	8	−128 ～ +127
unsigned char	8	0 ～ 255
byte	8	0 ～ 255
short	16	-32768 ～ +32767
unsigned short	16	0 ～ 65535
int	16	-32768 ～ +32767
unsigned int	16	0 ～ 65535
long	32	-2147483648 ～ +2147483647
unsigned long	32	0 ～ 4294967295
float	32	-3.4028235E+38～+3.4028235E+38

3.6　常数的声明

常数用来表示固定的数(即在程序的运行过程中不再改变的数)，一般有字符常数、字符串常数、整数常数、浮点常数 4 种。

1. 字符常数

字符常数是 8 位的数据，以单引号引起来，例如 'a' 表示英文字符 a，其中 ASCII 编码为十六进制数 61H。

2. 字符串常数

前面介绍过字符串是指在两个双引号中的任意字符序列，若要在字符串中表示双引号，则要在双引号之前加一个反斜杠。

3. 整数常数

整数常数一般用十进制数来表示，当然也可以用八进制数或十六进制数来表示，若以八进制数来表示，则要以数字 0 作为起始数字，例如八进制数 012 对应的就是十进制数的 10。以 0x 或 0X 作为起始的两个字符表示的就是十六进制数，例如十六进制数 0x12 对应的是十进制数的 18。

4. 浮点常数

浮点常数可以用带小数点的实数来表示，例如 123.4。

示例：一些常数的声明。

```
char c='x';
char str[]="Hello";
int count=1000;
long time=600000L;
float f=1.234;
```

3.7 基本算术运算

基本算术运算如同我们在数学课程中所学的一样，有加、减、乘、除，此外还有余数运算和负号运算等算术运算。算术运算符如下：

- 加法运算符：+。
- 减法运算符：-。
- 乘法运算符：*。
- 除法运算符：/。
- 余数运算符：%。
- 负号运算符：-。

其中余数运算是执行除法运算求出余数值。负号运算是将原数值改变正负号，即原数值若为正数，则变为负数，若为负数，则变为正数。

示例：若 a=30、b=20，则：

```
a+b=50
a-b=10
a*b=600
a/b=1        (取整数)
a%b=10       (取余数)
-a+b=-10
```

算术运算的顺序通常是从左到右，负号运算具有较高的运算优先级，乘、除、余数运算次之，而加、减运算优先级最低，当然也可以加上左括号“(”及右括号“)”来改变运算顺序。此外，C 语言还提供了两种变量递增及递减的特殊运算符：

- a++或++a：将变量a的值加1。
- a--或--a：将变量a的值减1。

另外，C 语言还提供了复合的赋值运算符：

- a+=b：将变量a的值加b，结果存回a。
- a-=b：将变量a的值减b，结果存回a。
- a*=b：将变量a的值乘b，结果存回a。
- a/=b：将变量a的值除以b，结果存回a。
- a%=b：将变量a的值除以b，把余数存回a。

3.8 数据类型的转换

在设计 C 程序的过程中，有时会遇到不同数据类型的变量进行运算的问题，例如整数与浮点数相加或相除，进行调试的简单方法是为变量设置测试值，并将运算结果输出到屏幕上，这样我们一看便知系统运算的结果是否如预期的一样。

更佳的设计方法是使用C语言做数据类型的转换，将不同数据类型的变量转换为同一种数据类型的变量再进行运算，具体的方法是在变量前加上括号，然后在括号中指出要将变量转换为的数据类型，例如要转换为浮点类型（float）、整数类型（int）、或者字符类型（char），示例代码如下：

```
int a, b;
float c, d;
d=(float)a / (float)b +c;
```

3.9 关系运算符和逻辑运算符

C语言还有关系运算符和逻辑运算符。关系运算符有6种，其使用方法如表3-3所示。

表3-3 关系运算符的使用方法

关系运算符	示 例	说 明
==	a == b	比较a是否等于b
!=	a != b	比较a是否不等于b
>	a > b	比较a是否大于b
>=	a >= b	比较a是否大于或等于b
<	a < b	比较a是否小于b
<=	a <=b	比较a是否小于或等于b

以上关系运算符的运算结果只有两种，即1或0（对应布尔值的真或假）。如果是真，则会返回1；如果是假，则会返回0。

逻辑运算符有3种，其使用方法如表3-4所示。

表3-4 逻辑运算符的使用方法

逻辑运算符	示 例	说 明
!	! b	对b做逻辑的NOT运算
&&	a && b	a与b做逻辑的AND运算
||	a || b	a与b做逻辑的OR运算

运算规则如下：

!	真	假
	假	真

&&	真	假
真	真	假
假	假	假

||	真	假
真	真	真
假	真	假

逻辑运算符的运算结果也是只有两种情况，即1或0。如果是真，则会返回1；如果是

假，则会返回 0。至此，我们已经介绍过了基本算术运算符、关系运算符及逻辑运算符，它们的运算优先级如下：

```
!、-（负号运算）、++、--
*、/、%
+、-
<、<=、>、>=
==、!=
&&、||
```

优先级从上到下逐级降低。

3.10　流程控制

C 程序在执行时，需要有适当的流程控制，以控制程序的执行方向。一般的流程控制包含循环控制、条件判断及无条件跳转 3 种。C 语言的控制语句有以下几种：

- 循环控制语句：for、while、do-while。
- 条件判断语句：if-else、switch。
- 无条件跳转语句：goto。

1. for 语句

for 流程控制语句的语法格式如下：

```
for( 表达式 1; 表达式 2; 表达式 3)
{
   程序片段
}
```

for 语句中有 3 个表达式：

- 表达式1：循环变量初始值的设置。
- 表达式2：条件判断表达式，当条件成立时，执行循环内的程序语句，否则离开for循环。
- 表达式3：改变for循环控制变量的值。

以上 3 个表达式中的任何一个都可以省略，但是它们之间的分号不可以省略，如果全部都省略，就会是一个无限循环，代码如下：

```
for( ; ; )
{
}
```

示例：计算从 1 加至 50，用 for 语句来实现。

```
void setup(){};
void loop()
```

```
{
   int i, sum;
   sum=0;
   for(i=0; i<51; i++)
      sum+=i;
}
```

2. While 语句

while 循环控制语句和 for 语句类似，其语法格式如下：

```
表达式 1;
while( 表达式 2 )
{
   ...
   程序片段
      ...
   表达式 3;
}
```

在 while 循环中，如果表达式 2 为真，则执行循环内的程序片段，一直到表达式 2 为假才结束循环的执行。

示例：计算从 1 加至 50，用 while 语句来实现。

```
void setup(){};
void loop ()
{
   int i, sum;
   i=1;
   sum=0;
   while(i<51)
   {
      sum+=i;
      i++;
   }
}
```

示例程序：while 无限循环语句。

```
void setup(){};
void loop()
{
   int i;
   i=1;
   while(1)  /* 无限循环 */
   {
      if(i>0) break; /* 跳离无限循环 */
   }
}
```

3. do-while 语句

执行 for 和 while 循环控制语句时，是把测试循环的语句放在起始的位置，C 语言中的另一种循环控制语句 do-while 则是在循环内的程序语句执行完之后，才执行测试循环条件的语句，看是否继续执行循环内的程序语句，其语法格式如下：

```
do
{
   ...
   程序片段
   ...
}while( 表达式 );
```

示例：计算从 1 加至 50，用 do-while 循环控制语句来实现。

```
void setup(){}
void loop()
{
  int i, sum;
  i=1;
  sum=0;
   do
   {
      sum+=i;
      i++;
   }while(i<51);
}
```

4. if-else 语句

if 语句通过条件判断表达式的结果来控制程序的执行流程，它的语法格式如下：

```
if( 表达式 )
{
   程序片段 1 ...
}
else
{
   程序片段 2 ...
}
程序片段 3 ...
```

若表达式的结果为真，则执行程序片段 1，接着执行程序片段 3。反之，若表达式的结果为假，则执行程序片段 2，再执行程序片段 3。

示例：程序执行时进入无限循环，等待计算机的按键，若按下 1 键，则 LED 亮起，若是其他键，则 LED 熄灭。

```
int led = 13; void setup()
```

```
{
  Serial.begin(9600);
  pinMode(led, OUTPUT);
}

void loop()
{
  char c;
  while(1)
  {
    if (Serial.available() > 0)
    {
      c=Serial.read();
      if(c=='1') digitalWrite(led, HIGH);
      else digitalWrite(led, LOW);
    }
  }
}
```

5. switch 语句

在C语言中,对于一个多重判断的程序逻辑,除了可以使用if-else-if语句之外,还可以使用switch语句，它的语法格式如下：

```
switch( 变量 )
{
  case 条件值 1 : 程序语句 1 ...
                  break;
  case 条件值 2 : 程序语句 2 ...
                  break;
  case 条件值 3 : 程序语句 3 ...
                  break;
...

default : 程序语句 x
          break;
}
```

switch 语句的执行流程是：当变量值等于某一条件值时，执行符合此条件值的对应语句，若都不相等，则执行 default（默认）后面的程序语句 x。

示例：程序执行时进入无限循环，等待计算机的按键，若按下 1、2、3 键，则把对应的信息返回计算机并显示出来。

```
void setup(){
  Serial.begin(9600);
  pinMode(led, OUTPUT);
}

void loop()
```

```
{
  char c;
  while(1)
  {
    if (Serial.available() > 0)
    {
      c=Serial.read();
      switch(c)
      {
        case '1': Serial.print("key1");
                  break;
        case '2': Serial.print("key2");
                  break;
        case '3': Serial.print("key3");
                  break;
        default : break;
      }
    }
  }
}
```

6. goto 语句

goto 语句是一种无条件的跳转语句，强制程序跳转到某一特定的标签去执行，如此一来会破坏 C 语言程序的结构化，因此除非必要，一般都建议在程序设计中少用此类语句。goto 语句后面跟随的是一个标签（表示一个程序片段的位置），告诉 C 语言要跳转到标签指定的位置执行程序。goto 语句的语法格式如下：

```
goto label;
     程序片段 1

label:
     程序片段 2
```

示例：程序执行时进入无限循环，等待计算机的按键，若按下 q 键，则跳离循环，并把对应的信息返回计算机并显示出来。

```
void setup()
{
  Serial.begin(9600);
}

void loop()
{
  char c;
  while(1)
  {
    if (Serial.available() > 0)
    {
```

```
            c=Serial.read();
            if(c=='q') goto exit_loop;
         }
      }
   exit_loop:
      Serial.print("Exit loop ……");
   }
```

3.11 数 组

数组是一种结构化的数据结构，它把相同类型的变量组合起来一起声明，并用一个名称来表示，通过数组的索引值（或称为下标值）来存取数组内的不同成员或元素。数组与一般变量一样，在使用前需要声明，以便告诉系统要分配多少内存空间供声明的数组变量使用。声明数组的语法格式如下：

```
变量类型 数组名 [ 数组长度 ];
```

变量类型如同前面几章所介绍的，有字符、整数及浮点数。若数组长度为n，则数组的索引值为0~n−1。数组内的每一个元素所占用的内存空间如表3-5所示。

表3-5 数组内的每一个元素所占用的内存空间

数据类型	占用的字节数
字符	1
整数	2
浮点数	4

示例：声明一个数组来存储学生的成绩，数组名为score，其长度为7。

```
int score[7];
```

示例：将学生的成绩填入以上所声明的数组中。

```
int score[7]={89, 60, 79, 82, 30, 75, 80};
```

此时的数组长度为7，其内部的数据分配如下：

score[0]	89
score[1]	60
score[2]	79
score[3]	82
score[4]	30
score[5]	75
score[6]	80

score 数组占用的内存空间为 14 字节，因为每个整数需占用 2 字节的内存空间。声明数组的时候也可以赋予初值，因此也可以写成如下格式：

```
int score[]={89, 60, 79, 82, 30, 75, 80};
```

此时的数组长度未指定，由编译程序来决定。

示例：通过一维数组来计算学生成绩。

```
void setup()
{
  Serial.begin(9600);
}

void loop()
{
  cal();
}

void cal()
{
  int score[]={89, 60, 79, 82, 30, 75, 80};
  int i,sum;
  float s;
  Serial.print("Score list :");
  sum=0;
  for(i=0; i<7; i++)
  {
    Serial.println(score[i]);
    sum+=score[i];
  }
  s=(float)sum/7.0;      /* 强制把 sum 转换成浮点数 */
  Serial.print("Average : ");
  Serial.print(s);
}
```

二维数组可以看成是一维数组的扩充，其声明的格式如下：

```
变量类型 数组名 [ 数组长度 L1][ 数组长度 L2];
```

其中 L1 和 L2 是指定的整数，用来表示数组的长度，数组的维度可以不断扩充下去，成为多维数组，其声明的格式如下：

```
变量类型 数组名 [ 数组长度 L1][ 数组长度 L2]…[ 数组长度 Ln];
```

L1、L2、…、Ln 用来表示数组的长度。

示例：声明一个 2×2 的二维数组，用来存储矩阵的数据（通过赋予初值的方式）。

```
int d[2][2]={ {12,34}, {11,22} };
```

以上声明后，数组内的元素值如下：

```
d[0][0]=12
d[0][1]=34
d[1][0]=11
d[1][1]=22
```

示例：声明一个三维数组，用来存储浮点数。

```
float fl[3][3][3];
```

示例：执行两个2×2矩阵的加法运算。

```
void setup()
{
  Serial.begin(9600);
}

void loop()
{
  cal();
}

void cal()
{
  int d1[2][2]={ {12,34}, {11,22} };
  int d2[2][2]={ {11,22}, {12,22} };
  int d3[2][2]; int i,j;

  for(i=0; i<2; i++)
    for(j=0; j<2; j++)
      d3[i][j]=d1[i][j]+d2[i][j];

  Serial.println("Sum :"); for(i=0; i<2; i++)
  {
    for(j=0; j<2; j++)
    {
      Serial.print(d3[i][j]);
      Serial.print(" ");
    }
  }
}
```

3.12 函数的使用

函数一般又被称为子程序，是由一组程序语句组成的，在C语言程序设计中，函数的使用相当频繁，分析一个较复杂的程序，往往可以看到各种各样的函数，有些是C语言本身提供的函数，还有一些则是程序设计者自己针对程序功能所编写的函数。也就是说，C语言程序本身是由一些函数所组成的，熟悉函数的使用将有助于我们进行程序设计。函数的使用目的如下：

（1）程序功能模块化

在设计一个复杂的程序时，要将所有内部功能逐一模块化，以函数来完成这些功能。先完成小功能并逐一进行测试，再进行整合，如此一来，在程序调试和程序功能的修改上就更有效率。

（2）程序设计简洁化

程序执行时往往有些语句会重复被执行，若将重复的程序代码编写成函数，不但可以缩短代码的长度，减少编译的时间，还可以使程序设计简洁化。

（3）程序可以重复地使用

程序一旦以函数设计完成，并测试成功，那么将来在设计新的类似程序时，这些函数（程序代码）便可以重复使用，只需设计新增功能的部分，因而可以在最短的时间内设计好程序，开始进行测试。

当主函数（C 语言中的 main 函数）调用一个函数时，程序会跳转到该函数去执行程序代码，当这个被调用的函数执行完毕后，会自动返回原先的主函数调用该函数，然后继续执行后续的程序语句。图 3-2 是函数调用和返回执行流程的示意图。在被调用的函数中，我们还可以调用其他的函数，一层一层地调用。事实上一个程序是由许多个不同的函数（或子程序）组成的，以此模式设计的程序在功能扩充及修改上较为容易。

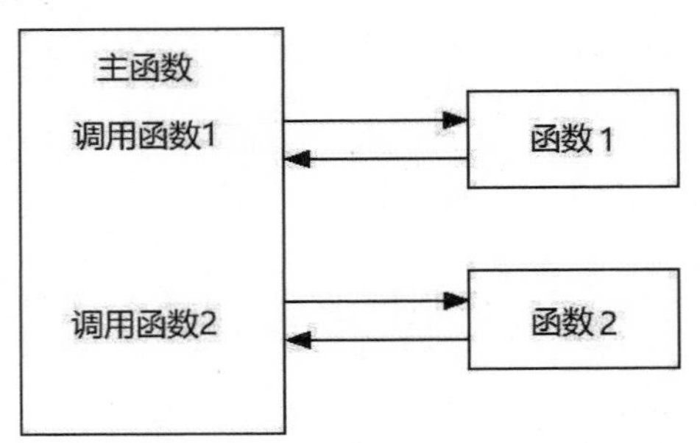

图 3-2　主程序调用函数执行的示意图

函数的定义格式如下：

```
函数类型 函数名称 (arg1, arg2,    )
数据类型 arg1;
数据类型 arg2;
{
   函数的内部程序语句
}
```

也可以写成如下形式：

```
函数类型 函数名称 ( 数据类型 arg1, 数据类型 arg2,    )
{
     函数的内部程序语句
}
```

其中的 arg1 和 arg2 被称为函数的参数，而函数类型是指函数执行后所返回数据的数据类型，若不希望函数返回任何值，则可以将此函数声明为 void 类型。

示例：不传递参数的函数。

```
void setup()
{
   Serial.begin(9600);
}
void test()
{
   Serial.print("This is a test !");
}
/*-------------*/
void loop()
{
   int i;
   for(i=0; i<5; i++) test();
}
```

如果希望函数在执行完后可以返回执行结果，则可以在函数的最后以 return 语句来返回函数的执行结果。

示例：返回函数的执行结果，以函数方式设计程序，将整数参数传入函数中，计算其结果并返回。

```
void setup()
{
   Serial.begin(9600);
}
int test(int p)
{
   return p*p;       /* 返回执行结果 */
}
/*-------------*/
loop()
{
   int d=12, d1; d1= test(d);
   Serial.print(d1);     /* 显示执行结果 */
}
```

说　明

test()函数用于执行平方运算，由参数 p 将其值传入函数中，其类型是整数，将传入的值进行平方运算后再将结果返回。

主函数在调用函数时，也可以将各种数据类型的参数传入函数内，以便进行各种运算。

示例：传递各种数据类型的函数调用。以函数方式设计程序，将整数及字符串数据参数传入函数中，并打印出执行结果。

```
void setup()
{
   Serial.begin(9600);
}
void test(int p, char *mess)   /* 传递整数及字符串数据 */
{
   Serial.print(p); Serial.print(mess);
}
/*-------------*/
void loop()
{
   int d=1234;
   char str[]="This is a test"; test(d, str);
}
```

3.13 预处理宏指令

C 语言提供了预处理器来处理一些在编译之前的宏指令，这些宏指令并不是 C 语言的指令，像#define、#include 等宏指令都需要先经过预处理器处理，才交由编译器来进行程序的编译。下面介绍几种常见的宏指令。

1. #define 宏指令

#define 宏指令可以用于常数、字符串及函数的定义，这对于程序的修改有很大的帮助，一个大型程序，常数值可能出现在程序的很多地方，如果以#define 宏指令来定义常数值，将来需要修改该常数时，只需要修改程序最前面的#define 宏指令即可。

#define 宏指令的格式如下：

```
#define 名称 常数或字符串常数或宏函数
```

注意，#define 宏指令并不是 C 语言的指令，因此不使用分号“;”作为程序语句的结束。

示例：把标识符 PI 定义为浮点常数 3.14。

```
#define PI  3.14
```

一旦在程序开头定义了常数名，在之后的程序中都可以使用此常数名，系统在编译前会把所有的常数名替换成常数值再进行编译。

示例：以#define 宏指令定义字符串常数。

```
#define message "Hello World   "
Serial.print(message);
```

示例：用#define 宏指令定义函数运算式，以方便程序进行计算。

```
#define square(x)  ( x*x )
void loop()
{
   int v=12, v1; v1= square(v);
   Serial.print(v1);
}
```

示例：用#define 宏指令定义一组程序语句，用于实现变量值的互换功能。

```
/* 执行 a、b 两数互换的宏 */
#define swap(a,b) { int tmp;\
                    tmp=a;\
                    a=b;\
                    b=tmp; }

void loop ()
{
   int a=12, b=13;
   Serial.print("Initial a=");
   Serial.print(a);
   Serial.print(" b=");
   Serial.print(b);
   swap(a,b);
   Serial.print("Last a=");
   Serial.print(a);
   Serial.print(" b=");
   Serial.print(b);
}
```

说 明

在C语言中，当程序语句无法在一行中编写完时，可以在每一行的最后加上“\”符号，表示下一行的程序语句是与上一行的程序语句相连接的。

2. #include 宏指令

#include 宏指令是将当前程序中所用到的函数或常数定义的声明文件（即头文件）包含到当前程序中，语法格式有以下两种：

- #include <文件名>：系统会先到默认存放标准头文件的目录下去寻找指定的头文件，若找不到，则会自动到当前工作目录下再去寻找指定的头文件。
- #include "文件名"：告诉编译程序在当前工作目录下寻找头文件，如果找不到，则到系统设置的头文件目录下寻找该头文件。

Arduino 系统支持常用外设（硬件）的链接库，对应的头文件必须先包含进来，例如LCD模块，它对应的头文件为LiquidCrystal.h，代码如下：

```
#include <LiquidCrystal.h>
```

```
LiquidCrystal lcd(12, 11, 5, 4, 3, 2);
void setup() {
  lcd.begin(16, 2); lcd.print("hello, world1");
}
//-----------------------------------
void loop()
{
  delay(1000);
  lcd.setCursor(0, 0);lcd.print("hello, world2");
  delay(1000);
  lcd.setCursor(0, 1);lcd.print("test line2");
  while(1);
}
```

系统常用外设链接库的头文件如下：

- EEPROM.h：EEPROM（芯片断电保持内容的存储器）的链接库。
- Ethernet.h：以太网链接库。
- GSM.h：GSM链接库。
- LiquidCrystal.h：LCD链接库。
- SD.h：SD卡链接库。
- Servo：舵机链接库。
- SPI.h：SPI接口链接库。
- Stepper：步进电动机链接库。
- TFT.h：TFT显示器链接库。
- WiFi.h：WiFi链接库。
- Wire.h：I2C接口链接库。

在进行 Arduino 程序设计时，头文件 Arduino.h 中包含了标准芯片所有内部缓冲器的地址定义，因此在设计具体的应用程序时，在程序开始处加入以下宏指令即可：

```
#include < Arduino.h>
```

Arduino.h 文件存放在系统目录下，通过搜索 Arduino.h 即可找到，可以通过文本编辑器来查看它的具体内容。

3.14 习 题

1. 试说明程序设计中常数和变量的用途。
2. 试说明 C 语言基本的数据类型有哪 3 种。
3. 试说明 signed int 与 unsigned int 在数据类型声明上有何不同。
4. 试说明 char 与 unsigned char 在数据类型声明上有何不同。
5. 试说明常数一般有哪 4 种类型。

6. 试说明逻辑运算符有哪3种。
7. 试说明关系运算符有哪6种。
8. 若a=50、b=30，则执行以下计算：

```
a/b  a%b -a+b
```

9. 若a=5、b=3，则经过运算后，变量a的值是什么？

```
a*=b  a/=b  a%=b
```

10. 试说明下列变量声明的含义：

```
byte sc[4]={0x08,0x04,0x02,0x01};
char title[]="test prog.";
int v1;
char v2;
float x,y,z;
boolean aflag;
```

11. 计算以下数组元素占用的内存空间大小。

```
int d[2][2] char d[2][4]    float d[2][3]
```

12. 在C程序中完成如下要求的a、b、c数组的声明：

1）a：浮点数数组，有8个元素。
2）b：整数变量，有5个元素。
3）c：二维数组，有25个浮点数元素。

13. 用#define宏指令定义printf函数，以完成以下程序设计：

```
p("define exercise ");
p("hello world");
```

14. 试说明函数的使用目的。
15. 试说明C语言的3个特色。
16. 试说明C语言的移植性。

第 4 章

基本 IO 控制

在 Uno 板连接并下载测试成功后，我们可以利用 Uno 板来做一些基本的 I/O 控制实验，如 LED 工作指示灯、走马灯控制、七节数字显示器控制、按键控制等。至于更复杂的接口，可以根据需要加以扩充。读者可以使用单芯线将 Uno 板连接到面包板来进行实验，除了可以了解基本硬件的电路控制外，还可以熟悉 C 语言的一些程序编写方法。

4.1 延迟时间控制

在编写的控制程序中，基本、常见的程序应该是延迟子程序，所有运算或处理都是在微控制器内执行的，结果必须输出到外界并驱动显示接口来显示，例如 LED 的闪动，这些功能需要使用适当的时间延迟，因此在开始学习程序设计之前，先来谈谈如何设计延迟时间控制这样的程序。

在测试程序中，由 D13 位反复送出高低电平脉冲信号，中间调用延迟子程序，而延迟时间可以通过参数的方式来进行控制，并可以用示波器来测量脉冲宽度，以了解延迟子程序实际达到的延迟时间长度。在 Uno 板上，D13 位接有一个 LED 指示灯，高电平点亮，低电平熄灭。程序执行时，可以看到它一直亮着，其实是因为脉冲信号很快，人眼的视觉暂留现象让我们感觉它好像一直亮着。

至于如何观察脉冲信号的存在，此时可以使用逻辑笔来测量。将逻辑笔红色线接+5V，黑色线接地，测试笔尖接触 D13 位，就可以看见逻辑笔上的 HI/LO 指示灯交替闪烁着。那么怎么知道 LED 灯每隔多久闪烁一次呢？此时示波器就派上用场了。将示波器的测试棒接触该引脚，可以由示波器来测量高低电平间的脉冲宽度，以示波器来观看脉冲宽度是开发中进行精确延迟时间设计和验证时经常使用的方法。

Arduino 常用函数如下：

```
pinMode(led, OUTPUT);           //设置 LED 引脚为输出
digitalWrite(led, HIGH);        //LED 引脚输出高电平
delay(1);                       //延迟 1 毫秒
digitalWrite(led, LOW);         //LED 引脚输出低电平
```

几乎每一个输出控制的程序都会用到这些函数，因此每接触一个新的实验程序，只需花一些时间将不懂的程序弄明白，便可以开始进行实验。

1. 实验目的

测试软件延迟时间的长短，并用示波器来验证。

2. 功能

程序执行后，将示波器测试棒接触 D13 引脚，由示波器来测量高低电平间的脉冲宽度，如图 4-1 所示。笔者所使用的示波器为数字式存储示波器，可以观察到脉冲之间的宽度为 1 毫秒。

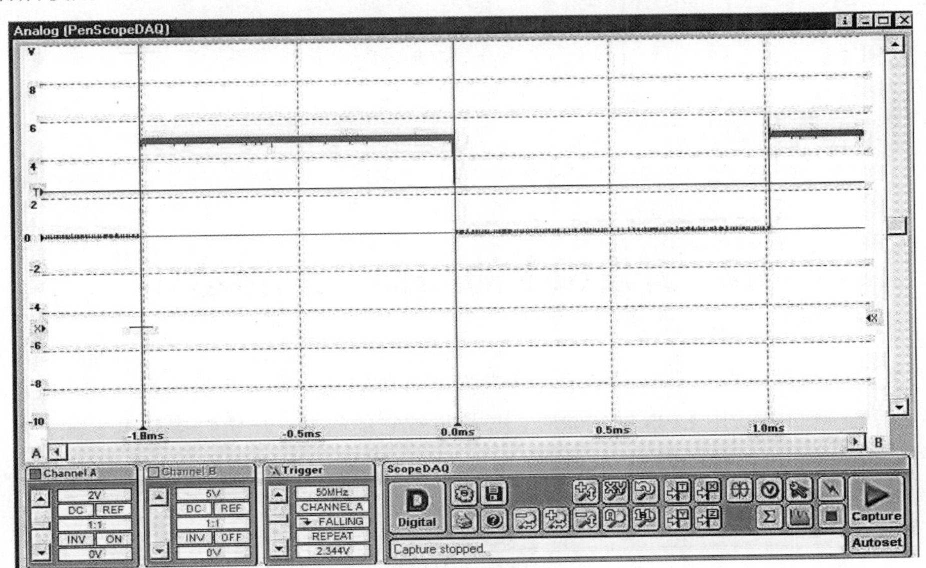

图 4-1　高低电平间的脉冲宽度为 1 毫秒

3. 电路图

软件延迟时间长短测试电路图如图 4-2 所示。

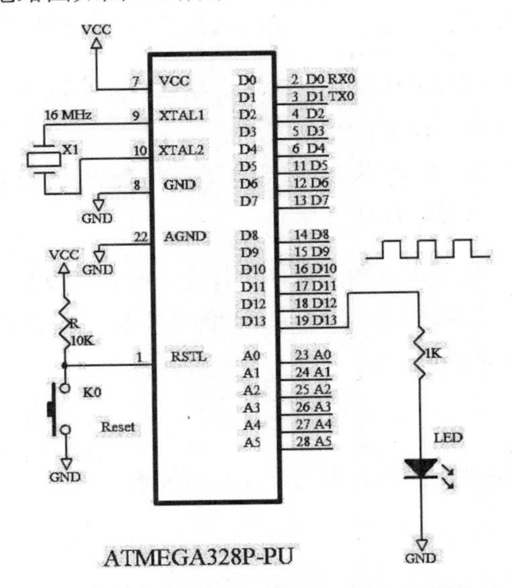

图 4-2　软件延迟时间长短测试电路图

示例程序 delay.ino

```
int led = 13;          //设置测试引脚
void setup()           //初始化各种设置
{
  pinMode(led, OUTPUT);
}

void loop()            //主控循环
{
  digitalWrite(led, HIGH);     //LED 引脚输出高电平
  delay(1);                    //延迟 1 毫秒
  digitalWrite(led, LOW);      //LED 引脚输出低电平
  delay(1);                    //延迟 1 毫秒
}
```

4.2 开发板上的 LED 工作指示灯

LED（发光二极管）常用于电源指示灯或者指示各种状态，图 4-3 是小尺寸的 LED，常见的发光颜色有红、黄、绿 3 种。用 LED 做实验时，必须注意它的极性，长引脚接高电平端（为正极性），若怀疑 LED 损坏了，可以使用万用表（或称为三用表）的欧姆挡来测量，看看是否会亮。

图 4-3 小尺寸的 LED

在 Uno 板上，D13 接有一个 LED 指示灯，我们称之为 LED 工作指示灯，在送出高电平时，LED 点亮，送出低电平时，LED 熄灭。我们可以用 LED 灯来表示如下状态：

- 程序刚开始执行时，LED闪烁，表示程序已经正常开始执行了。
- 程序执行中出现状况时，LED闪烁一下。
- 不同的状态有不同的表示，如状态1闪烁一下，状态2闪烁两下，以此类推。
- 程序执行遇到特殊错误时，持续闪烁。

因此，靠一个 LED 的闪烁情况可以判断程序执行的正确性以及显示程序执行的状态。总之，这是一种相当简单的输出设备，用来表示一个位（bit）的数字状态。在 Uno 板上设计此控制电路，可以直接在板上验证其控制程序的功能。

1. 实验目的

测试 LED 工作指示灯的功能，通过控制程序来进行实验。

2. 功能

参考图 4-4 的电路，程序执行后，LED 工作指示灯持续闪烁。

3. 电路图

LED 工作指示灯的实验电路图如图 4-4 所示。

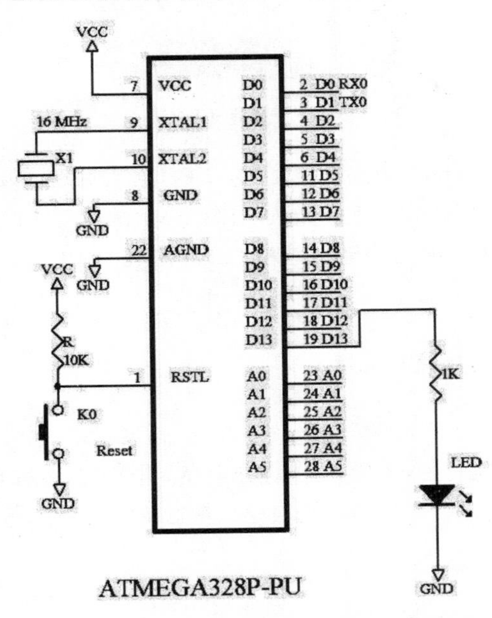

图 4-4　LED 工作指示灯的实验电路图

示例程序 Leda.ino

```
int led = 13;          //设置 LED 引脚
void setup()           //初始化各种设置
{
  pinMode(led, OUTPUT);
}

void loop()       //主控循环
{
  digitalWrite(led, HIGH);      //LED 引脚输出高电平
  delay(1000);                  //延迟 1 秒
  digitalWrite(led, LOW);       //LED 引脚输出低电平
  delay(1000);                  //延迟 1 秒
}
```

4.3　走马灯控制一

本节的实验是经由限流保护电阻，连接 8 个 LED 走马灯，并使用左移及右移方式来展示走马灯。实验中使用的多组 LED 灯封装在一起，称为条形 LED 灯，共有 10 组，如图 4-5 所示，实验时只用了 8 组，其余两组空接（未使用）。

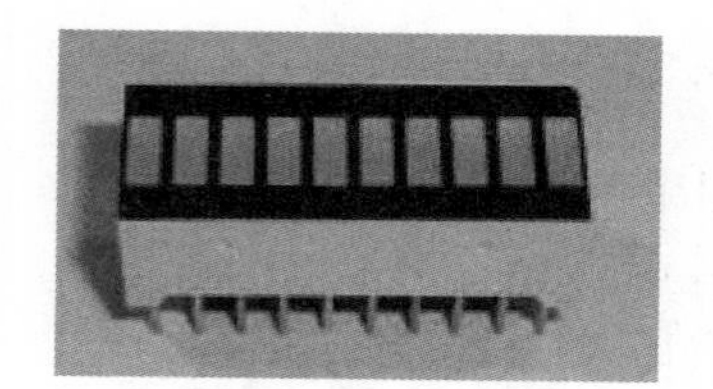

图 4-5 条形 LED 灯

在控制电路中，当相对位（bit）输出低电平时，LED 正向导通而发亮，当输出高电平时，LED 截止而熄灭。在电路中，串接限流保护电阻是为了限流，避免流过 LED 的电流过大而损坏 LED，一般工作电流为 5~10mA 即可，流过的电流越大，LED 越亮。

1. 实验目的

测试条形 LED 灯，做走马灯控制实验。

2. 功能

参考图 4-6 的电路，程序执行后，8 个 LED 灯先全亮，再熄灭。然后 8 个 LED 灯按序左移一次，一次亮一个灯，中间有短暂延迟，左移后改为右移，然后持续展示走马灯。

3. 电路图

走马灯控制电路图如图 4-6 所示。

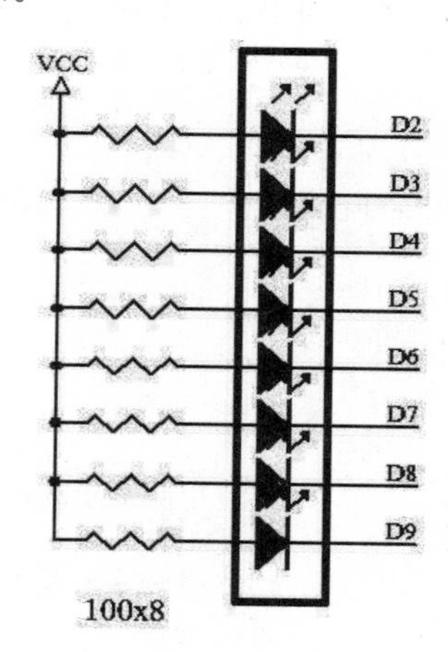

图 4-6 走马灯控制电路图

示例程序 Led8.ino

```
int led8[] ={2, 3, 4, 5, 6, 7, 8, 9 }; //设置 LED 引脚 int i,t;
void setup()        //初始化各种设置
{
   for(i=0; i<8; i++) pinMode(led8[i], OUTPUT);
}

void led8_bl() //全亮测试，再熄灭
{
   for(i=0; i<8; i++) digitalWrite(led8[i], LOW); delay(1000);
```

```
    for(i=0; i<8; i++) digitalWrite(led8[i], HIGH); delay(1000);
}

void led8L()                    //左移
{
    for(t=0; t<8; t++)
    {
        for(i=0; i<8; i++)      //全熄灭
        digitalWrite(led8[i], HIGH);
        digitalWrite(led8[t], LOW); delay(100);   //点亮1个LED
    }
}

void led8R()                    //右移
{
    for(t=7; t>=0; t--)
    {
        for(i=0; i<8; i++)      //全熄灭
        digitalWrite(led8[i], HIGH);
        digitalWrite(led8[t], LOW); delay(100);   //点亮1个LED
    }
}
void loop()             //主控循环
{
     led8_bl();         //全亮测试，再熄灭
     led8L();           //左移
     led8R();           //右移
}
```

4.4 走马灯控制二

上一节所介绍的走马灯展示是以一次亮一盏的方式进行左移和右移，一般还可以使用查表的方式来控制，即将一些特定的数据先以数组存入，而后在程序中逐一将数组中的数据取出，送往LED输出端口，于是就展示出了各种变化的走马灯。由于存放在数组内的数据可以随意组合，因此以查表法来控制走马灯的变化花样展示效果自然较佳。

在程序中使用以下函数进行位处理：

```
bitRead(x, n);
```

读取x字节第n位数据，例如x=0x11（十六进制数）、x=B00010001（二进制数）。

```
执行 bitRead(x, 0); 返回 1
执行 bitRead(x, 1); 返回 0
```

调用此函数可以直接判断变量的位是0或1，配合digitalWrite()函数进行输出控制，进而控制点亮或熄灭LED指示灯。

1. 实验目的

测试连接条形 LED 灯的电路，以查表法进行走马灯控制实验。

2. 功能

参考图 4-6 的电路，程序执行后，8 个 LED 展示出 4 种不一样的走马灯花样，而后持续展示走马灯。

示例程序 Ledt.ino

```
//设置 LED 灯展示数据
byte led1[]={0x7F, 0xBF, 0xDF, 0xEF, 0xF7, 0xFB, 0xFD, 0xFE};
byte led2[]={ 0xFE, 0xFD, 0xFB, 0xF7, 0xEF, 0xDF, 0xBF, 0x7F};
byte led3[]={ 0x7E, 0xBD, 0xDB, 0xE7, 0xE7, 0xDB, 0xBD, 0x7E};
byte led4[]={ 0x7F, 0x3F, 0x1F, 0x0F, 0x07, 0x03, 0x01, 0x00};
int led8[]={2, 3, 4, 5, 6, 7, 8, 9 };  //设置 LED 灯的控制位
void setup()                 //初始化各种设置
{
   int i;
   for(i=0; i<8; i++) pinMode(led8[i], OUTPUT);
}
void led8_bl()               //全亮测试，再熄灭
{
   int i;
   for(i=0; i<8; i++) digitalWrite(led8[i], LOW); delay(500);
   for(i=0; i<8; i++) digitalWrite(led8[i], HIGH); delay(500);
}
void rot(byte *pt)           //一组走马灯展示
{
int i,a,b;
for(i=0; i<8; i++)           //一组走马灯展示有 8 组数据
{
   for(a=0; a<8; a++)        //一组数据有 8 位
   {
      b=bitRead(pt[i], a);   //取出某字节的 1 位数据
      if(b==1) digitalWrite(led8[a], HIGH); else digitalWrite(led8[a], LOW);
   }
   delay(200);
   }
}
/*-----------------*/
void loop() //主控循环
{
   led8_bl(); delay(1000);
   rot(led1); delay(1000);
   rot(led2); delay(1000);
   rot(led3); delay(1000);
   rot(led4); delay(1000);
}
```

4.5　压电扬声器测试

扬声器是常见的输出设备，例如当有按键按下时，可以“哔”一声来指示有按键被按下了，也可用来播放音乐、声音或回放录音。一般小型扬声器可分为传统扬声器和压电扬声器，图 4-7 左侧是压电扬声器，右侧是普通小尺寸的扬声器。尺寸越大的扬声器，可以承受的功率越大，发声也越大。

图 4-7　压电扬声器和普通小尺寸扬声器

压电扬声器的“个头”比传统扬声器小得多，它可以直接被焊接在电路板上。在电子元器件市场可以买到的压电扬声器分为两种：一种被称为自激式压电扬声器，另一种被称为外激式压电扬声器。前者内建有震荡电路，只需要输入电压，压电扬声器便会自己发出“哔哔”声，声音的频率是固定的。至于外激式压电扬声器，需要由外部控制脉冲驱动来产生声音，其功能类似于普通的扬声器，外部控制脉冲振荡频率越高，则发声的频率越高。本书实验使用的压电扬声器便是外激式压电扬声器，它可以演奏音乐旋律（本书第 10 章将通过实验说明如何演奏音乐旋律）。

1. 实验目的

连接压电扬声器电路，用控制程序驱动压电扬声器发出“哔哔”声。

2. 功能

参考图 4-8 的电路，程序执行后，压电扬声器发出“哔哔哔”3 声。扬声器实验电路可以经过晶体管放大信号发声，或者直接接到数字信号输出来发声。

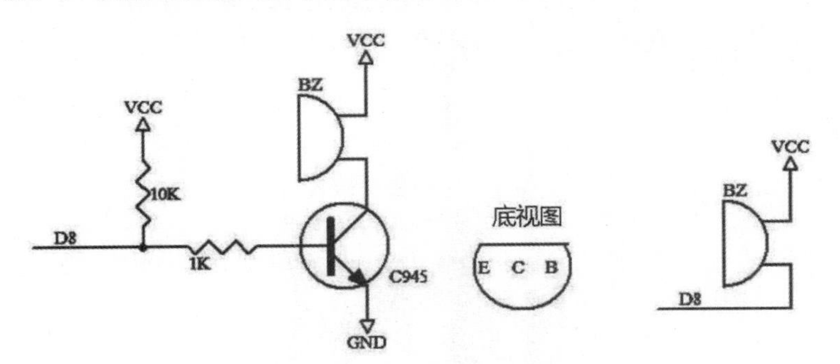

图 4-8　压电扬声器的控制电路图

示例程序 bz.ino

```
int bz=8;                    //设置扬声器引脚
//--------------------------------------
```

```
void setup()                //初始化各种设置
{
  pinMode(bz, OUTPUT); digitalWrite(bz, LOW);
}
//-----------------------------------
void be()                   //发出“哔哔”声
{
  int i;
  for(i=0; i<100; i++)  //控制“哔”声长度
  {
    digitalWrite(bz, HIGH); delay(1);
    digitalWrite(bz, LOW); delay(1);
  }
  delay(100);
}
//-------------------------------------
void loop()                 //主控循环
{
  be(); be(); be();        //发出“哔哔哔”3 声
  while(1);                 //无限循环
}
```

4.6 按 键

一般电子设备中都有按键的设计，用以在程序执行时输入数据、进行特殊功能的设置或操作，2~4 个按键已经够用，例如电子手表。如果要使得输入数据的速度更快、更方便，可能要 10 个左右的按键，像早期带数字键盘的手机，需要有至少 10 个按键来输入电话号码。

图 4-9 所示为小型按键，按键一般有 4 个引脚，可以万用表测量一下，当按下按键时，两个接点导通，有一个简单的判断方法是对角线的两个引脚是控制接点。

在控制电路中，如果按键数不多，则可以使用一个按键对应一条输入线控制。图 4-10 为两个按键的控制输入电路，使用 D7 和 D10 引脚作为输入，由程序来控制，平时输入端为高电平，当有按键被按下时，对应的引脚会呈现低电平，通过轮流扫描来判断输入端是否为低电平，便可知道按下了哪一个按键。

程序中的设置如下：

```
pinMode(k1, INPUT);         //设置 k1 引脚为输入
digitalWrite(k1, HIGH);     //设置 k1 引脚为高电平
```

图 4-9　小型按键

设置 k1 引脚为高电平，启动 Arduino 输入端设置为高电平，连接内部限流保护电阻。当有按键被按下时会呈现低电平，以便于程序判断处理。

在循环中判断输入端是否为低电平，便知道按下了哪一按键，程序代码如下：

```
char k1c; while(1)
{
  k1c=digitalRead(k1); //读取 k1 输入引脚
  if(k1c==0) led_bl(); //若为低电平，则表示按键按下，LED 闪动
}
```

1. 实验目的

测试按键控制输入电路，以程序侦测按键是否被按下。

2. 功能

参考图 4-10 的电路，程序执行后，LED 工作指示灯闪烁，表示程序开始执行，具体操作如下：

- 按下k1键，LED灯闪烁2下。
- 按下k2键，LED灯闪烁4下。

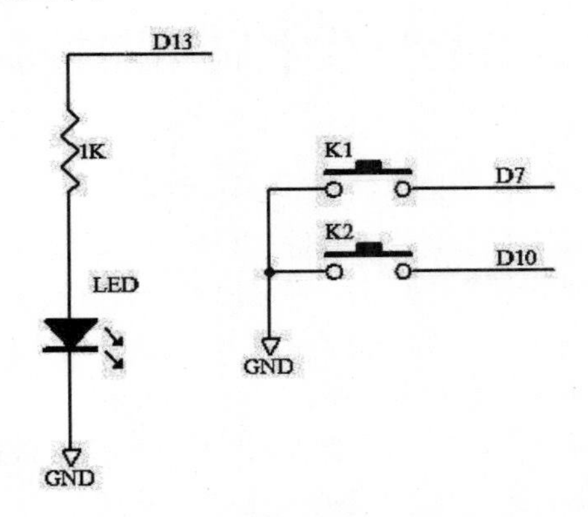

图 4-10 按键控制输入电路

示例程序 k2.ino

```
int led= 13;     //设置 LED 引脚
int k1=7;        //设置按键 1 引脚
int k2=10;       //设置按键 2 引脚

void setup()     //初始化各种设置
{
  pinMode(led, OUTPUT);
  pinMode(k1, INPUT);
  digitalWrite(k1, HIGH);
  pinMode(k2, INPUT);
  digitalWrite(k2, HIGH);
}

void led_bl()    //设置 LED 引脚
{
  int i;
  for(i=0; i<2; i++)
```

```
    {
      digitalWrite(led, HIGH); delay(150);
      digitalWrite(led, LOW); delay(150);
    }
}
void loop() //主控循环
{
    char k1c, k2c; led_bl(); while(1)
    {
       k1c=digitalRead(k1);  //侦测按键 1
       if(k1c==0) led_bl();

       k2c=digitalRead(k2);  //侦测按键 2
       if(k2c==0) { led_bl(); led_bl(); }
    }
}
```

4.7　七节数字显示器控制

LED 只能显示几位的数字状态，如果要显示数字，就要使用七节数字显示器。七节数字显示器是一种常用的输出数字的显示元件，可用来显示 0~9 的数字、字母 A~F 或某些特殊的字符，在许多应用场合都可以派上用场。若要显示多位数字，则可把多个七节数字显示器串接起来，再用计算机程序扫描的方式来驱动。图 4-11 为七节数字显示器的实物照片，其中 dot 表示小数点。

七节数字显示器可以分为两种，一种为共阴，另一种为共阳，二者均有现成的译码驱动芯片，前者的芯片为 7448，后者的芯片为 7447。本节实验是以输出端口直接控制共阳的七节数字显示器来显示字符的，不必接译码驱动芯片。

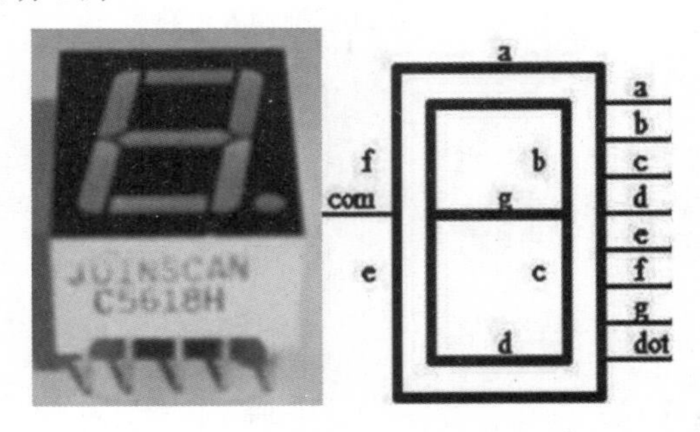

图 4-11　七节数字显示器及引脚

七节数字显示器的控制引脚（a、b、c、d、e、f、g、dot）是由输出端口的 8 个位来控制的，它们分别对应七节数字显示器的 7 个条形 LED 和一个小数点形状的 LED，各个位之间加上了限流保护电阻。对于共阴的七节数字显示器，当某位送出高电平时，点亮对应的条形 LED。若要共阴的七节数字显示器显示数字 1，则 b、c 位都为 ON，其余位为 OFF。可以推算七节数字显示器各个输出位的设置值如表 4-1 所示。

表4-1　七节数字显示器各个输出位的设置值

输 出 位	7	6	5	4	3	2	1	0
LED 编号	dot	g	f	e	d	c	b	a
设置的值	0	0	0	0	0	1	1	0

所以只要由输出端口送出 06H 的编码数据，便可以显示数字 1。

同理，可以推算显示其他数字应送出的编码数据如表 4-2 所示。

表4-2　显示其他数字应送出的编码数据

要显示的数字或字符	0	1	2	3	4	5	6	7	8	9	A	B	C	D	E	F
编码数据	3FH	06H	5BH	4FH	66H	6DH	7DH	07H	7FH	6FH	77H	7CH	B9H	5EH	79H	71H

同理，共阳的七节数字显示器要显示数字或字符应送出的编码数据如表 4-3 所示。

表4-3　共阳的七节数字显示器要显示数字或字符应送出的编码数据

显示数字	0	1	2	3	4	5	6	7	8	9	A	B	C	D	E	F
编码数据	C0H	F9H	A4H	B0H	99H	92H	82H	F8H	80H	90H	88H	83H	46H	A1H	86H	8EH

1. 实验目的

连接共阳的七节数字显示器电路，用程序来控制显示的数字或字符。

2. 功能

参考图 4-12 的电路，在程序执行后，共阳的七节数字显示器开始显示数据，每隔 0.5 秒变化显示数字 0~9 和字母 A~F。

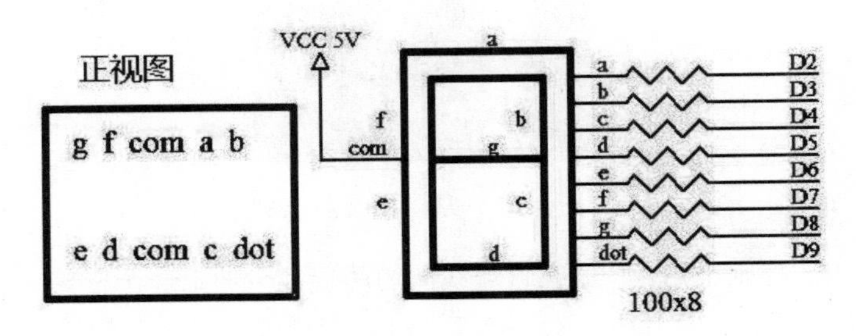

图 4-12　七节数字显示器的显示控制电路

示例程序 seg.ino

```
int seg8[] ={2, 3, 4, 5, 6, 7, 8, 9 }; //设置七节数字显示器的引脚
//共阴的七节数字显示器的编码数据，也可以切换为共阳
byte DATA_7SEG[]={0x3f, 0x06, 0x5b, 0x4f, 0x66,
0x6d, 0x7d, 0x07, 0x7f, 0x6f,
0x77, 0x7c, 0xb9, 0x5e, 0x79, 0x71 };
void setup()                                //初始化各种设置
```

```
{
   int i;
   for(i=0; i<8; i++)                       //设置七节数字显示器的引脚为输出
   pinMode(seg8[i], OUTPUT);
}

void loop()                                 //主控循环
{
   int i; int a;
   boolean b;
   for(i=0; i<16; i++)                      //16 组的显示数据
   {
      for(a=0; a<8; a++)                    //一组数据有 8 位
      { //~表示反向，共阴切换为共阳
         b=bitRead(~DATA_7SEG[i], a);       //取出某字节中的 1 位数据
         if(b) digitalWrite(seg8[a], HIGH);
         else digitalWrite(seg8[a], LOW);
      }
      delay(500);
   }
}
```

4.8 继电器控制接口

继电器是常用的输出控制接口，可用于交直流电源或信号输出的切换。图 4-13 所示为实验用的继电器，一般通过线圈的工作电压可以分为 5V 或 12V（不分极性）。当线圈两端通过直流电压时，产生磁场将内部接点接通，于是回路导通。

图 4-13 实验用的继电器

图 4-14 是实验用的控制电路。一般在直流线圈的两端都会加上一个保护二极管，用以保护驱动输出端的晶体管，因为在继电器开/关（ON/OFF）时，在线圈上会产生相当大的反电动势，加上二极管便可迅速地将此反向高压吸收掉。当 D7 控制线送出低电平时，晶体管截止，使继电器不导通（OFF）；反之，当控制线 D7 送出高电平时，晶体管饱和，使继电器导通，回路接通。

继电器控制接点的说明如下：

- L1 L2：线圈接点，加上工作电压后，可以听见继电器接点切换接通的声音。
- COM：公共点（Common），输出控制接点的公共接点。
- NC：常闭点（Normal Close），以COM为公共点，NC与COM在平时呈导通的状态。

- NO：常开点（Normal Open），NO与COM在平时呈开路的状态，当继电器有动作时，NO与COM导通，NC与COM则呈开路（不导通）状态。

继电器一般串接在电器的回路中，作为可控的电源开关，通过继电器的开/关（ON/OFF）动作来控制家电（AC 210V）的开启或关闭。当继电器处于开（ON）状态时，使电灯电源回路接通，因此电灯会亮起。

在程序中，继电器状态变量为 fry，初值设为 0，表示继电器的关（OFF）状态，侦测到按键则切换继电器的状态，根据继电器的状态来驱动继电器的开或者关。相关的程序代码如下：

```
while(1)
{
  k1c=digitalRead(k1);              //侦测是否按键
  if(k1c==0)                        //侦测到按键按下
  {
    led_bl();                       //LED 闪动
    fry=1-fry;                      //0 或 1 来回切换代表继电器状态的来回切换
    if(fry==1)                      //继电器 on else digitalWrite(ry, LOW);
      digitalWrite(ry, HIGH);       //继电器 off
  }
}
```

1. 实验目的

了解继电器的电气特性，通过程序控制继电器的动作。

2. 功能

参考图 4-14 的电路，程序执行后，LED 工作指示灯闪烁一下，表示程序开始执行。在继电器关（OFF）时，按下 k1 键，继电器开（ON），再按下 k1 键，则继电器关（OFF）。

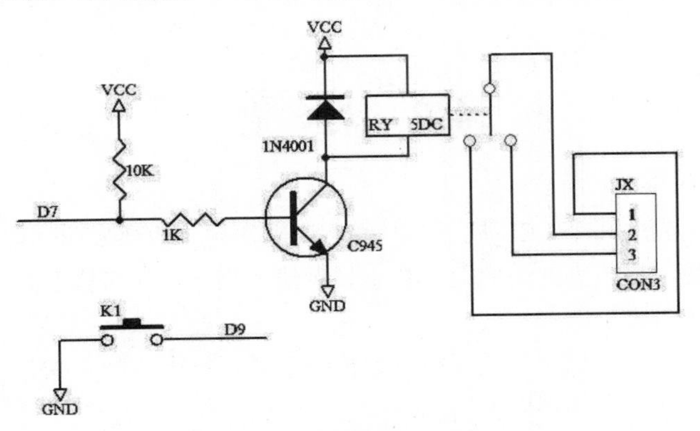

图 4-14　继电器控制电路

示例程序 try.ino

```
int led= 13;     //设置 LED 引脚
int k1=9;        //设置按键引脚
int ry=7;        //设置继电器引脚
char fry=0;      //设置继电器状态变量
```

```
void setup()    //初始化各种设置
{
  pinMode(led, OUTPUT);
  pinMode(k1, INPUT);
  digitalWrite(k1, HIGH);
  pinMode(ry, OUTPUT);
  digitalWrite(ry, LOW);
}

void led_bl()   //LED 闪动
{
  int i;
  for(i=0; i<2; i++)
  {
    digitalWrite(led, HIGH); delay(150); digitalWrite(led, LOW); delay(150);
  }
}

void loop()     //主控循环
{
  char k1c; led_bl();
  while(1)      //无限循环
  {
    k1c=digitalRead(k1);  //侦测按键
    if(k1c==0)            //有按键被按下
    {
      led_bl();           //LED 闪动
      fry=1-fry;          //继电器状态切换
      if(fry==1) digitalWrite(ry, HIGH); //继电器开
      else    digitalWrite(ry, LOW);     //继电器关
    }
  }
}
```

4.9 习　题

1. 设计一个程序，先用 8 个 LED 展示走马灯，同时压电扬声器发出“哔哔”声。
2. 若把七节数字显示器改为共阴的七节数字显示器，程序该如何修改？
3. 试说明继电器的引脚功能。
4. 在继电器实验中，修改程序，使得在按键被按下后，继电器开（ON）2 秒后就关（OFF）。
5. 修改控制程序，使压电扬声器输出 5kHz 的“哔哔”声。
6. 试编写一个 delay1(int d)函数，延迟时间由参数 d 决定，共可延迟 10 毫秒。
7. 试设计一个程序，七节数字显示器以随机方式来显示 0~9，每隔一秒更新一次。
8. 试设计一个程序，随机数由 8 个 LED 显示出来，每隔一秒更新一次。

第5章

串口控制

计算机的通信接口应用很广，除了可以用于基本数据的传输、遥控系统的设计外，还可以用于特殊硬件扩充的连线，这在进行数据收集或自动控制工程应用中都相当重要。Uno 板在通信接口为我们提供了方便且好用的功能，例如从计算机把程序上传到 Uno 板上来执行，执行结果会返回计算机并显示出来，即将计算机作为终端使用。

本章将说明串行传输的通信原理以及 Uno 串行端口的使用，并以实验来说明串行数据的接收与传送。这些都是非常基本的测试程序，熟悉这些程序的设计，对以后 Uno 板相关专题的制作大有裨益，可用于多个芯片系统的连线控制，也可用于与计算机进行数据传输。

5.1　串行数据传输原理

计算机与外界进行通信的方式基本上可以分为两大类：串行通信和并行通信。

1. 并行通信

并行通信的数据传输方式一次发送或接收一字节（8 位），如图 5-1 所示，通常在计算机的 I/O 上会接有接口控制芯片，计算机内部的数据总线可视为并行传输的一种，只不过是在计算机系统内部，并未用于对外进行通信。典型的外部并行通信的例子是计算机与打印机之间的通信，它们之间的接口被称为并行接口。其中包含有握手式的控制接口，以保证数据传输的正确性。使用并行数据传输的优点是速度快，适合近距离的传输，对于距离较长的计算机通信，由于传输线路成本的增加、电气信号衰减等问题，就会考虑使用串行通信的传输技术。

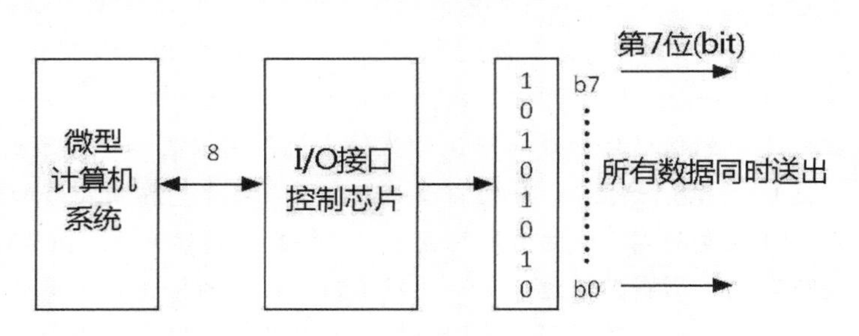

图 5-1　并行通信示意图

2. 串行通信

串行通信是以一连串位的形式将数据传送出去或接收进来，在任一瞬间只传送一位，如图 5-2 所示。数据传输较费时，但却可以降低传输线路的硬件成本，特别适合进行较长距离的计算机通信。典型的串行通信传输方式是使用 RS232 接口，它采用一种异步传输方式，使用相当普遍，一些较高级的仪器设备（如自动测量仪器）均会提供这一通信接口，使得其与计算机之间可以很容易地建立连接，从而增加整台仪器的扩充能力。

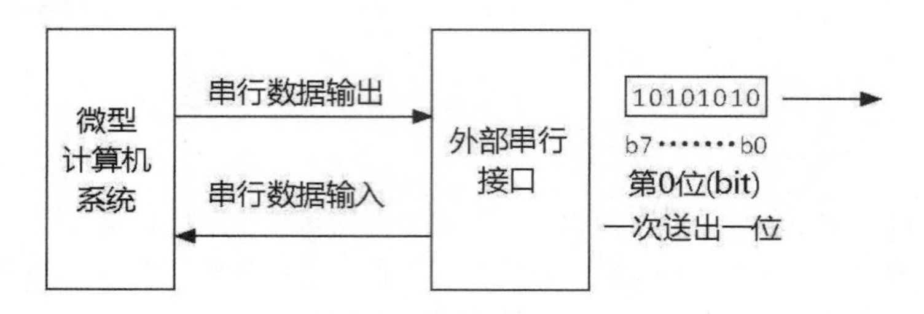

图 5-2　串行通信示意图

3. 异步串行数据传输

在异步串行数据传输过程中，为了保证数据发送端与接收端取得同步，以便正确地传输数据，传送的每一笔数据都由一组数据帧组成。此数据帧的格式由 5 部分组成：

标记	起始位	数据位	校验位	停止位

- 标记：当串行传输线路不传送数据时，它所处的状态称为标记状态，用以告知对方目前处于待机闲置的状态，此信号一直保持在高电平状态。
- 起始位：在真正传送数据位之前，会先发送一个低电平的位（bit），以告知接收端马上就要发送数据了，标记一直保持在高电平下，一旦发送起始位的低电平，在这个状态转换的瞬间，接收端与发送端便取得了同步。
- 数据位：真正传送的数据在起始位送出后，便逐一将位一个一个发送出去（位0最先送出）。数据的长度可以是5~8位。例如英文的文本字符，一个字符只需用到7位传送，使用8位可以传送文本文件中的任何字符。
- 校验位：在传送完每一位数据后，接着送出奇偶校验位，用来检查数据在传送的过程中是否发生了错误，校验位的校验可以是奇校验，也可以是偶校验。采用奇校验，表示所有数据位加上校验位之后，一字节中1的总个数应该为奇数；反之，采用偶校验，则所有数据位加上校验位，一字节中1的总个数应为偶数。当然，也可以不使用校验位进行校验。在数据传送中，少传一位，即可增快数据的传输速度。
- 停止位：把一连串的传送位的最后一位称为停止位，用以表示一字节的数据已传送完毕。停止位可以是1个、1.5个或2个，根据需要进行选择。在串行传输中，加入起始位和结束位的主要功能是让收发两端可以随时取得同步，使得数据传输无误。图5-3为字节6BH经串行传输接口发送时的波形图，传送一字节共花了11个位宽的传送时间。除了数据项8位外，还多加了起始位、停止位及奇偶校验位，其中可以看出采用了奇校验，因为数据项加上校验位共有5个1，即奇数个1。至于传送的速度到底有多快，与比特率有关。

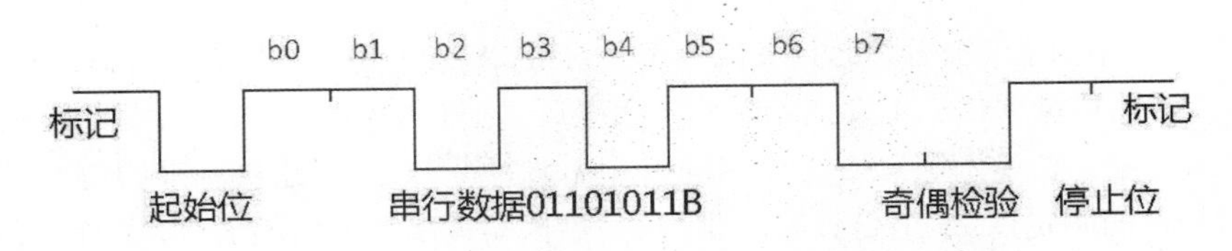

图 5-3　字节 6BH 经串行传输接口发送时的波形图

异步串行数据传输的速度有多快，与其传输速率（比特率）(Bit Per Second，BPS）有关。每秒钟可以传送位的数量被称为比特率。典型的比特率有 2400、4800、9600 和 19200。

以比特率 9600 为例，表示每秒可以传送 9600 位数据，若传送如图 5-3 所示的数据，共用了 11 位，以 9600 除以 11 可以得到 873，表示每秒可以传送 873 字节，比特率越高，传送时间就越短。至于应采用哪种比特率率来传送数据，这属于收发双方的事，双方要保持一致，便不会有问题。只要数据传输不出错，当然是越快越好，较常使用的异步串行传输通信协议为（9600,8,N,1），即比特率为 9600，传送或接收 8 个数据位，没有校验位，有 1 个停止位，起始位一直存在。

5.2　RS232 串口介绍

传统计算机有一个串行通信接口 COM1，传送规格采用 RS232 标准规格，图 5-4 所示是输入与输出电平标准，为了提高噪声免疫能力、防止噪声干扰产生误动作，采用双极性、负逻辑方式来表示，以+5V~+15V 代表逻辑 0，以−5V~−15V 代表逻辑 1，在此电平标准设置下进行数据传输，在实际通信应用中约有 3V 的噪声边界，在这个范围内可以提供很好的抗噪声能力，其传输速率可达 20Kbps，最远传输距离可达 15 米。

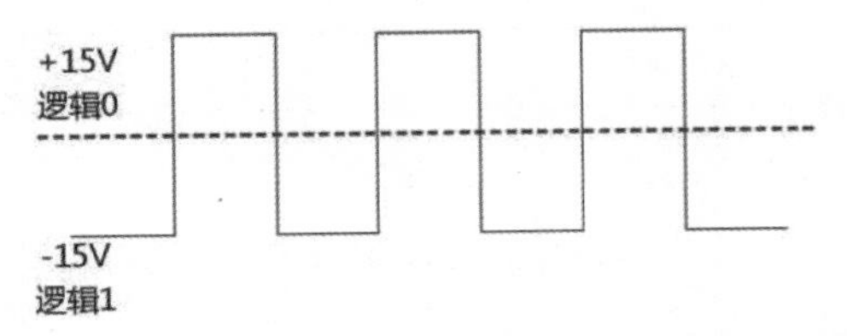

图 5-4　RS232 传输信号的电平标准采用负逻辑方式来表示

早期计算机机箱后方的 RS232 串口的插座一般有两种，一种是 9 针（引脚）的，另一种是 25 针（引脚）的，它们都是公头方式的插座。图 5-5 所示为其实体的照片，图 5-6 所示为其引脚的编号。插座的公头与母头方向刚好相反，因此引脚编号的顺序也相反，做实验时需要特别注意，最好仔细看一下接头内部表明的引脚编号，先确认一下再做实验进行连接。

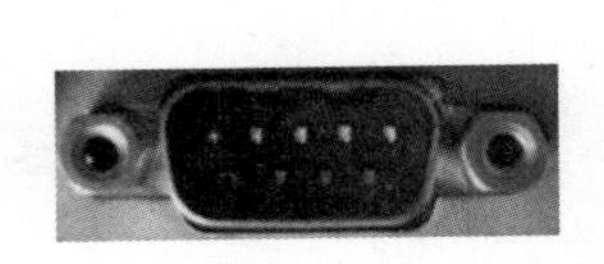

图 5-5　RS232 串口的 9 引脚公头

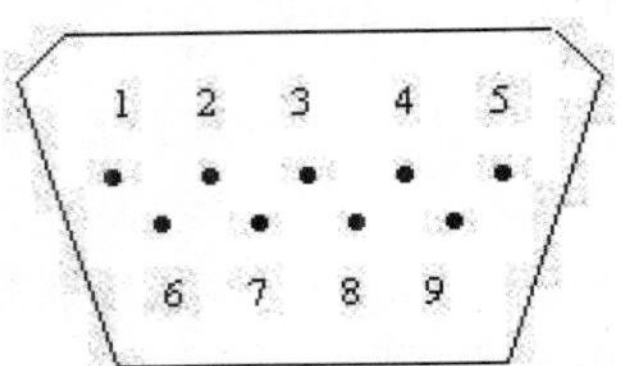

图 5-6　RS232 串口的 9 引脚公头的引脚编号

表5-1是RS232串口的9个引脚的相关信号及其说明。RS232串口早期是与调制解调器(MODEM)相连接的，是当时的典型通信应用实例。因此，在串口的控制引脚中有与调制解调器进行握手式通信而传送的控制信号。表5-2是RS232串口的9个引脚标准与25个引脚标准的信号对照表，早期的RS232接口规格的制定以25个引脚的标准为主，后因与调制解调器相连接，故而将信号简化为9个引脚，所以我们今天看到的RS232串口的引脚以9个引脚的标准为主。

表5-1 RS232串口的9个引脚的相关信号及其说明

引脚编号	信 号	信号功能
1	CD	载波信号侦测（Carrier Detect）
2	RXD	接收数据（Receive）
3	TXD	发送数据（Transmit）
4	DTR	数据端准备就绪（Data Terminal Ready）
5	GND	信号地（Ground）
6	DSR	数据准备就绪（Data Set Ready）
7	RTS	发送请求（Request to Send）
8	CTS	传送清除（Clear to Send）
9	RI	振铃指示（Ring Indicator）

表5-2 RS232串口的9个引脚标准与25个引脚标准的信号对照

9个引脚	信 号	25个引脚
1	CD	8
2	RXD	3
3	TXD	2
4	DTR	20
5	GND	7
6	DSR	6
7	RTS	4
8	CTS	5
9	RI	22

RS232引脚相关信号说明如下：

- CD引脚：此引脚由调制解调器来控制，当调制解调器侦测到有载波信号时，输出高电平表示通知计算机，目前处于联机中。
- RXD引脚：计算机接收调制解调器传送过来的数字信号的接收引脚，此引脚会随着信号进行高低电平的变化。
- TXD引脚：计算机向调制解调器传送的数字信号的发送引脚，此引脚会随着信号进行高低电平的变化。

- DTR引脚：此引脚由计算机来控制，输出高电平表示通知调制解调器，计算机这边已经准备就绪，可以接收数据了。
- GND引脚：计算机串口与调制解调器间的共同接地线，两端的地线电平基准位必须一致，才不会使传送的信号不稳定，出现信号飘移的错误。
- DSR引脚：此引脚由调制解调器来控制，输出高电平表示通知计算机，调制解调器这边已将数据准备就绪，可以传送给计算机了。
- RTS引脚：此引脚由计算机来控制，通知调制解调器将数据送出，当调制解调器收到此控制信号后，便会将电话线路上收到的数据传给计算机。
- CTS引脚：此引脚由调制解调器来控制，通知计算机将数据送出，调制解调器会将计算机发送过来的数据经由电话线路传送出去。
- RI引脚：当调制解调器侦测到有电话振铃信号时，发送此信号通知计算机。若调制解调器设为自动应答模式，则会自动接听电话。

5.3 Arduino 串口

由于计算机 USB 接口应用的普及，使得 Arduino 串口成为计算机外设连接的主流接口。图 5-7 所示为计算机的 USB 接口与连接头，USB 1.1 接口的传输速率为 12Mbps，USB 2.0 接口的传输速率可达 480Mbps。Uno 板提供了 USB 接口来与计算机连接，以便上传程序来验证执行结果。图 5-8 所示为 Uno 板的 USB 接口和连接头，内部为四线连接，中间的两线用于传送与接收数据，旁边的两线提供 5V 电源与地线。因此，Uno 板的 USB 接口可以提供 3 种应用：

- 连接测试程序时，提供5V电源。
- 上传程序。
- 通过串口监视器程序的执行结果。

图 5-7 计算机的 USB 接口与连接头

图 5-8 Uno 板的 USB 接口与连接头（线）

若以最小电路设计制作实验板，则可以通过 USB 到串口转换器与计算机连接，以便上传程序。图 5-9 所示是 USB 接口转换器的实物照片，它有以下引脚：

- 5V：5V电源供电。
- 3.3V：3.3V电源供电。

- RXD：下载程序或通信的接收引脚。
- TXD：下载程序或通信的发送引脚。
- 信号地线。

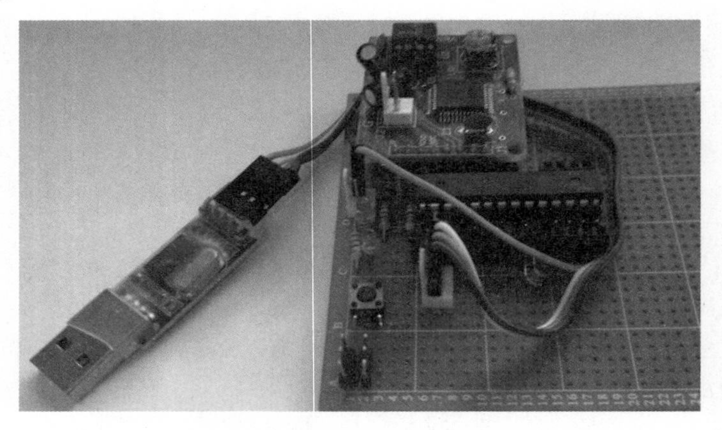

图 5-9　USB 接口转换器与实验板连接

利用接口转换器与 Arduino 最小电路实验板进行连接，串口引脚需互换如下：

- RXD：连接Arduino的TX0发送引脚。
- TXD：连接Arduino的RX0接收引脚。

在 Uno 板上有芯片提供了 USB 接口到串口 TTL 的电平转换，可以与 Arduino 控制芯片连接，由 D0 引脚（标示为 RX0）接收数据，由 D1 引脚（标示为 TX0）发送数据，因此在以 Uno 板或最小电路实验板做实验时，D0 与 D1 引脚不要连接任何硬件，以免串口造成干扰，工作不正常。

5.4　使用 Arduino 传送数据到计算机

Arduino 系统内建有串口连接的 Serial 链接库，该链接库提供以下基本操作：

- 串口初始化：与套接字建立相同的通信协议，准备通信。
- 串口输出：Arduino从串口送出数据。
- 串口输入：Arduino从串口接收数据。
- “串口监视器”窗口：该窗口用于监控Arduino在计算机上的执行文件进出串口的数据，编程人员只需调用链接库中的函数，就能以简单的控制程序码直接驱动“串口”监视器显示通过串口收发的数据，而不必花费时间去编写底层的硬件控制指令。

“串口监视器”窗口是一个很好用的调试工具，只要通信协议的比特率设置好，便可以显示传入的数据，也可以把数据发送出去，实现遥控开发板的操作或调试。Uno 开发板上有 TX（发送）及 RX（接收）LED 指示灯，当串口有数据交换时，或者程序代码上传时，LED 指示灯都会闪烁。“串口监视器”窗口一旦打开，就会自动启动 Arduino 程序的执行，方便用户观看执行结果。

串口控制的常用指令如下：

```
Serial.begin(9600);            //初始化串口，并把比特率设置为 9600bps
Serial.print ("hello, world"); //输出数据
Serial.read();                 //读取数据
```

前面介绍过串行传输通信协议，Arduino 在通信协议上也是使用（9600,8,N,1）：

- 比特率为9600。
- 传送或接收8个数据位。
- 没有校验。
- 1个停止位。

1. 实验目的

使用 Arduino 传送数据到计算机，计算机端接收信息。

2. 功能

程序执行后，打开“串口监视器”窗口，可以看到串口收到 Uno 板传来的数据，如图 5-10 所示。

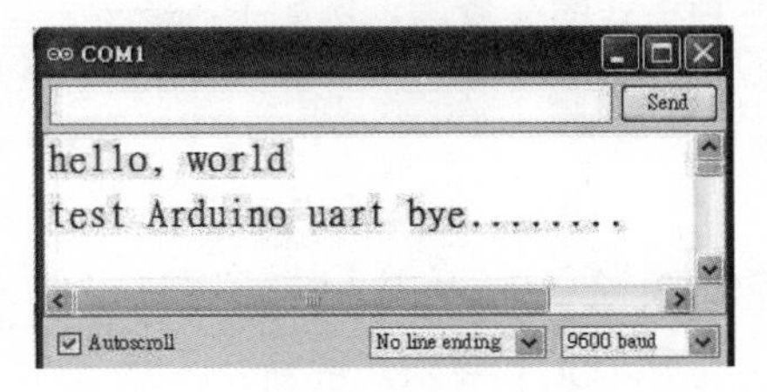

图 5-10　串口收到 Uno 板传来的数据

示例程序 ar_tx.ino

```
void setup()                 //初始化各种设置
{
   Serial.begin(9600);
}
void loop()                  //主控循环
{
   Serial.print("hello, world ");
   Serial.print("\ntest Arduino uart ");        //“\n”表示换行
   Serial.println("bye. \n"); while(1);         //无限循环
}
```

5.5　Arduino 串行输出格式

在 Arduino 程序开发中，经常会通过串口监视器来查看变量的执行结果，常用的是输出函数 Serial.print()，它可以输出各种格式的变量，我们可以通过 Arduino 网络在线系统去查看参考说明文件，执行结果如图 5-11 所示，这样可以快速查看 Serial.print()函数的用法。

图 5-11 在线的 Serial.print 说明文件

Serial.print()函数可以输出各种格式的变量，示例如下：

```
Serial.print(78)                //显示 78
Serial.print(1.23456)           //显示 1.23
Serial.print('N')               //显示 N
Serial.print("Hello world.")    //显示 Hello world.
```

输出各种格式：BIN 表示二进制，OCT 表示八进制，DEC 表示十进制，HEX 表示十六进制，示例如下：

```
Serial.print(78, BIN)   //显示 1001110
Serial.print(78, OCT)   //显示 116
Serial.print(78, DEC)   //显示 78
Serial.print(78, HEX)   //显示 4E
```

控制浮点输出显示小数点后几位，示例如下：

```
Serial.print(1.23456, 0)    //显示 1
Serial.print(1.23456, 2)    //显示 1.23
Serial.print(1.23456, 4)    //显示 1.2346
```

1. 实验目的

Arduino 把数据传输给计算机，计算机端接收信息，方便用户查看 Arduino 串行输出格式。

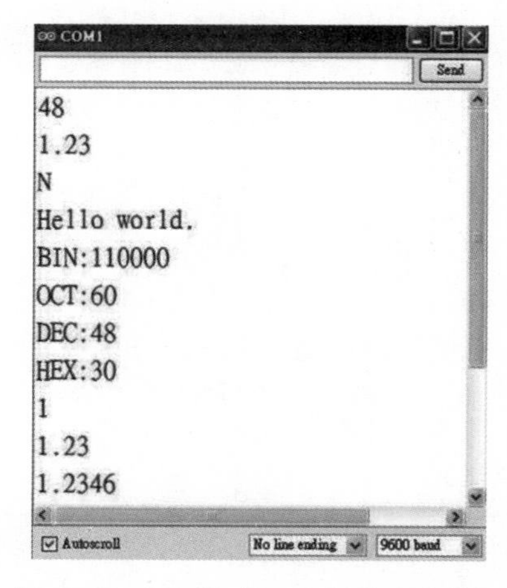

图 5-12 串口收到 Uno 板传来的数据

2. 功能

程序执行后，打开“串口监视器”窗口，串口收到 Uno 传来的数据，如图 5-12 所示。

示例程序 ar_txf.ino

```
void setup()         //初始化各种设置
{
```

```
    Serial.begin(9600);
  }

void loop()           //主控循环
{
  int a=48;
  float f=1.23456;
  Serial.println(a);
  Serial.println(f);
  Serial.println('N');
  Serial.println("Hello world.");

  Serial.print("BIN:");
  Serial.println(a, BIN);
  Serial.print("OCT:");
  Serial.println(a, OCT);
  Serial.print("DEC:");
  Serial.println(a, DEC);
  Serial.print("HEX:");
  Serial.println(a, HEX);

  Serial.println(f, 0);
  Serial.println(f, 2);
  Serial.println(f, 4);
  while(1);
}
```

5.6　Arduino 接收数据控制 LED 灯

前面介绍过 Arduino 串口读取数据，是调用 Serial.read()函数来实现的，不过还是要看控制芯片内的串口数据缓冲区是否收到了数据，调用函数 Serial.available()可以检查缓冲区是否有数据准备就绪，函数执行后：

- 返回0，表示没有数据。
- 返回n，表示接收到n字节的数据。

再调用 Serial.read()函数读取缓冲区的第一笔数据。

由于串口的硬件连接方式很简单，因此在 Arduino 初期软件开发上，可以经由计算机“串口监视器”窗口与控制板连接，进行简易的程序设计控制及调试。本节计算机端送出控制指令“123”，可以控制外界 LED 做出反应，硬件控制板上无须按键，也可以控制程序执行的流程。

1. 实验目的

计算机端送出控制指令，Arduino 接收计算机传来的数据来控制 LED 灯。

2. 功能

执行后，打开“串口监视器”窗口，计算机端可接收 Uno 控制板传来的信息，如图 5-13 所示。计算机端可以输入指令并传送到 Uno 板，控制 LED 做出反应。Uno 板接收到计算机传来的指令之后，反应如下：

- 数字“1”：由串口响应输出1，LED闪动2下。
- 数字“2”：由串口响应输出2，LED闪动4下。
- 数字“3”：由串口响应输出3，LED闪动6下。

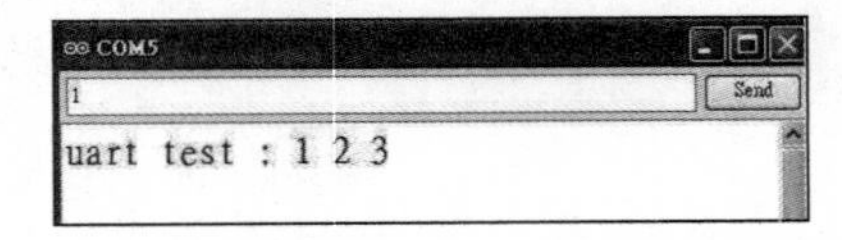

图 5-13　串口输入指令与接收 Uno 控制板传来的数据

3. 电路图

Arduino 接收数据并根据数据来控制 LED 灯的闪动，如图 5-14 所示。

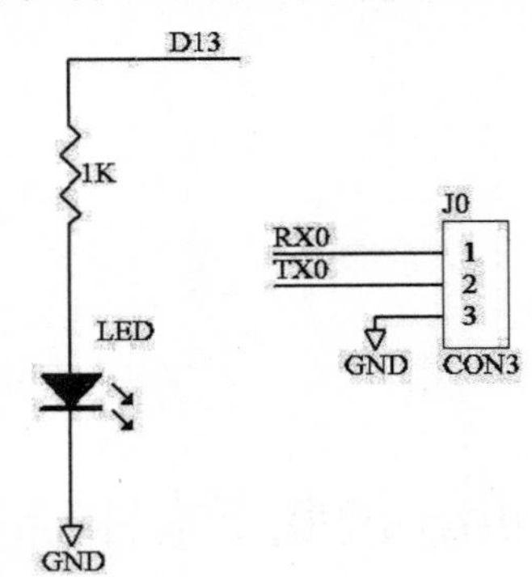

图 5-14　Arduino 接收数据并根据数据来控制 LED 灯的闪动

示例程序 rs.ino

```
int led = 13;        //设置 LED 引脚
//----------------------------------------
void setup()
{
   //初始化各种设置
   Serial.begin(9600);
   pinMode(led, OUTPUT);
}
//-------------------------------------
void led_bl()        //LED 闪动
{
   int i;
   for(i=0; i<2; i++)
   {
      digitalWrite(led, HIGH); delay(150); digitalWrite(led, LOW); delay(150);
   }
}
```

```
//-----------------------------------
void loop()                              //主控循环
{
   char c; led_bl();
   Serial.print("uart test : ");
   while(1)
   {
      if (Serial.available() > 0)        //若收到数据
      {
         c = Serial.read();              //读取数据
         if(c=='1')
         {
            Serial.print("1 ");led_bl();
         }
         if(c=='2')
            {Serial.print("2 ");led_bl();led_bl(); }
         if(c=='3')
            {Serial.print("3 ");led_bl();led_bl(); led_bl();}
      }
   }
}
```

5.7　Arduino 串口输出随机数

在 Arduino 初期软件开发中，可以经由计算机“串口监视器”窗口与控制板连接，将处理结果经由串口返回给计算机并显示在计算机的屏幕上。控制板上返回的数据一般有以下几种：

- 程序执行中变量的值，例如经过函数执行后的结果。
- 所读取的输入采样数据，包括数字输入和模拟输入值。
- 经过运算或算法处理后的结果。

程序设计如果能够掌握这些变量的变化，便可以轻松进行调试，对于特殊硬件接口，需要按照专门的控制软件来驱动和查看结果。因此，对于一个有经验的系统设计工程师，只要善用以上调试技巧，不需要建立很复杂的硬件接口，也不需要借助昂贵的开发工具，便可以有效地完成项目的软硬件整合开发测试。

Arduino 内建有随机数生成函数 random(no)，可以用于产生 0~no−1 的随机数，我们怎么知道它产生的随机数是否有效，是否不重复？将执行结果经由串口传回计算机端并显示出来，便可以验证软件执行的正确性。

1. 实验目的

从“串口监视器”窗口观察 Arduino 随机数生成函数的执行结果。

2. 功能

执行后，打开“串口监视器”窗口，串口收到 Uno 板传来的随机数，如图 5-15 所示。

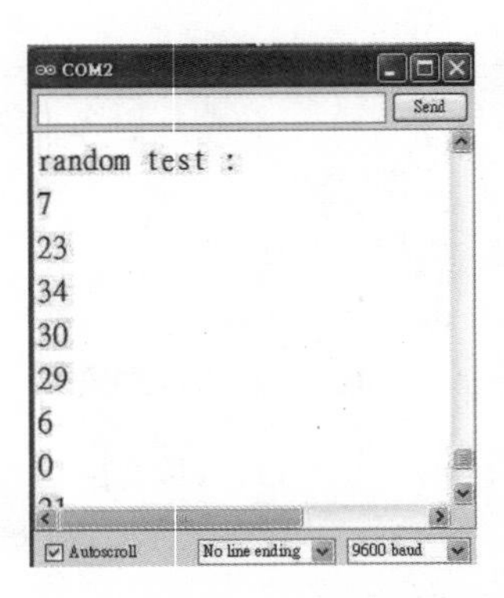

图 5-15　串口收到 Uno 板传来的随机数

示例程序 ran_ur.ino

```
void setup()              //初始化各种设置
{
  Serial.begin(9600); Serial.println("random test : ");
}

void loop()               //主控循环
{
  int r;
  r=random(42);           //产生随机数
  Serial.println(r);      //输出随机数
  delay(300);             //延迟 0.3 秒
}
```

5.8 习　题

1. 试说明如何利用串口来进行 Arduino 程序的设计与调试。
2. 试说明异步串行数据传送中数据帧的主要组成部分。
3. 试说明串行数据传送中校验位的作用。
4. 试说明异步串行传输通信协议（9600,8,N,1）的含义。
5. 试说明异步串行传输通信协议比特率的意义。
6. 若传输通信协议为（19200,8,N,1），则每秒可以传送多少字节？
7. 试说明 RS232 规格传送数据的电平基准是什么？
8. 试说明下列 RS232 引脚控制信号的含义是什么？

```
DTR、DSR、RTS、CTS、RI
```

9. 编写一个 Arduino 程序，使用通信协议（9600,8,N,1）与计算机建立连接，当在计算机上按键时，Arduino 做出一个对应的回应：

```
PC 按键 1→响应："KEY 1 TEST"
PC 按键 2→响应："KEY 2 TEST"
```

第 6 章

LCD 接口控制

LCD（液晶显示器）在电子产品设计中的使用率相当高，普通的七节数字显示器只能用来显示数字，若要显示更多英文字母或字符，则要选择使用 LCD，常见的使用场合有测量仪器及高级电子产品。我们在电子器材市场买到的 LCD，它的背面含有控制电路，上面有专门的芯片来完成 LCD 的控制。在自行设计的以 LCD 为显示界面的专题作品中，只要送入适当的命令编码和需要显示的数据，LCD 便会将英文字母或字符显示出来，通过程序控制非常方便。本章将介绍使用 Arduino Uno 如何控制 LCD 显示出各种信息。

6.1 LCD 介绍

小尺寸的 LCD 可以分为两种类型，一种是文本模式的 LCD，另一种是绘图模式的 LCD。市面上有各个不同品牌的文字显示型 LCD，仔细查看一下，我们会发现大部分控制器使用的都是同一个芯片，其编号为 HD44780A，一般支持以下几种显示类型：

- 16字 × 1行。
- 16字 × 2行。
- 20字 × 2行。
- 24字 × 2行。
- 40字 × 2行。

1. LCD 的特性

LCD 的特性说明如下：

- +5V供电，亮度可调整。
- 内含振荡电路，系统内含重置电路。

- 提供各种控制命令，如清除显示器、字符闪烁、光标闪烁、显示移位等。
- 字符发生器ROM有160个5 × 7的点矩阵字模。
- 字符发生器RAM可由用户自行定义8个5 × 7的点矩阵字模。

2. 引脚说明

图 6-1 的左图是实验用 LCD 的实物照片，一般市售的 LCD 均有统一的引脚，值得注意的是，其他品牌的 LCD 引脚图的第 1 个和第 2 个引脚可能有所差别，有的第 1 个引脚接+5V，有的第 1 个引脚却是接地，使用者在购买 LCD 时最好能拿到原厂的引脚图确认一下，以免实验时接错。

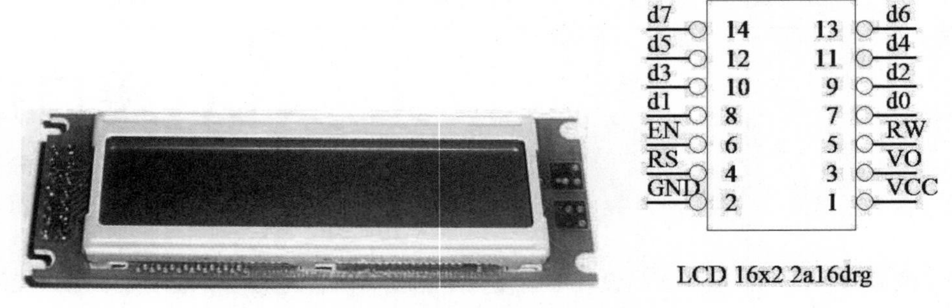

图 6-1　LCD 实物照片及引脚图

引脚功能说明如下：

- d0~d7: 双向的数据总线，LCD数据读写方式可以分为8位和4位两种，以8位数据进行读写，d0~d7都有效，以4位方式进行读写，则只用到d7~d4。
- RS：缓存器选择控制线，当RS=0时且执行写入操作时，可以写入指令缓存器；当RS=0且执行读取操作时，则可以读取忙碌标志位及地址计数器的内容。如果RS=1，则为读写数据缓存器所用。
- R/W：LCD读写控制线，当R/W=0时，LCD执行写入的操作；当R/W=1时，执行读取的操作。
- EN：控制线使能（即激活），高电平驱动。
- VCC：电源正极。
- VO：亮度调整电压输入控制引脚，当输入0V时，字符显示最亮。
- GND：电源地端。

图 6-2 是另一款横排引脚 LCD 的实物照片及引脚图。不同的引脚功能如下：

- VSS：电源地端。
- VDD：电源正极。
- A：背光电源正极，接一个300欧姆的电阻到+5V。
- K：背光电源地端。

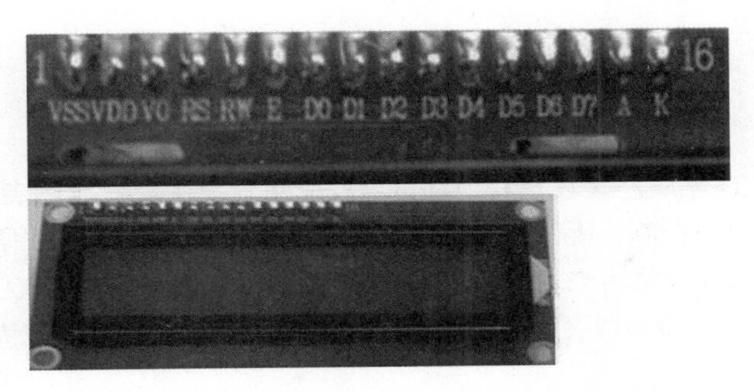

图 6-2　LCD 横排引脚的实物照片及引脚图

3. LCD 内部的内存

LCD 内部存储器共分为 3 种：

- 固定字模ROM（只读存储器），被称为字符发生器（Character Generator，CG）ROM。
- 数据显示RAM（随机存取存储器），被称为数据显示（Data Display，DD）RAM。
- 用户自定义字模RAM，被称为字符发生器RAM。

（1）CG ROM

CG ROM 中存储着 5×7 的点矩阵字模，这些字模均已固定，例如我们将 A 写入 LCD 中，就是将 A 的 ASCII 编码 41H 写至 DD RAM 中，同时到 CG ROM 中将 A 的字模点矩阵数据找出来并显示在 LCD 上。

（2）DD RAM

DD RAM 中用来存储写到 LCD 上的字符，DD RAM 的地址为 00H~67H，分别代表 LCD 的各行位置，例如我们要将 A 写入第 2 行的第 1 个位置，就先设置 DD RAM 地址为 40H，而后写入 41H 至 LCD 即可。

1）1 行×16 字符，如表 6-1 所示。

表6-1　1行×16字符显示位置及对应的地址

显示位置	0	1	2	…	13	14	15
第一行的DD RAM地址	00H	01H	02H	…	0DH	0EH	0FH

2）2 行×20 字符，如表 6-2 所示。

表6-2　2行×20字符显示位置及对应的地址

显示位置	0	1	2	…	17	18	19
第一行的DD RAM地址	00H	01H	02H	…	11H	12H	13H
第二行的DD RAM地址	40H	41H	42H	…	51H	52H	53H

（3）CG RAM

此区域只有 64 字节，可由用户将自行设计的字模写入 LCD 中，一个字模的大小为 5×8 点矩阵，共可以存储 8 个字模，其显示编码为 00H~07H。

4. 控制方式

以 CPU 来控制 LCD 模块，LCD 模块内部可以看成两个缓存器，一个为指令缓存器，另一个为数据缓存器，由 RS 引脚来控制。所有对指令缓存器或数据缓存器的存取均需检查 LCD 内部的忙碌标志位（Busy Flag），此标志位用来表明 LCD 内部正在工作，暂不允许接收任何控制命令。对此位的检查可以令 RS=0 时，读取位 7（即字节的第 7 位）来加以判断，当此位为 0 时，才可以写入指令缓存器或数据缓存器。

5. LCD 控制指令

LCD 控制指令有以下几项：

- 清除显示器，指令编码为0x01，将LCD DD RAM数据全部填入空白编码20H，执行此指令将清除显示器的内容，同时将光标移到左上角。
- 光标归位设置，指令编码为0x02，地址计数器被清除为0，DD RAM数据不变，光标移到左上角。
- 设置字符进入模式，指令格式为：

B7	B6	B5	B4	B3	B2	B1	B0
0	0	0	0	0	1	I/D	S

  - I/D：地址计数器递增或递减控制，I/D=1时递增，I/D=0时递减。每读写DD RAM中的字符码一次，则地址计数器会加1或减1。光标所显示的位置也会同时向右移一位（I/D=1）或向左移一位（I/D=0）。
  - S：显示屏移动或不移动控制，当S=1时，写入一个字符到DD RAM时，显示屏向左（I/D=1）或向右（I/D=0）移动一格，而光标位置不变。当S=0时，显示屏不移动。
- 显示器开关，指令格式为：

B7	B6	B5	B4	B3	B2	B1	B0
0	0	0	0	1	D	C	B

  - D：显示屏开启或关闭控制位，D=1时，显示屏开启；D=0 时，显示屏关闭。
  - C：光标出现控制位，C=1时，光标会出现在地址计数器所指的位置；C=0时，光标不出现。
  - B：光标闪烁控制位，B=1时，光标出现后会闪烁；B=0时，光标不闪烁。
- 显示光标移位，指令格式为：

B7	B6	B5	B4	B3	B2	B1	B0
0	0	0	1	S/C	R/L	X	X

X 表示 0 或 1 皆可，如表 6-3 所示。

表6-3　S/C、R/L为0或1时的操作

S/C	R/L	操　作
0	0	光标向左移
0	1	光标向右移
1	0	字符和光标向左移
1	1	字符和光标向右移

- 功能设置，指令格式为：

B7	B6	B5	B4	B3	B2	B1	B0
0	0	1	DL	N	F	X	X

  - DL：数据长度选择位。DL=1时为8位数据转移，DL=0时为4位数据转移，使用D7~D4共4个位，分两次送入一个完整的字符数据。
  - N：显示屏为单行或双行显示。N=0为单行显示，N=1为双行显示。
  - F：大小字符显示选择。F=1时为5 × 10点矩阵字模，字体会大一些；F=0时为5 × 7点矩阵字模，字体会小一些。

- CG RAM 地址设置，指令格式为：

B7	B6	B5	B4	B3	B2	B1	B0
0	1	A5	A4	A3	A2	A1	A0

设置 CG RAM 地址为 6 位的地址值，便可对 CG RAM 执行读/写数据的操作。

- DD RAM地址设置，指令格式为：

B7	B6	B5	B4	B3	B2	B1	B0
1	A6	A5	A4	A3	A2	A1	A0

设置 DD RAM 为 7 位的地址值，便可对 DD RAM 执行读 / 写数据的操作。

- 忙碌标志位读取，指令格式为：

B7	B6	B5	B4	B3	B2	B1	B0
BF	A6	A5	A4	A3	A2	A1	A0

  - LCD的忙碌标志位BF用于指示LCD当前的工作情况。
  - 当BF=1时，表示正在进行内部数据的处理，不接受外界送来的指令或数据。
  - 当BF=0时，表示已准备接收命令或数据。当程序读取此数据的内容时，位7为忙碌标志位。
  - 另外7个位的地址值表示CG RAM或DD RAM中的地址，至于指向哪一个地址，取决于最后写入的地址设置指令。

- 把数据写入CG RAM或DD RAM中，先设置CG RAM或DD RAM地址，再把数据写入其中。
- 从CG RAM或DD RAM中读取数据，先设置CG RAM或DD RAM地址，再读取其中的数据。

6.2 LCD 接口设计

LCD 接口设计可以分为 8 位和 4 位控制方式，传统的控制方式用 8 位 d0~d7 数据线来传送控制命令及数据，而 4 位控制方式使用 d4~d7 数据线来传送控制命令及数据，如此一来，Uno 控制板使用的输出控制线便可以减少，省下来的控制线可以用于其他硬件的设计。使用 4 位数据线进行控制时，需分两次来传送，先送出高 4 位数据，再送出低 4 位数据。本书中有关 LCD 的控制就是使用这种方式来设计的，可以最少的控制线来驱动 LCD 接口。图 6-3 所示为 4 位控制电路，以 Uno 控制板的 6 条输出控制线来进行控制。

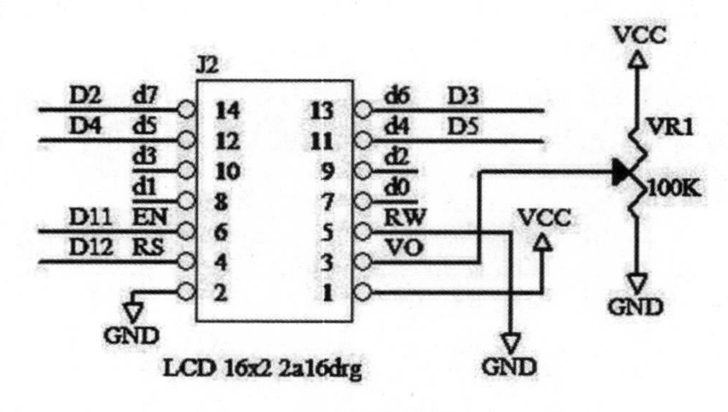

图 6-3 LCD 电路设计

控制信号说明如下：

- R/W LCD读写控制线：直接接地，由于R/W=0时，LCD执行写入操作，R/W=1时，LCD执行读取操作，因此简化设计后，无法对LCD执行读取操作。所有控制数据的写入都要加入适当的延迟，以配合LCD内部控制信号的执行。
- RS缓存器选择控制线：当RS=0时，可以写入指令缓存器；当RS=1时，则为写入数据缓存器所用。
- EN使能控制线：高电平驱动，高电平时LCD操作使能有效。
- VO亮度调整控制引脚：直接接地，使字符显示最亮。接可变电阻可以调整背光的亮度。
- d0~d7双向的数据总线：LCD数据读写以4位方式进行，只用到d7~d4。

6.3 LCD 显示器的测试

在 Arduino 系统安装目录下链接库中有 LCD 显示器的控制程序码，因此可以在程序中加入以下宏指令将链接库的头文件包含进来：

```
#include <LiquidCrystal.h>
```

之后便可以直接调用链接库。有兴趣的读者可以参考链接库中程序的编写方法。对于链接库的调用者，则只需要把链接库的头文件包含进来，而后以简单的调用方式调用控制程序来直接驱动 LCD 显示数据，而不必花费时间去编写底层的硬件控制指令。

在程序中对照图 6-3 的电路图，针对驱动 LCD 引脚的相关控制信号声明以下对象：

```
LiquidCrystal lcd(12, 11, 5, 4, 3, 2);      //设置 LCD 引脚
```

LCD 接口控制的常用指令如下：

```
lcd.begin(16, 2);                  //初始化 LCD 接口，使用 2 行 16 字符的模式
lcd.print("hello, world1");        //显示数据
lcd.setCursor(0, 0);               //把光标置于第一行的起始位置
lcd.setCursor(0, 1);               //把光标置于第二行的起始位置
```

1. 实验目的

以 4 位控制方式测试 LCD 的基本显示功能。

2. 功能

参考图 6-3，控制 LCD 显示信息。执行后，LCD 显示屏显示内容如图 6-4 所示。

图 6-4　LCD 显示器的测试

示例程序 lcd.ino

```
#include <LiquidCrystal.h>                 //包含链接库的头文件
LiquidCrystal lcd(12, 11, 5, 4, 3, 2); //设置 LCD 引脚
void setup() {                             //初始化各种设置
  lcd.begin(16, 2);                        //初始化 LCD 接口，使用 2 行 16 字符的模式
  lcd.print("hello, world1");              //显示数据
}
//-------------------------------------
void loop()                                //主控循环
{
  delay(1000);                             //延迟 1 秒
  lcd.setCursor(0, 0);                     //把光标置于第一行的起始位置
  lcd.print("hello, world2");
  delay(1000);                             //延迟 1 秒
  lcd.setCursor(0, 1);                     //把光标置于第二行的起始位置
  lcd.print("test line2"); while(1);       //无限循环
}
```

6.4 自定义 LCD 字模

前面介绍 LCD 内部存储器时曾提及 CG RAM 的位置，此区域用来存储用户自定义的字模，一共可以存储 8 个字模，每一个字模的大小为 5×8 点矩阵，对应显示码的编号为 00H~07H。假如要将编号为 0 的字模显示出来，只要将 00H 写入 DD RAM，那么 CG RAM 中地址 00H～07H 所存储的字模就会显示在 LCD 上，同理将 01H 写入 DD RAM，则把 CG RAM 中地址 08H～0FH 所存储的字模显示在 LCD 上，以此类推。

怎么自己创造字模呢？可以在一个 5×8 的方格内填入自己的字模点阵数据，例如要显示“ㄅ”字，如图 6-5 所示，可以将此字模造型的数据转换为 8 字节的数据并存储在一个数组内：

```
byte pat[8]={0x04, 0x08, 0x1f, 0x01, 0x01, 0x09, 0x06, 0x00};
```

其中，每字节的最高 3 位未用到，可以填充为 0，用到则填 1。

LCD 控制自定义字模，函数使用如下：

```
lcd.createChar(字模编号, 字模数据 );  //填入字模数据
lcd.write(字模编号);                  //显示该字模
```

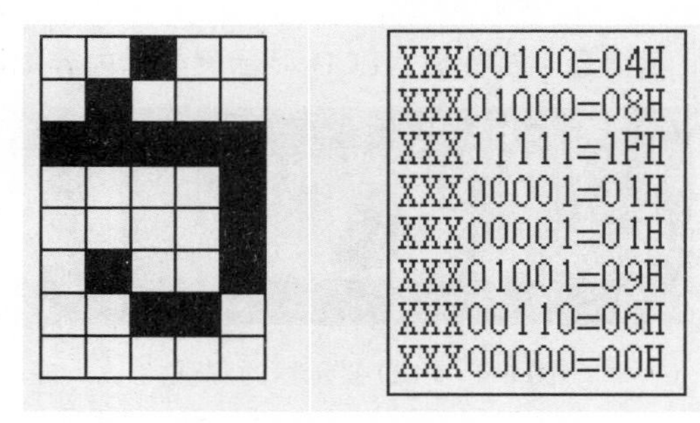

图 6-5 “ㄅ”字的字模数据

1. 实验目的

以 4 位控制方式测试 LCD 自定义字模的显示功能。

2. 功能

参考图 6-3，控制 LCD 显示自定义字模。程序执行后，LCD 显示出自定义的字模，如图 6-6 所示。

图 6-6 LCD 显示出自定义的字模

示例程序 lcdf.ino

```
//自定义字模的数据
byte LCD_PAT[]= {0x04, 0x08, 0x1F, 0x01, 0x01, 0x09, 0x06, 0x00};
```

```
byte LCD_PAT1[]={0x0A, 0x0B, 0x3C, 0x09, 0x09, 0x0B, 0x0C, 0x0B};
byte LCD_PAT2[]={0x10, 0x1f, 0x02, 0x0f, 0x0a, 0x1f, 0x02, 0x00};
byte LCD_PAT3[]={0x33, 0x0B, 0x3C, 0x05, 0x09, 0x07, 0x09, 0x08};
byte LCD_PAT4[]={0x0B, 0x0A, 0x3C, 0x01, 0x01, 0x04, 0x03, 0x02};
byte LCD_PAT5[]={0x0C, 0x0B, 0x3A, 0x03, 0x02, 0x04, 0x0C, 0x0B};
byte LCD_PAT6[]={0x0D, 0x0C, 0x3B, 0x05, 0x03, 0x05, 0x03, 0x02};
byte LCD_PAT7[]={0x0A, 0x0D, 0x3C, 0x07, 0x04, 0x05, 0x0C, 0x0B};

#include <LiquidCrystal.h>                    //包含 LCD 链接库的头文件
LiquidCrystal lcd(12, 11, 5, 4, 3, 2);        //设置 LCD 引脚 void setup()
{ //初始化各种设置
  lcd.begin(16, 2); lcd.print("hello, world1");
  //填入字模数据
  lcd.createChar(0, LCD_PAT);
  lcd.createChar(1, LCD_PAT1);
  lcd.createChar(2, LCD_PAT2);
  lcd.createChar(3, LCD_PAT3);
  lcd.createChar(4, LCD_PAT4);
  lcd.createChar(5, LCD_PAT5);

  lcd.createChar(6, LCD_PAT6);
  lcd.createChar(7, LCD_PAT7);
}
//----------------------------------
void loop()                               //主控循环
{
  int i;
  lcd.setCursor(0, 0);                    //把光标置于第一行的起始位置
  lcd.print("LCD pat......");
  lcd.setCursor(0, 1);                    //把光标置于第二行的起始位置
  for(i=0; i<8; i++) lcd.write(i);        //显示字模
  while(1);                               //无限循环
}
```

6.5　LCD 倒计时器

本节将 Arduino 与 LCD 显示器相结合，设计一个简易的倒计时器，可以将它放在家中使用，例如作为煮方便面、烧开水、小睡片刻等的倒计时器，当计时器倒数为 0 时，发出“哔哔”的提示声。借助本实验，我们可以学习 Arduino 定时器的时间计时、按键扫描、LCD 显示的设计方法。

在 Arduino 倒计时器的程序设计中，要调用 millis()函数来判断是否过了 1 秒钟，millis()函数执行后会返回程序从开始执行时刻到当前时刻所经过的时间，单位是毫秒（ms），只要执行过 1000 次，就表示过了 1 秒钟，程序代码如下：

```
unsigned long ti=0; while(1)    //循环
{
```

```
    if(millis()-ti>=1000)          //过了 1 秒钟
    {
      ti=millis();                 //记录旧的时间计数
      show_tdo();                  //更新倒计时剩余时间的显示
    }
}
```

时间过了 1 秒钟后，要执行的操作是更新倒计时信息，并判断剩余时间是否为 0，若为 0，则发出“哔哔”声提示时间到了。在发出“哔哔”声的同时侦测按键，若有按键被按下，则重置倒计时的时间为 5 分钟。

1. 实验目的

以 4 位控制方式来设计 LCD 倒计时器。

2. 功能

倒计时器程序的执行结果参考图 6-7，电路图参考图 6-8。

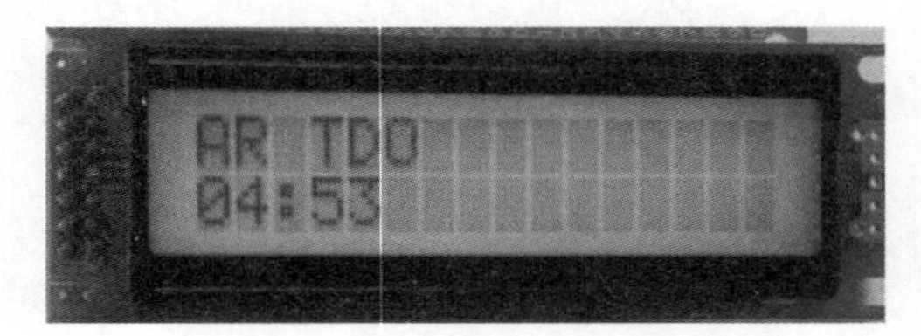

图 6-7　LCD 显示倒计时

倒计时器的基本功能如下：

- 使用文字型LCD（2×16）来显示当前倒计时的剩余时间。
- 显示格式为“分分:秒秒”。
- 按键操作重置倒计时的时间为5分钟。
- 当计时为0时，发出“哔哔”声。
- 重置后倒计时的时间为5分钟。

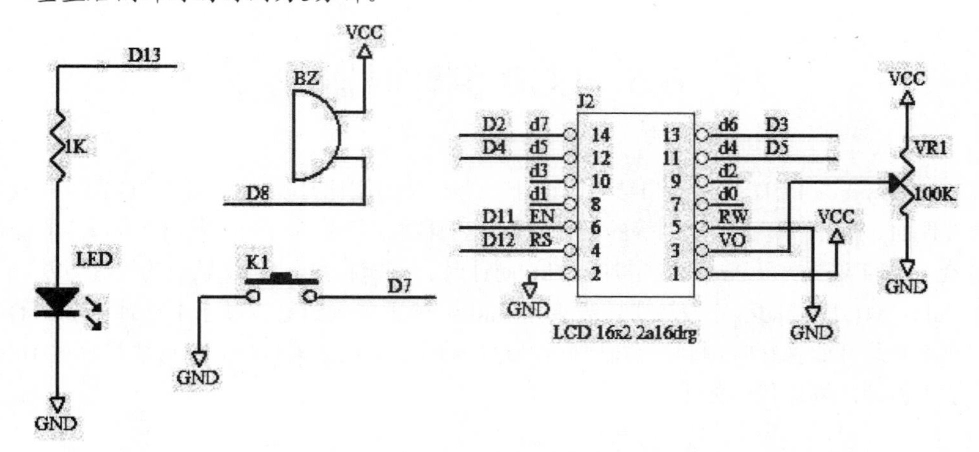

图 6-8　倒计时器的电路图

示例程序 tdo1.ino

```
#include <LiquidCrystal.h> //包含 LCD 链接库的头文件
int led = 13;              //设置 LED 引脚
int k1 =7;                 //设置按键引脚
int bz=8;                  //设置扬声器引脚

int mm=5, ss=1;            //倒计时的初值
unsigned long ti=0;        //时间变量
//----------------------------------------
LiquidCrystal lcd(12, 11, 5, 4, 3, 2); //设置 LCD 引脚
void setup()
{ //初始化各种设置
  lcd.begin(16, 2);
  Serial.begin(9600);
  pinMode(led, OUTPUT);
  pinMode(k1, INPUT);
  digitalWrite(k1, HIGH);
  pinMode(bz, OUTPUT);
  digitalWrite(bz, LOW);
}
//-------------------------------------
void led_bl()//LED 闪动
{
  int i;
  for(i=0; i<2; i++)
  {
    digitalWrite(led, HIGH);
    delay(150);
    digitalWrite(led, LOW);
    delay(150);
  }
}
void be()                    //发出“哔哔”声
{
  int i;
  for(i=0; i<100; i++)
  {
    digitalWrite(bz, HIGH);
    delay(1);
    digitalWrite(bz, LOW);
    delay(1);
  }
}
//-----------------------------------------
void show_tdo()              //显示倒计时的剩余时间
{
  int c;
     //取出分的十位数，显示出来
  c=(mm/10);
  lcd.setCursor(0,1);
  lcd.print(c);
  //取出分的个位数，显示出来
  c=(mm%10);
  lcd.setCursor(1,1);
```

```
    lcd.print(c);
    lcd.setCursor(2,1);
    lcd.print(":");
    //取出秒的十位数，显示出来
    c=(ss/10);
    lcd.setCursor(3,1);
    lcd.print(c);
    //取出秒的个位数，显示出来
    c=(ss%10);
    lcd.setCursor(4,1);
    lcd.print(c);
}
//-----------------------------------
void loop()                                 //主控循环
{
    char k1c; led_bl();be();
    lcd.setCursor(0, 0);lcd.print("AR TDO ");
    how_tdo();                              //显示倒计时的剩余时间
    while(1)                                //循环
    {
        if(millis()-ti>=1000)               //过了 1 秒钟
        {
            ti=millis();                    //记录旧的时间计数
            show_tdo();                     //更新倒计时的剩余时间

            if (ss==1 && mm==0)             //判断倒计时到了
                while(1)
                {
                    be();                   //“哔哔”声
                    k1c=digitalRead(k1);    //侦测按键是否按下
                    if(k1c==0)              //若有按键被按下，则重置倒计时的时间为 5 分钟
                    {
                        be();               //“哔哔”声
                        k1c=digitalRead(k1); //侦测按键是否按下
                        if(k1c==0)          //若有按键被按下，则重置倒计时的时间为 5 分钟
                        {
                            be();           //“哔哔”声
                            led_bl();       //LED 闪动
                            mm=5; ss=1;     //更新倒计时的时间
                            show_tdo();     //显示倒计时的剩余时间
                            break;          //跳离循环
                        }
                    }
                    ss--;                   //过了 1 秒钟，计数秒数减 1
                    if(ss==0)               //计数秒数若为 0
                    {
                        mm--;               //分减 1
                        ss=59;              //秒数设为 59
                    }
                }                           //1 秒
            //过了 1 秒钟
            k1c=digitalRead(k1);
            if(k1c==0)                      //若有按键被按下，则重置倒计时的时间为 5 分钟
            {
                be();
```

```
            led_bl();
            mm=5;
            ss=1;
            show_tdo();
        }
    }
  }
}
```

6.6 习　题

1. 试说明在文本模式，LCD 如何显示简单的中文。
2. 修改控制程序使 LCD 显示以下信息：

```
pc c i/o test
Arduino test
```

3. 试说明 LCD 模块以下引脚的功能：

```
R/W  RS  EN  VO
```

4. 修改控制程序，在 LCD 上显示出个人学号及生日。
5. 试说明以 4 位控制方式存取 LCD 接口的原理。
6. 什么是 LCD 的 CG ROM、DD RAM 及 CG RAM？

第 7 章

模数转换器

模数转换器（Analog-Digital Converter，ADC）是将连续的模拟信号转换为数字信号的元器件。一般外界的物理量（电流、位移、温度、压力、重量、声音等）均可以经过传感器接口的处理而转换为模拟的电压，属于模拟信号，再经过 ADC 接口进行信号转换，成为数字信号，最终数字信号才能运用计算机进行存储、运算和处理。本章将介绍如何使用 Arduino 进行模数转换。

7.1 模数转换器的应用

模数转换器用于一般设备的数字接口或计算机的数字接口的输入控制，典型的应用有以下几种：

- 自动电压、电流的测量。
- 数字电表。
- 数字示波器。
- 温度测量。
- 电子秤的设计。
- 数字化音频。
- 数字化视频。

其中后两项在计算机多媒体的应用中尤其重要，例如声卡内含有录音的 ADC 接口，而数字化视频则需要有视频数字化转换的 ADC 处理芯片，由于视频信号的带宽相当高，用于图像处理的 ADC 芯片要求其转换速度必须是纳秒（ns）级，因此芯片的价格相对昂贵。

7.2　模数转换器的工作流程

图 7-1 所示是模数转换器的工作原理图，外界的物理量（例如声音）经过麦克风的传感器拾取微弱的声音信号的变化，送至小信号放大器，将微弱的信号提升至一定的电平后，再送至 ADC 芯片进行信号转换，所输出的数字信号再经数字接口读入计算机，做进一步的分析及处理。

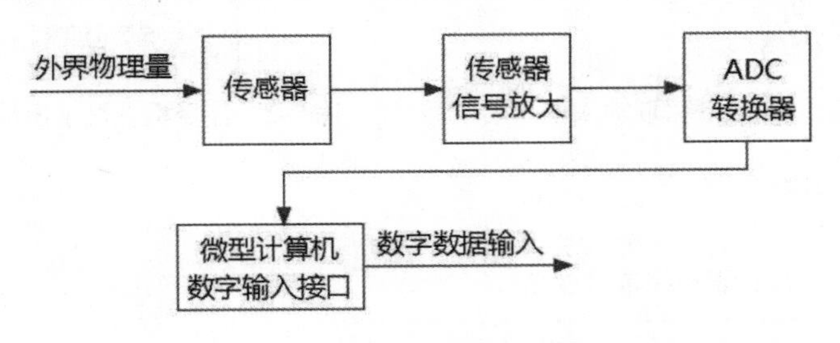

图 7-1　模数转换器的工作原理图

在实际工作中，计算机数字输入接口一般使用计算机或微控制器（如 8051）进行控制。后面会介绍 Arduino 内建的 ADC 接口，可以简化电路的设计。

7.3　Arduino 模数转换

在 Arduino Uno 开发板上，提供了 6 组模拟输入引脚，标示为 A0~A5，且内建了 10 位 ADC 接口，可将输入的模拟电压 0~5V 转换为 0~1023 的数字数据，其分辨率计算如下：

```
5V / 1024 = 4.88mV
```

在程序设计方面，Arduino 提供了 analogRead（函数控制引脚）来读取模拟输入电压，这个函数简化了我们的程序设计。

若输入电压为 v，经过 ADC 转换为数值 c，二者的关系如下：

```
v = (c/1023) × 5
```

在 C 语言的程序中，可以用以下语句来表示：

```
v=( (float)c/1023.0)* 5.0;
```

1. 实验目的

读取由可变电阻产生的直流电压转换的数字变化值。

2. 功能

参考图 7-2 的电路，读取可变电阻产生的直流电压变化，最大电压为 5V，最小电压为 0V，将数字读数及转换电压返回，并显示到计算机的屏幕上，如图 7-3 所示。

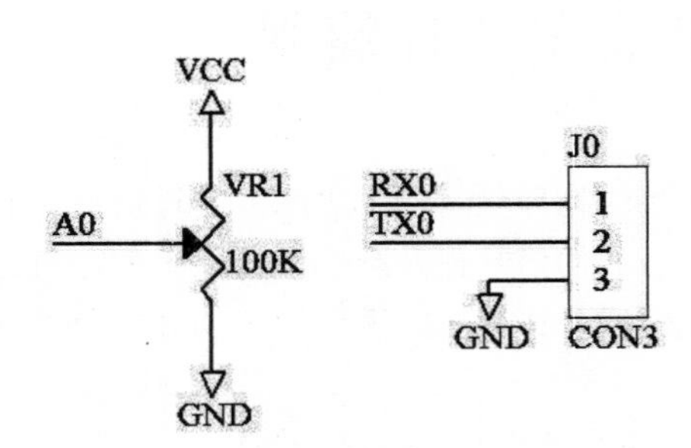

图 7-2 Arduino 读取输入电压的电路

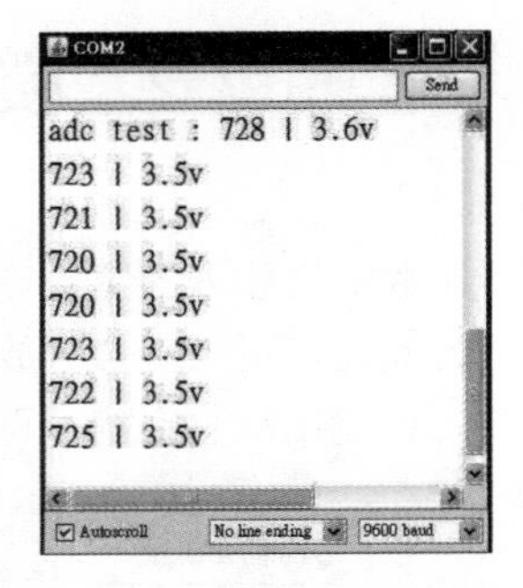

图 7-3 计算机上显示出的输入电压及转换值

示例程序 ADCF.ino

```
int ad=A0;        //设置模拟输入引脚为 A0
int adc;          //设置模拟输入变量
//----------------------------------------
void setup()      //初始化各种设置
{
  Serial.begin(9600);               //初始化通信接口
}
//-------------------------------------
void loop()       //主控循环
{
  float v;
  Serial.print("adc test : ");      //从串口送出执行信息
  while(1)           //无限循环
  {
    adc=analogRead(ad);             //读取数据
    Serial.print(adc);              //将数值从串口送出
    Serial.print(" | ");
    v=( (float)adc/1023.0)* 5.0;    //计算转换电压
    Serial.print(v,1); Serial.print('v');
    Serial.println();
    delay(1000);                    //延迟 1 秒
  }
}
```

7.4 LCD 电压表

前面介绍过 LCD 显示功能，本节结合 Arduino ADC 转换接口及 LCD 显示功能来读取外部直流电压的输入，然后直接显示在 LCD 上（当作电压表）。输入的模拟电压范围为 0~5V，分辨率为 4.88mV。该设计作品可以作为一般电压表来测试数字电路，或者测试旧电池的电压是否过低，以便判断是否可以继续使用。

1. 实验目的

设计一个 LCD 电压表，可以显示电压范围为 0 ~ 5V。

2. 功能

参考图 7-4 的电路，调整可变电阻，使输入端的直流电压产生变化，将 ADC 转换数值及电压显示在 LCD 上，如图 7-5 所示。

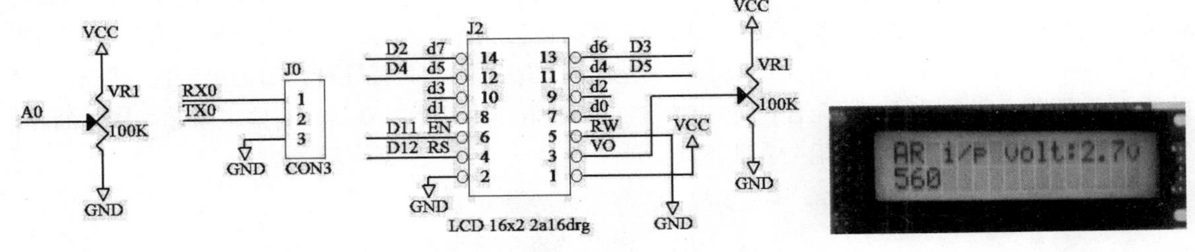

图 7-4　电压表的实验电路图　　　　图 7-5　LCD 电压表的显示结果

示例程序 ADCL.ino

```
#include <LiquidCrystal.h>       //包含 LCD 链接库的头文件
int ad=A0;                       //设置模拟输入引脚为 A0
int adc;                         //设置模拟输入变量
//------------------------------------
LiquidCrystal lcd(12, 11, 5, 4, 3, 2);      //设置 LCD 引脚
void setup() {
  //初始化各种设置
  lcd.begin(16, 2);
  lcd.print("adc test. ");
  Serial.begin(9600);
}
//----------------------------------
void loop()                      //主控循环
{
  float v;
  Serial.print("adc test : ");
  lcd.setCursor(0, 0);
  lcd.print("AR i/p volt:");
  while(1)
  {
    adc=analogRead(ad);              //读取模拟输入
    lcd.setCursor(0, 1);
    lcd.print("    ");
    lcd.setCursor(0, 1);
    lcd.print(adc);
    Serial.print(adc);
    Serial.print(' ');

    v=( (float)adc/1023.0)* 5.0;     //计算转换电压
    lcd.setCursor(12, 0);            //设置 LCD 第一行的光标位置
    lcd.print(v,1);                  //显示转换电压
    lcd.setCursor(15, 0);
    lcd.print('v'); delay(500);
  }
}
```

7.5 光敏电阻控制 LED 亮和灭

光敏电阻是以材料硫化镉（CdS）制成的感光用元器件，用于自动化测试光源的场合，例如光控防盗、照度计、数字相机、智能交互式玩具、路灯自动照明开关等。在电子器材市场可以买到各种不同半径大小的光敏电阻，图 7-6 所示为实验用的光敏电阻，其特性是两端的电阻值会随着亮度的增强而下降，当全黑时（即无任何光线时），它的电阻高达几十万欧姆，有些电阻超高接近断路，但是只要侦测到光源，它的电阻会立即下降。

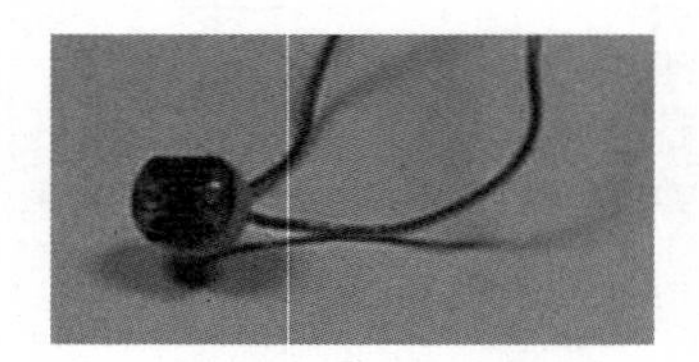

图 7-6 实验用的光敏电阻

1. 实验目的

设计一个 LCD 电路，在输入端连接有光敏电阻，实时显示转换的数字变化值，天黑时自动点亮 LED 灯。

2. 功能

参考图 7-7 的电路，在 A0 输入端连接有光敏电阻，程序执行后 LCD 会显示 ADC 的转换数值。观察以下实验结果：

- 当光敏电阻放置于一般亮度的光线下时，观察LCD显示的变化，转换数值约为100。
- 以手慢慢遮住光敏电阻，观察LCD显示的变化，转换数值渐渐增加。
- 手慢慢遮住光敏电阻模拟天黑时，可以自动点亮LED灯进行照明。

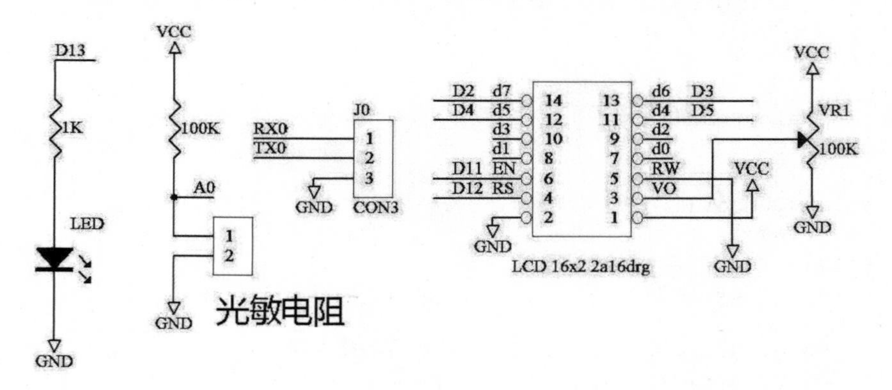

图 7-7 光敏电阻的实验电路图

示例程序 ADC_LED.ino

```
#include <LiquidCrystal.h> //包含 LCD 链接库的头文件
int ad=A0;                  //设置模拟输入引脚
```

```
int adc;                       //设置模拟变量
int led = 13;                  //设置LED引脚
//----------------------------------------
LiquidCrystal lcd(12, 11, 5, 4, 3, 2);     //设置LCD引脚
void setup() {
  //初始化各种设置
  lcd.begin(16, 2);
  lcd.print("adc test. ");
  Serial.begin(9600);
  pinMode(led, OUTPUT);
  digitalWrite(led, LOW);
}
//-------------------------------------
void loop() //主控循环
{
  float v;
  Serial.print("adc test : ");
  lcd.setCursor(0, 0);
  lcd.print("AR i/p volt:");
  while(1)
  {
    adc=analogRead(ad);             //读取模拟输入
    lcd.setCursor(0, 1);
    lcd.print("    ");
    lcd.setCursor(0, 1);
    lcd.print(adc);
    Serial.print(adc);
    Serial.print(' ');

    v=( (float)adc/1023.0)* 5.0;    //计算转换电压
    lcd.setCursor(12, 0);           //设置LCD第一行的光标位置
    lcd.print(v,1);                 //显示转换电压
    lcd.setCursor(15, 0);
    lcd.print('v');
    //模拟天黑时，转换数值大于700点亮LED
    if(adc>700) digitalWrite(led, HIGH);
    else digitalWrite(led, LOW);
    delay(500);
  }
}
```

7.6 习 题

1. 什么是模数转换器（简称ADC）？
2. 列举ADC典型的3种应用。
3. 8位ADC芯片读取的数据值为C，实际测量电压值为V，二者的关系是什么？
4. Arduino读取的数据值为C，实际测量电压值为V，二者的关系是什么？
5. 试设计一个程序实现此功能：当模拟输入后读数为2.5V时，压电扬声器“哔”一声。

第8章

数模转换器

数模转换器（Digital-Analog Converter，DAC）是将数字信号转换成连续的模拟信号的元器件，输入数字控制信号，可以输出可变的电压。由于 Arduino 控制板硬件的限制，虽然无法输出真正连续可变的模拟电压，但是能以仿真模拟输出的方式来实现控制的目的。本章将介绍如何使用 Arduino 进行数模转换实验，输出可变电压驱动 LED 显示不同的亮度。

8.1 数模转换器的应用

数模转换器是将数字信号转换成连续的模拟信号的元器件，一般用于数字接口或微处理器的数字接口输出控制，典型的应用有以下几种：

- 数字激光唱盘（CD）的音频播放转换。
- 计算机VGA适配卡中的显像输出转换电路。
- 直流电动机速度的控制。
- 数字电源。
- 任意波形产生器。
- 计算机合成乐器的控制。
- FM音源器的输出转换。
- 计算机数字音频播放控制。

其中的计算机数字音频播放在较新型的电子产品中都可以看到，几乎所有的产品都需要语音提示功能，熟悉此类播放控制的技巧可以在自行设计的产品中加入语音功能，以提升产品的附加价值。

8.2　数模转换器的工作流程

图 8-1 所示是数模转换器的工作原理图，从计算机送出的数字数据经由并行输出接口将数值信号锁存在 DAC 控制芯片上，再经由 DAC 进行数模信号转换，最后输出模拟信号。在实际工作中，计算机接口可以使用计算机或 8051 微控制器进行控制，而并行数字输出控制可以采用以下几种方式：

- 使用输出锁存器，如74LS374。
- 8255输出。
- 直接由微控制器的I/O来控制。

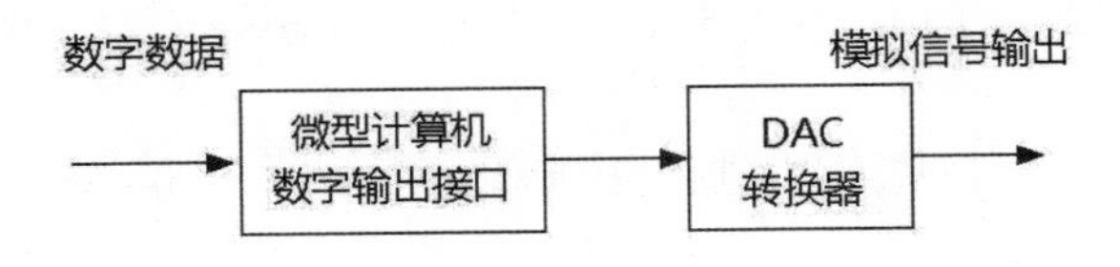

图 8-1　数模转换器的工作原理图

由于 Arduino 控制板芯片硬件的限制，无法真正实现 DAC 的控制效果，但是能以仿真模拟信号输出的方式来进行控制，在某些应用场合仍可达到控制的目的。

8.3　Arduino 数模转换控制

脉冲宽度调制（Pulse Width Modulation，PWM）是一种控制直流电动机运转的传统方法，Arduino 控制板使用此技术来仿真模拟输出信号。图 8-2 所示为 PWM 的工作原理，驱动电压的频率相同，但是波形的宽度（Duty Cycle，即工作周期）不同。工作周期越长，表示加在直流电动机的平均功率越大，转速越快；反之，平均功率越小，转速越慢。

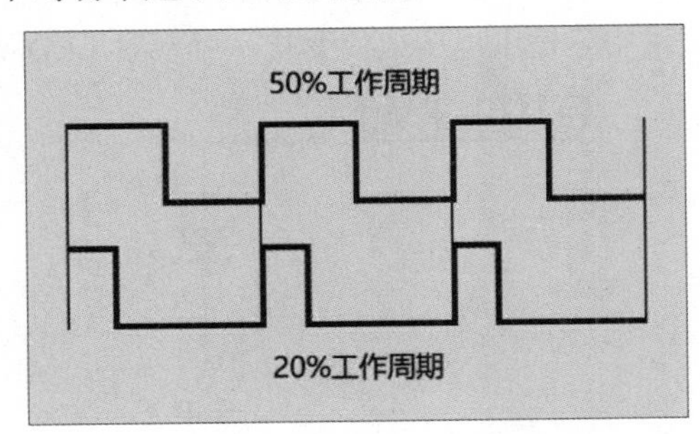

图 8-2　PWM 的工作原理

PWM 输出电压计算如下：

```
vo 输出电压 = 高电平值 × 工作周期
若工作周期为50%，则 vo = 5V × 50% = 2.5V
若工作周期为25%，则 vo = 5V × 25% = 1.25V
```

在程序设计方面，Arduino 提供了 analogWrite（控制引脚，数值）函数来输出模拟电压，调用此函数可以简化程序设计。其中：

- 输出控制引脚为D3、D5、D6、D9、D10、D11（Uno 板上标有“~”符号）。
- 数值为数字输出值，介于0~255。

```
输出电压 Vo = 5Vx（数字输出值/255）
```

【实例】

1）当数字输出值为 255，工作周期为 100%时，执行 analogWrite（3,255）函数后，D3 引脚输出 5V。

2）当数字输出值为 128，工作周期为 50%时，执行 analogWrite（3,128）函数后，D3 引脚输出 2.5V。

3）当数字输出值为 0，工作周期为 0 时，执行 analogWrite（3,0）函数后，D3 引脚输出 0V。

8.4 测量输出电压

Arduino 以脉冲宽度调制方式来实现数模转换，输出转换后的模拟电压。我们以实验来验证其输出电压的准确性，送出不同电平的数字控制信号，转换出不同的输出电压，延迟 1 秒后再送出下一组信号，循环持续转换并输出电压。

1. 实验目的

由 Arduino 控制仿真输出模拟电压。

2. 功能

参考图 8-3，从 Arduino 板的 D10 引脚输出不同电压值，程序输出数值 255、128、0 等不同电平的控制信号，再以万用表测量实际输出电压值的变化，并观察 LED 亮度的变化。

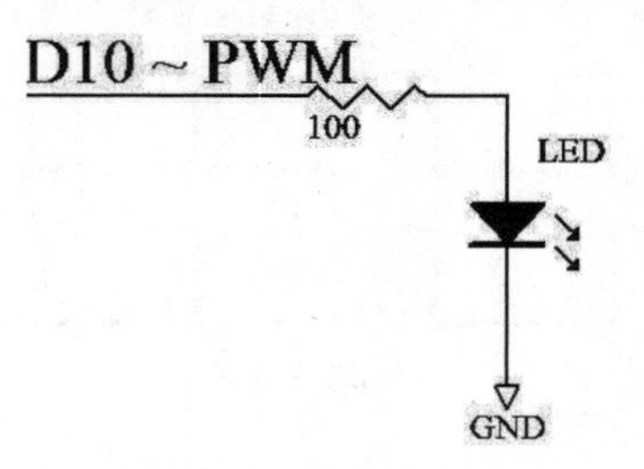

图 8-3 D10 引脚输出不同的电压值

示例程序 dac_vo.ino

```
int led=10;            //设置 LED 引脚
void setup()           //初始化各种设置
{
  pinMode(led, OUTPUT);
```

```
}
void loop()                   //主控循环
{
  analogWrite(led,255);       //送出最高电平
  delay(1000);                //延迟 1 秒
  analogWrite(led,128);       //送出中间电平
  delay(1000);                //延迟 1 秒
  analogWrite(led,0);         //送出最低电平
  delay(1000);                //延迟 1 秒
}
```

8.5　通过可变电阻调整 LED 亮度

本节实验以可变电阻来调整 LED 亮度，实现一个简单的数字调光器。我们在第 7 章已经介绍过以模拟输入方式读取可变电阻的电压变化值，读数范围介于 0~1023，而模拟输出值介于 0~255，可以调用 map()函数进行相应的调整，写法如下：

```
输出值 map( 输入值, 输入范围起始值, 输入范围结束值,
            调整范围起始值, 调整范围结束值);
```

程序代码如下：

```
vo=map(adc,0,1023, 0,254);
```

其中 adc 为可变电阻的数字读数，vo 为模拟输出值，将此值输出到模拟输出引脚，便可以驱动 LED 呈现不同的亮度。

1. 实验目的

调整可变电阻来调整 LED 亮度。

2. 功能

参考图 8-4，可变电阻的输出接到 A0 模拟输入引脚，LED 接到 PWM 输出引脚 D10，调整可变电阻，数字读数产生变化，经过相应调整，输出可变电压到 LED，便可以调整 LED 亮度。

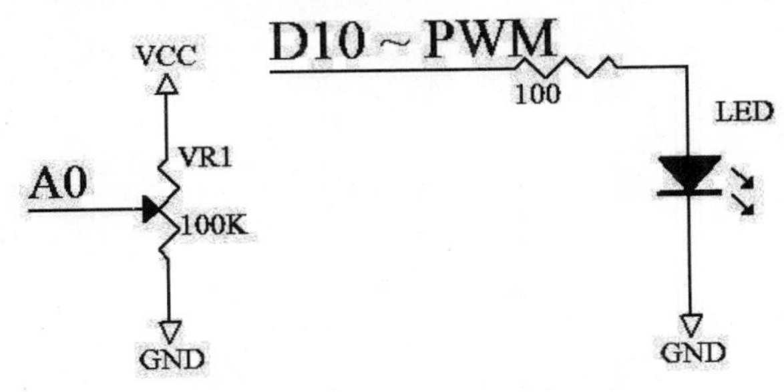

图 8-4　通过可变电阻来调整 LED 亮度

示例程序 dac_led.ino

```
int ad=A0;            //设置模拟输入引脚为 A0
int led=10;           //设置 LED 引脚
int adc;              //设置模拟输入变量
int vo;               //设置输出可变电压变量
void setup()          //初始化各种设置
{
  pinMode(led, OUTPUT);
}
void loop()           //主控循环
{
  adc=analogRead(ad);            //读取模拟输入
  vo=map(adc,0,1023, 0,254);     //相应调整输出可变电压
  analogWrite(led,vo);           //输出可变电压到
  LED delay(500);                //延迟 0.5 秒
}
```

8.6 习 题

1. 什么是数模转换器？
2. 列举 DAC 典型的 3 种应用。
3. 试说明 Arduino 模拟输出控制的原理。
4. 试说明脉冲宽度调制控制的原理。
5. 试设计一个程序来实现此功能：通过调整可变电阻来调整 3 盏 LED 灯显示不同的亮度。

第9章

Arduino 传感器实验

Arduino 提供了基本的控制功能，包括数字输入输出、模拟输入输出。有了基本的开发工具之后，再搭配一些常用的传感器，如温湿度模块、振动开关、超声波测距模块等元器件，便可制作出有趣的实验及互动作品。本章将介绍如何使用 Arduino 与常用的传感器模块相结合进行实验。

9.1 显示温湿度值的实验

室内温度和湿度影响居家生活的质量，例如下雨天时，湿度偏高，根据湿度值的追踪记录可以预测下雨的概率，养鱼、种花等也需要了解温度的变化。显示温湿度值的一般应用如下：

- 居家室内温湿度的显示。
- 温室温湿度的显示。
- 防火安全的应用。
- 工厂实验室温湿度的监控。
- 气象侦测实验设备。

温度传感器的模块有很多，如 DS1821、AD590、热敏电阻等，本实验使用的是 DHT11 温湿度模块，图 9-1 所示为实物照片，一个模块可以提供温度和湿度的数据，以单个串口双向控制读取数字数据，因此只需一条数字控制线，便可以存取两组数据。

图 9-1 DHT11 温湿度模块的实物照片

在 Arduino 程序设计方面，GitHub 官网提供了支持的链接库，进入 GitHub 官网，搜索关键词 dht11，找到 dht11 链接库，把它复制到系统文件目录 libraries 下，然后在程序中包含该头文件即可：

```
#include < dht11.h>
```

之后，调用如下函数便可以存取温湿度数据：

- DHT11.read（数字控制引脚）：读取温湿度数据，返回0，表示读取成功。
- DHT11.humidity：表示湿度数据。
- DHT11.temperature：表示温度数据。

1. 实验目的

Arduino 控制板连接传感器模块，以数字控制存取传感器模块的数据，然后显示出温湿度值。

2. 功能

参考图 9-2 的电路，程序执行后 LCD 会显示转换数值数据，在计算机的“串口监视器”窗口，也可以接收并显示出这些数据，如图 9-3 所示。

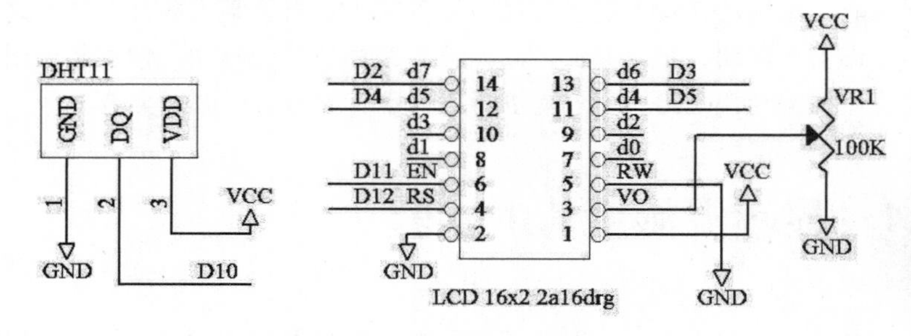

图 9-2 温湿度模块的实验电路图

图 9-3 温湿度模块显示的数据

示例程序 dthL.ino

```
#include <dht11.h>              //包含温湿度链接库的头文件
#include <LiquidCrystal.h>      //包含 LCD 链接库的头文件
LiquidCrystal lcd(12, 11, 5, 4, 3, 2);     //设置 LCD 引脚

dht11 DHT11;                    //设置温湿度对象
int cio= 10;                    //设置控制引脚
void setup()                    //初始化各种设置
{
  Serial.begin(9600);           //初始化串口
  Serial.println("DTH11 test:");
  lcd.begin(16, 2);             //初始化 LCD 界面
  lcd.print("AR DHT11  ");
}

void loop()                     //主控循环
{
  int c;
```

```
    c=DHT11.read(cio);              //读取模块数据
    if (c==0)
    {
       //计算机串口显示转换数值数据
       Serial.print("hum %:");
       Serial.print(DHT11.humidity);
       Serial.print("temp oC: ");

       Serial.println(DHT11.temperature);
      //LCD 显示转换数值数据
      lcd.setCursor(0, 1);
      lcd.print( (int)DHT11.humidity);
      lcd.print("%");
      lcd.print("");
      lcd.print((int)DHT11.temperature);
      lcd.print("oC");
    }
    else Serial.println("DTH11 i/o error");
    delay(1000);      //延迟 1 秒
  }
```

9.2 人体移动侦测实验

晚上走在店家门口，灯光会自动点亮照明，这种应用中的关键元器件使用的就是人体移动侦测传感器，外观如图 9-4 所示。在传感器上方安装了白色半透明透镜，里面有焦电型传感器，其元器件的特性是随外界温度的变化产生电子信号，输出高或低电平识别信号进行应用的控制，以人体的移动来侦测是否有人或生物靠近现场。该模块只需一条数字控制线，当侦测到有人移动时，它就会输出高电平信号。

图 9-4 人体移动侦测模块的实物照片

买到该模块之后，要先详细看看使用说明，才能正确应用该模块来做实验。模块上有两组可变电阻及一组跳线的设置：

- 调整延迟时间。
- 调整距离灵敏度。
- 跳线设置工作模式为HI和LO，用于重复触发侦测模式和不可重复触发侦测模式。

1）一般侦测到有人移动时，输出高电平信号。在不可重复触发侦测模式下，传感输出高电平信号，延迟一段时间，输出从高电平转为低电平。

2）在可重复触发侦测模式下，侦测到有人移动时，输出高电平信号，在这期间，若再次侦测到有人移动，则输出持续在高电平，直到人离开后，传感输出才变为低电平信号。

人体移动侦测一般有如下应用：

- 节能照明。
- 人体移动自动录像。
- 防盗侦测应用。
- 自走设备的人机互动应用。
- 机器人的人机互动应用。

1. 实验目的

Arduino 控制板连接传感器模块，通过程序判断是否有人移动。

2. 功能

参考图 9-5 的电路，程序执行后判断是否有人移动，若有人移动，则 LED 亮起，否则 LED 熄灭。

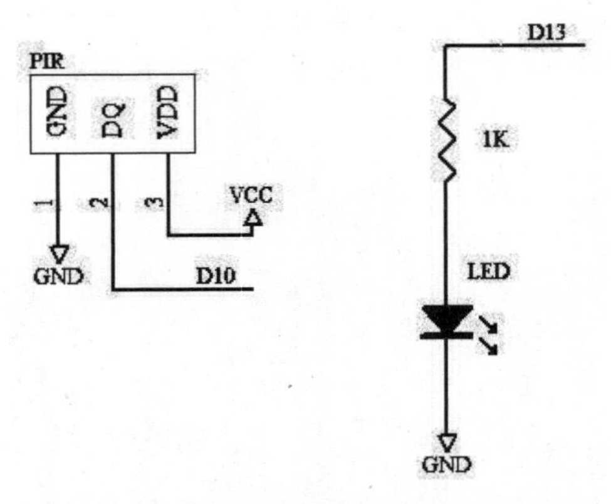

图 9-5 人体移动侦测的实验电路图

示例程序 pir.ino

```
int led = 13;        //设置 LED 控制引脚
int pir =10;         //设置传感器控制引脚
//----------------------------------------
void setup()         //初始化各种设置
{
```

```
  pinMode(led, OUTPUT);
  pinMode(pir, INPUT);
  digitalWrite(pir, HIGH);
}
//-----------------------------------
void led_bl()       //LED 闪动
{
  int i;
  for(i=0; i<2; i++)
  {
    digitalWrite(led, HIGH);
    delay(150);
    digitalWrite(led, LOW);
    delay(150);
  }
}
//-----------------------------------
void loop() //主控循环
{
  led_bl();         //LED 闪动
  while(1)
  {
    //侦测到有人移动时，输出高电平信号，LED 亮起
    if( digitalRead(pir)==1) digitalWrite(led, HIGH);
    else digitalWrite(led, LOW);
  }
}
```

9.3 超声波测距实验

有许多方法可用于测量前方物体的距离，普遍的方法是使用超声波发射及接收配对的传感器来进行设计，超声波测距的一般应用如下：

- 测距距离的显示。
- 前方距离侦测。
- 自动门的开启。
- 自走车避障。
- 防盗侦测应用。

图 9-6 是超声波发射和接收的示意图，当发射的超声波信号碰到物体时，会反射回来，接收的传感器可以测得信号。由于声音在空气中行进的速度是可计算的，由控制器发射超声波信号后，开始计时，不久后可以收到回波信号，便可以知道前方物体的距离。一般超声波发射和接收的控制程序如下：

- 启动发射超声波信号。
- 计时开始。
- 侦测是否收到回波信号。
- 是否超过计时时间。
- 收到回波信号停止计时。
- 根据计时时间计算出前方物体的距离。

其中是否超过计时时间的处理程序是为了避免前方物体过远，超过系统能侦测的范围，计时时间一到就自动退出侦测程序。看似复杂的控制程序，现在已经有厂商将其功能模块化——超声波收发模块，图 9-7 所示是它的实物照片。有了模块化的设计，我们便可以用 Arduino 来控制超声波模块进行距离侦测实验以及开发相关专题的应用。超声波模块的控制引脚如下：

- VCC：5V。
- TRIG：触发控制信号输入。
- ECHO：回声信号输出。
- GND：接地。

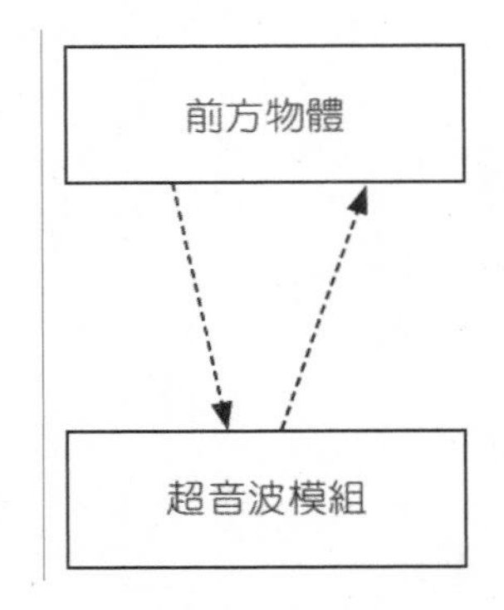

图 9-6 超声波发射和接收示意图

图 9-7 超声波收发模块

图 9-8 为超声波模块工作的时序图，其原理为外界传入触发信号，启动发射超声波信号，计时开始，若前方有障碍物，则超声波信号会反射回来，接收的传感器可以测得信号，停止计时，并输出高电平脉冲信号，控制器计算高电平的时间宽度，可以根据以下公式计算出前方障碍物有多远：

```
距离 = 高电平的时间宽度 × 音速（340m/s）/ 2
```

转换为 C 语言程序代码的计算公式为：

```
D = (float)Tco * 0.017;      //D:cm  Tco: μs
```

其中的 float 是将变量的数据类型转换为浮点类型再进行计算。

距离 D 的单位为厘米（cm），高电平的时间宽度 Tco 的单位为微秒（μs）。

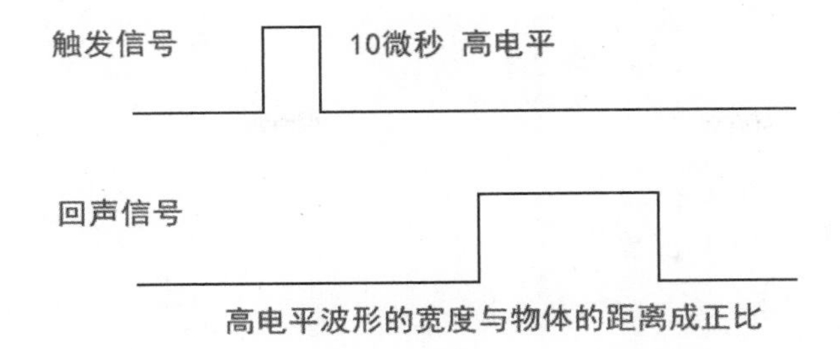

图 9-8　超声波模块工作的时序图

Arduino 系统中已经有用于计算高电平脉冲时间宽度的函数，该函数的调用格式如下：

```
pulseIn(echo, HIGH);
```

测试 Echo 引脚高电平脉冲的时间宽度值是多少，返回值的单位为微秒，高电平脉冲的时间宽度测量的程序如下：

```
unsigned long tco()
{
   //发出触发信号
   digitalWrite(trig, HIGH);     //设置高电平
   delayMicroseconds(10);        //延迟 10 微秒
   digitalWrite(trig, LOW);      //设置低电平
   return pulseIn(echo, HIGH);   //返回高电平脉冲的时间宽度值
}
```

1. 实验目的

Arduino 控制超声波模块将测距数据返回给计算机并显示出来，同时显示在 LCD 上。

2. 功能

参考图 9-9 的电路，程序执行后，LCD 会显示超声波模块测距数据，如图 9-10 所示。

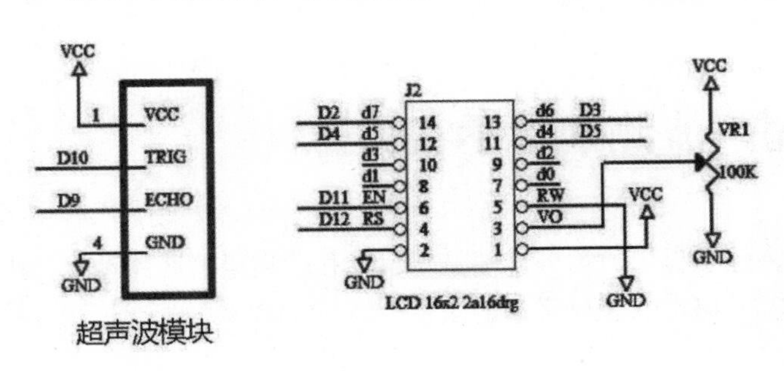

图 9-9　超声波模块测距的实验电路图

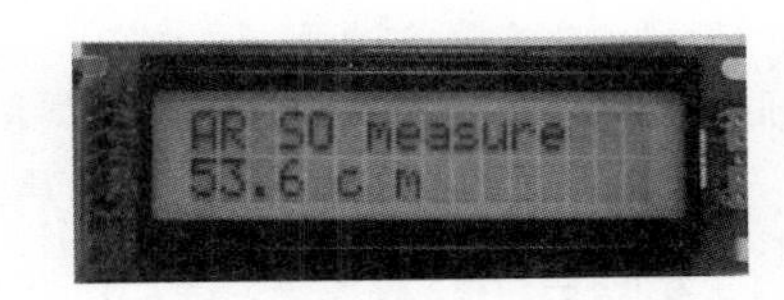

图 9-10　超声波模块显示出前方物体的距离

示例程序 son.ino

```
#include <LiquidCrystal.h>                  //包含 LCD 链接库的头文件
LiquidCrystal lcd(12, 11, 5, 4, 3, 2);      //设置 LCD 引脚
int trig = 10;                              //设置触发引脚
```

```
int echo = 9;        //设置回声信号引脚
float cm;            //设置距离变量
void setup()         //初始化各种设置
{
  Serial.begin(9600);
  Serial.print("sonar test:");
  lcd.begin(16, 2);
  lcd.print("AR SO measure");
  pinMode(trig, OUTPUT);
  pinMode(echo, INPUT);
}

unsigned long tco()              //高电平脉冲的时间宽度测量
{
  //发出触发信号
  digitalWrite(trig, HIGH);    //设置高电平
  delayMicroseconds(10);       //延迟 10 微秒
  digitalWrite(trig, LOW);     //设置低电平
  return pulseIn(echo, HIGH);  //返回测量结果
}

void loop() //主控循环
{
  cm=(float)tco()*0.017;       //计算前方距离
  Serial.print(cm);            //串口显示数据
  Serial.println(" cm");
  lcd.setCursor(0, 1);
  lcd.print("  ");
  lcd.setCursor(0, 1);
  lcd.print(cm,1);             //LCD 显示数据
  lcd.print(" c m");
  delay(500);
}
```

9.4 超声波测距警示实验

超声波模块测量前方物体的距离后，除了显示数据外，便是警示通报。用于避障移动平台上，当前方不同距离出现障碍物时，可以实时发出声响避免碰撞的发生。

1. 实验目的

Arduino 控制超声波模块，将测距数据显示在 LCD 上，距离过近时，发出“哔哔”声警示。

2. 功能

参考图 9-11 的电路，Arduino 控制板连接 LCD 模块，并控制超声波模块，将测距数据显示在 LCD 上，根据前方 3 段不同的距离，压电扬声器发出 3 段不同的声响作为距离的警示，三段距离设

置为 5、10、15（单位为 cm）。

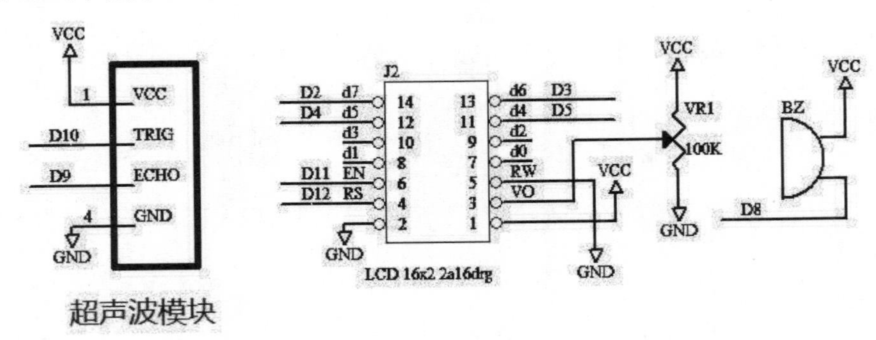

图 9-11 超声波模块测距警示的实验电路图

示例程序 sonbe.ino

```
#include <LiquidCrystal.h>                    //包含 LCD 链接库的头文件
LiquidCrystal lcd(12, 11, 5, 4, 3, 2);       //设置 LCD 引脚
int trig = 10;        //设置触发引脚
int echo = 9;         //设置回声信号引脚
float cm;             //设置距离变量
int bz=8;             //设置扬声器引脚
void setup()          //初始化各种设置
{
  Serial.begin(9600);
  Serial.print("sonar test:");
  lcd.begin(16, 2);
  lcd.print("AR SO measure");
  pinMode(trig, OUTPUT);
  pinMode(echo, INPUT);
  pinMode(bz, OUTPUT);
  digitalWrite(bz, LOW);
  be();
}
//高电平脉冲的时间宽度测量
unsigned long tco()
{
  digitalWrite(trig, HIGH);
  delayMicroseconds(10);
  digitalWrite(trig, LOW);
  return pulseIn(echo, HIGH);
}

//-------------------------------------------------------
void be()   //发出“哔哔”声
{
  int i;
  for(i=0; i<100; i++)
  {
```

```
        digitalWrite(bz, HIGH);
        delay(1);
        digitalWrite(bz, LOW);
        delay(1);
    }
    delay(50);
}
//------------------------------------------------------------
void loop() //主控循环
{
    cm=(float)tco()*0.017;
    Serial.print(cm);
    Serial.println(" cm");
    lcd.setCursor(0, 1);
    lcd.print("  ");
    lcd.setCursor(0, 1);
    lcd.print(cm,1);
    lcd.print(" c m");
    //发出 3 段不同声响作为距离的警示
    if( (cm>10.0) && (cm<=15.0) ) be();
    if( (cm> 5.0) && (cm<=10.0) ) { be(); be(); }
    if( (cm> 0.0) && (cm<= 5.0) ) { be(); be(); be(); } delay(500);
}
```

9.5 磁簧开关实验

有许多方法可应用于防盗设备的传感器设计，普遍采用的是磁簧开关，图 9-12 所示为磁簧开关的实物照片，它的一端是磁铁，另一端是磁簧开关，磁簧开关拉出两条接线，合并时输出接点是导通的，分离时输出接点是开路（即断路）的。因此，可以安装于门窗处，用于侦测大门或窗户是否被打开，防止宵小之辈闯入。一旦侦测到分离，系统就会发出警报声，应用如下：

- 门窗防盗。
- 抽屉被打开。
- 打靶得分侦测。
- 互动玩具对打应用。

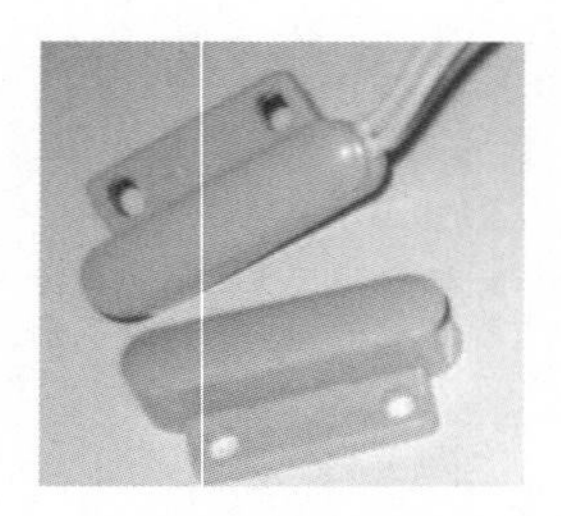

图 9-12　磁簧开关的实物照片

1. 实验目的

Arduino 控制板在输入端连接磁簧开关，测试磁簧开关的分离状态。

2. 功能

参考图 9-13 的电路，程序执行后，当磁簧开关合并时，输出接点是导通的，输出端呈低电平。当分离时，输出端呈现高电平，LED 闪动，发出“哔哔”声报警。

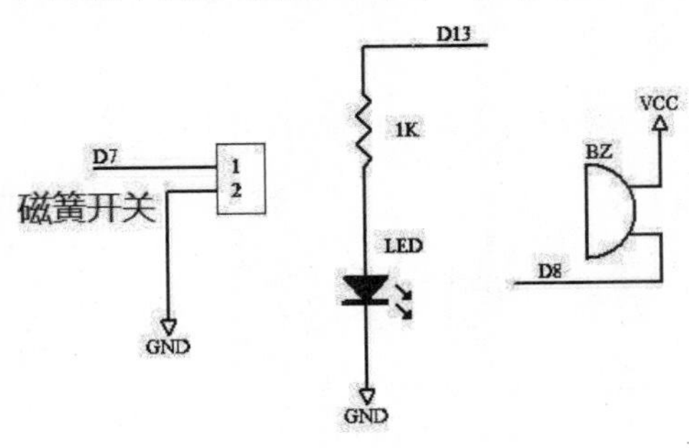

图 9-13　磁簧开关的实验电路图

示例程序 msw.ino

```
int led = 13;   //设置触发引脚
int sw =7;      //设置开关引脚
int bz=8;       //设置扬声器引脚
//----------------------------------------
void setup()    //初始化各种设置
{
  pinMode(led, OUTPUT);
  pinMode(sw, INPUT);
  digitalWrite(sw, HIGH);
  pinMode(bz, OUTPUT);
  digitalWrite(bz, LOW);
}
//-------------------------------------
void led_bl()   //LED 闪动
{
  int i;
  for(i=0; i<2; i++)
  {
    digitalWrite(led, HIGH);
    delay(150);
    digitalWrite(led, LOW);
    delay(150);
  }
}
//-------------------------------------
void be()        //发出“哔哔”声
{
  int i;
  for(i=0; i<100; i++)
  {
    digitalWrite(bz, HIGH);
```

```
            delay(1);
            digitalWrite(bz, LOW);
            delay(1);
        }
        delay(100);
    }
    //----------------------------------------
    void loop()            //主控循环
    {
        led_bl();
        be();
        while(1)           //磁簧开关分离时，输出端处于高电平
            if( digitalRead(sw)==1)
            {
                led_bl();   //LED 闪动
                be();       //发出“哔哔”声
            }
    }
```

9.6 振动开关实验

应用于防盗设备的传感器，还有一些是使用振动开关来实现的，振动开关又称为滚珠开关。图 9-14 所示是振动开关的实物照片，这种开关设计的内部有一个滚珠，搭配机构的设计，二端子输出，用于物体振动状态的侦测。通常传感器在静止时为导通状态，当遇到外力震动、摇动或滚动时，则呈现不稳定状态，二端子输出在导通与不导通之间来回切换。搭配控制器应用时，一旦侦测到振动，系统就发出警报声。振动开关一般的应用如下：

- 抽屉被打开。
- 物体倾倒侦测。
- 打靶得分侦测。
- 互动玩具对打应用。
- 汽车防盗振动侦测。
- 运动器材。

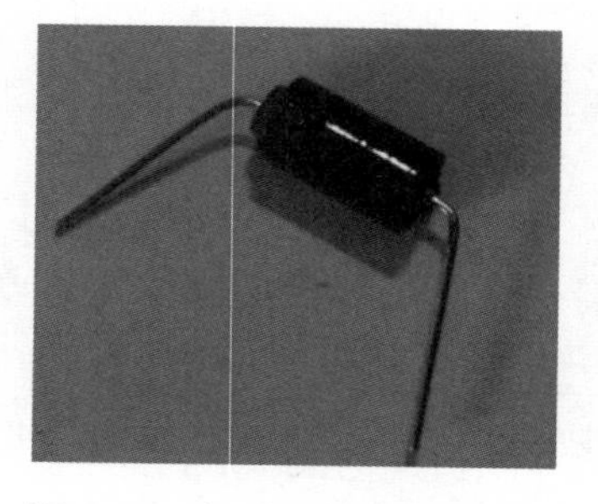

图 9-14　振动开关的实物照片

由于我们无法预测振动开关当前状态是导通还是开路的，因此分为两种状态来测试，从导通变

为开路则启动，从开路变为导通也会启动，程序代码如下：

```
while(1)          //循环
{
  //导通变为开路 0-->1
  if( digitalRead(bsw)==0 )          //原先状态为导通
  {
    delay(50);                       //延迟 50 毫秒
    for(c=0; c<100; c++)             //扫描 100 次检查状态是否转变了
      if( digitalRead(bsw)==1)       //状态变为开路
      {
        led_bl();//启动闪灯，“哔哔”声警示
        be();
        break;
      }
  }
  //开路变为导通 1-->0
  if( digitalRead(bsw)==1 )          //原先状态为开路
  {
    delay(50);                       //延迟 50mS
    for(c=0; c<100; c++)             //扫描 100 次检查状态是否转变了
      if( digitalRead(bsw)==0 )      //状态变为导通
      {
        led_bl();                    //启动闪灯，“哔哔”声警示
        be();
        break;
      }
    }
  }
}
```

1. 实验目的

Arduino 控制板连接振动开关，测试振动开关状态。

2. 功能

参考图 9-15 的电路，程序执行，以手触摸振动开关，LED 会闪动，发出“哔哔”声警示。

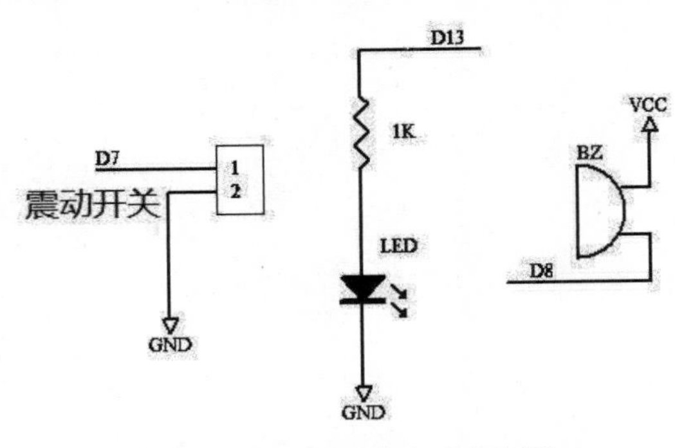

图 9-15　振动开关的实验电路图

示例程序 bsw.ino

```
int led = 13;        //设置 LED 引脚
int bsw =7;          //设置开关引脚
int bz=8;            //设置扬声器引脚
//----------------------------------------
void setup()         //初始化各种设置
{
  pinMode(led, OUTPUT);
  pinMode(bsw, INPUT);
  digitalWrite(bsw, HIGH);
  pinMode(bz, OUTPUT);
  digitalWrite(bz, LOW);
}
//-------------------------------------
void led_bl()        //LED 闪动
{
  int i;
  for(i=0; i<2; i++)
  {
    digitalWrite(led, HIGH);
    delay(150);
    digitalWrite(led, LOW);
    delay(150);
  }
}
//-------------------------------------
void be()        //发出“哔哔”声
{
  int i;
  for(i=0; i<100; i++)
  {
    digitalWrite(bz, HIGH);
    delay(1);
    digitalWrite(bz, LOW);
    delay(1);
  }
  delay(100);
}
//-----------------------------------------
void loop()     //主控循环
{
  int c;
  led_bl();
  be();
  while(1)
  {
    //导通变为开路 0-->1
    if( digitalRead(bsw)==0 )
```

```
      {
        delay(50);
        for(c=0; c<100; c++)
        if( digitalRead(bsw)==1)
        {
          led_bl();
          be();
          break;
        }
      }

      //开路变为导通 1-->0
      if( digitalRead(bsw)==1 )
      {
        delay(50);
        for(c=0; c<100; c++)
          if( digitalRead(bsw)==0 )
          {
            led_bl();
            be();
            break;
          }
      }
    }
}
```

9.7 水滴土壤湿度实验

在居家生活中，盆栽各种植物是许多人的休闲活动及兴趣，其中对土壤湿度的掌控是影响植物能否茂盛成长的关键因素。对于专业的大型温室环境参数的掌控，土壤湿度更是重要的监控参数。本节介绍的土壤湿度侦测实验可应用于盆栽植物的自动浇水控制，例如加上水泵自动供水浇灌等。

土壤湿度侦测有时也用于雨滴侦测实验中，图9-16是土壤湿度传感器安装于小电路板上的实物照片，图9-17为雨滴侦测模块，有4个引脚输出：

- 5V电源引脚。
- 接地。
- DO数字输出，5V或0V，由可变电阻来调整。
- AO模拟信号输出，表示土壤湿度或雨滴侦测的导电程度，低电压输出表示导电程度佳，完全导通是0.3V，电压输出越高，表示导电程度越差。

DO数字输出是5V或0V，由可变电阻来调整传感器导电程度的临界电压，当传感器输出电压超过临界电压时，数字输出端子会输出低电平，表示湿度高或侦测到雨滴，同时板上LED指示灯会亮起。这样的调整不是很精确，有些传感器模块不容易调整出来，经过ADC转换，得到数字数据后，便可以精确地以程序来控制。

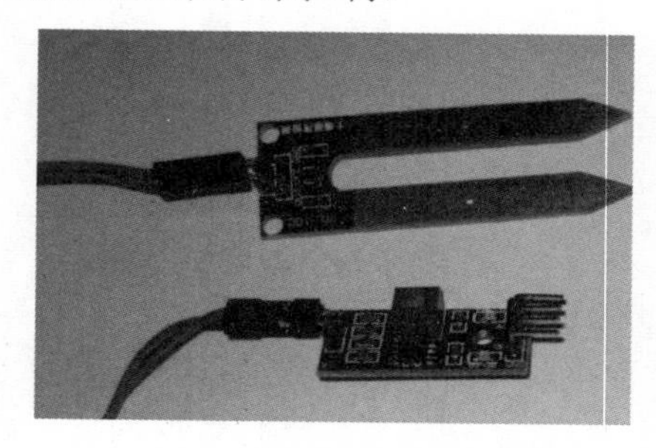

图 9-16　土壤湿度传感器模块

图 9-17　雨滴侦测传感器模块

土壤湿度侦测应用如下：

- 侦测土壤相对湿度。
- 给盆栽植物自动浇水。

雨滴侦测传感器应用如下：

- 侦测下雨时机。
- 下雨警报器。
- 落水侦测器。

落水侦测器应用广泛，例如救生衣自动膨胀成救生圈，在紧急情况时，可以发挥救命的功效。

1. 实验目的

Arduino 控制板连接 LCD 电路，在模拟输入端 A0 连接传感器，实时显示土壤相对湿度的数字变化值。

2. 功能

参考图 9-18 的电路，程序执行后，LCD 会显示出转换的数值（见图 9-19），观察以下实验结果：

1）未插入土壤时，数值为 1023，最高。
2）刚插入土壤时，数值约为 700。
3）再插入深一些，数值约为 500。
4）放入水中，数值约为 300。

当得到以上实验数据后，便可以根据需要精确地以程序来控制。

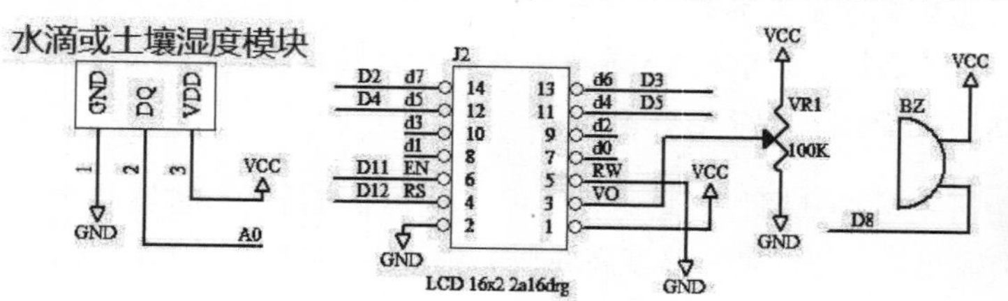

图 9-18　水滴或土壤湿度的实验电路图

图 9-19　水滴或土壤湿度的实验数据

示例程序 wa.ino

```
#include <LiquidCrystal.h>                   //包含 LCD 链接库的头文件
int ad=A0;                                   //设置模拟输入引脚
int adc;                                     //设置模拟变量
int bz=8;                                    //设置扬声器引脚
LiquidCrystal lcd(12, 11, 5, 4, 3, 2);       //设置 LCD 引脚
void setup()                                 //初始化各种设置
{
  lcd.begin(16, 2);
  pinMode(bz, OUTPUT);
  digitalWrite(bz, LOW);
}
//------------------------------------
void be()             //发出“哔哔”声
{
  int i;
  for(i=0; i<100; i++)
  {
    digitalWrite(bz, HIGH);
    delay(1);
    digitalWrite(bz, LOW);
    delay(1);
  }
  delay(100);
}
//------------------------------------------
void loop()           //主控循环
{
  float v;
  lcd.setCursor(0, 0);
  lcd.print("WA i/p volt:");
  while(1)            //无限循环
  {
    adc=analogRead(ad);                      //读取模拟输入值
    lcd.setCursor(0, 1);lcd.print("    ");
    lcd.setCursor(0, 1);lcd.print(adc);      //LCD 显示模拟输入值
    v=( (float)adc/1023.0)* 5.0;             //计算转换电压值
    lcd.setCursor(12, 0);
    lcd.print(v,1);                          //LCD 显示转换电压值
    lcd.setCursor(15, 0);
    lcd.print('v');
    delay(500);
    if(adc<400) { be(); be(); }              //模拟输入值过低，发出“哔哔”声
  }
}
```

9.8 瓦斯烟雾实验

瓦斯气体传感器使用的气敏材料是二氧化锡（SnO_2），当传感器侦测到有毒气体时，传感器的电导率会随空气中污染气体浓度的增加而迅速增加。加上负载电阻，便可以将电导率的变化转换成输出电压的变化，用以表示气体浓度的高低。

此外，对香烟及焚香产生的烟雾，传感器也会起浓度的变化。当火灾发生时，初期的现象是有毒的烟雾，产生有毒的气体，接下来是温度的上升，因此本实验装置可用于火灾初期的预警。

瓦斯传感器的一般应用如下：

- 瓦斯泄漏侦测警报器。
- 瓦斯烟雾侦测器。
- 有毒气体浓度测试器。
- 特殊毒气浓度（如二氧化碳）参考验证。
- 对香烟及焚香的侦测。

瓦斯传感器除了 TGS800 外，在电子器材电商网站上常见的还有 MQ2，用于瓦斯或有毒气体的侦测。图 9-20 所示是 MQ2 封装的实物照片，图 9-21 是传感器模块的实物照片，一般都有 4 个引脚输出：

- 5V电源引脚。
- 接地。
- DO数字输出，5V或0V，由可变电阻来调整。
- AO模拟信号输出，低浓度时为0.3V，最高浓度时输出4V。

图 9-20　MQ2 实物照片

图 9-21　安装于小电路板上的实物照片

数字输出是以可变电阻来调整临界电压的，当传感器输出电压超过临界电压时，数字输出端子会输出低电平，表示浓度值过高，同时板上的 LED 指示灯会亮起。模拟信号输出是将传感器感测的浓度值转换为电压输出，低浓度时输出电压低，浓度增加时输出电压升高。

此类传感器冷启动通电后，需要预热 10~20 秒左右，输出电压会持续升高，等内部加热器加热完成，输出电压值就会下降，再变为稳定，若接线正常，则传感器发热为正常现象，如果温度过高，则可能是接错线了，如果没有温度，则可能传感器已损坏。

在应用传感器前，需要先了解其原理及测试方法，气体传感器会感测气体的浓度，转换为电压输出，测试时可以用打火机的瓦斯做实验。对于电压变化的输出，可以用比较器加上调整临界值的方法来设计，但不是很精确，有些传感器差异性过大，不容易调整出来，不过通过掌握浓度（电压）的变化，经过 ADC 转换得到浓度数据后，便可以很精确地以控制程序来掌握不同传感器的应用。

了解引脚图及工作原理后，便可以参考引脚图来做测试实验：

1）加入 5V 电源。

2）检查传感器温度是否升高。

3）以电表测量电压是否先升高再下降。

4）当电压稳定后，用打火机释放一点瓦斯出来，看看输出电压是否会快速升高，若一切正常，便可以做下一步浓度侦测的实验了。

1. 实验目的

Arduino 控制板连接瓦斯传感器模块，由 LCD 显示瓦斯侦测值。

2. 功能

参考图 9-22 的电路，程序执行后，LCD 会显示瓦斯侦测值，若超过临界值 200，则发出“哔哔”声报警，如图 9-23 所示。

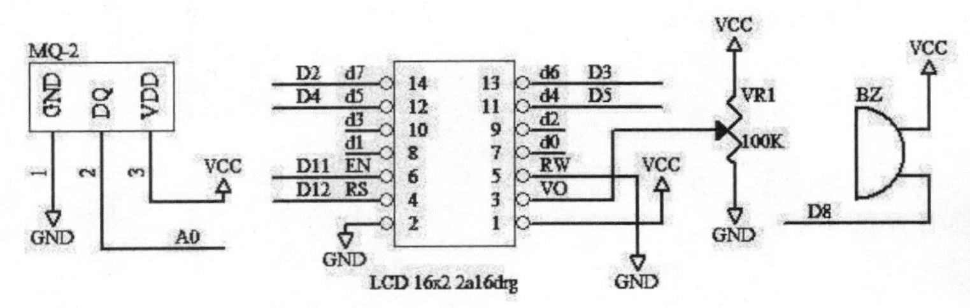

图 9-22　瓦斯侦测的实验电路图

图 9-23　瓦斯侦测值显示在 LCD 上

示例程序 gas.ino

```
#include <LiquidCrystal.h>      //包含 LCD 链接库的头文件
int bz=8;                       //设置扬声器引脚
int ad=A0;                      //设置模拟输入引脚
int adc;                        //设置模拟变量
int gv;                         //设置临界值
//-------------------------------------
LiquidCrystal lcd(12, 11, 5, 4, 3, 2);        //设置 LCD 引脚
void setup()                    //初始化各种设置
{
  lcd.begin(16, 2);
  lcd.print("adc test. ");
  Serial.begin(9600);
  pinMode(bz, OUTPUT);
  digitalWrite(bz, LOW);
}

void be()                       //发出“哔哔”声
```

```
{
  int i;
  for(i=0; i<100; i++)
  {
    digitalWrite(bz, HIGH);
    delay(1);
    digitalWrite(bz, LOW);
    delay(1);
  }
}
//-----------------------------------
void loop()                   //主控循环
{
  int i; be();
  lcd.setCursor(0, 0);
  lcd.print("GAS heating.  ");
  for(i=0; i<3; i++) delay(1000);      //延迟 3 秒
  be();
  while(1)
  {
    adc=analogRead(ad);    //读取瓦斯浓度
    lcd.setCursor(0, 1);
    lcd.print("    ");
    lcd.setCursor(0, 1);
    lcd.print(adc);         //显示于 LCD
    //将数值经由串口传送到计算机并显示出来

    Serial.print(adc);
    Serial.print(' ');
    //低于某一临界值且稳定了(实验值)，开始侦测
    if(adc<500) break;
    delay(500);
  }
  //---------------------------------------
  be();     //发出“哔哔”声
  lcd.setCursor(0, 0);
  lcd.print("GAS check     ");
  gv=200;      //临界值设置
  lcd.setCursor(10, 0);lcd.print(gv); while(1)     //开始侦测
  {
    adc=analogRead(ad);
    lcd.setCursor(0, 1);
    lcd.print("    ");
    lcd.setCursor(0, 1);
    lcd.print(adc);
    Serial.print(adc);
    Serial.print(' ');
    //若超过临界值，则发出警报声
```

```
        if(adc>gv)
        {
          be();
          lcd.setCursor(8, 1);
          lcd.print("GAS!!!");
        }
        else
        {
          lcd.setCursor(8, 1);
          lcd.print("      ");
        }
        delay(500);
    }
}
```

9.9 习　题

1. 试说明超声波测距的原理。
2. 试设计一个程序实现此功能：当温度高于 32 度时，压电扬声器发出“哔哔”声。
3. 试设计一个程序实现此功能：超声波测距仪侦测到靠近 25cm 时，发出“哔哔”声警示。
4. 距离靠近 15cm 时，发出“哔哔”声警示。
5. 试设计一个程序实现此功能：LCD 显示温湿度及瓦斯浓度的侦测值。

第 10 章

音乐音效控制

压电扬声器和普通扬声器是常用的输出设备，用于发出固定或可变频率的警示声，或者在应用中播放语音等。第 4 章曾经介绍过驱动压电扬声器发出固定频率的声响进行警示的实验，本章将介绍使用驱动扬声器进行更有趣的实验，包括音调、音效测试实验及如何演奏歌曲。其实，我们在 Arduino 上很容易就可以设计出这些功能。

10.1　音调测试

声音是由物体振动产生的，不同的音源有不同的音频分布。音频的单位是赫兹（Hz），表示每秒振动几次，频率越高，每秒振动的次数就越多，音频的范围为 20Hz~200kHz，其中一般人可听见的音频范围为 20Hz~20kHz。在日常生活中，有各种不同的声音，有人类的发声、动物的叫声、乐器声、音效声、音调测试声、噪音等。研究声音的产生与应用非常有趣。Arduino 内建了产生音调的函数，由控制引脚输出特定频率的音调，格式如下：

```
tone(控制引脚，频率，持续时间);
tone(控制引脚，频率);
noTone(控制引脚);
```

持续时间的单位为毫秒（ms），若未设置持续时间，则持续发声，直到执行 noTone()函数为止。

1. 实验目的

测试音调功能，产生不同频率的音调。

2. 功能

参考图 10-1 的电路，程序执行后，可以听到不同频率的音调：500Hz、1000Hz、1500Hz、2000Hz、2500Hz、3000Hz，中间静音 0.5 秒。音效和音调信号都可以经过晶体管放大，或者直接接在数字输出引脚，扬声器都会发声。

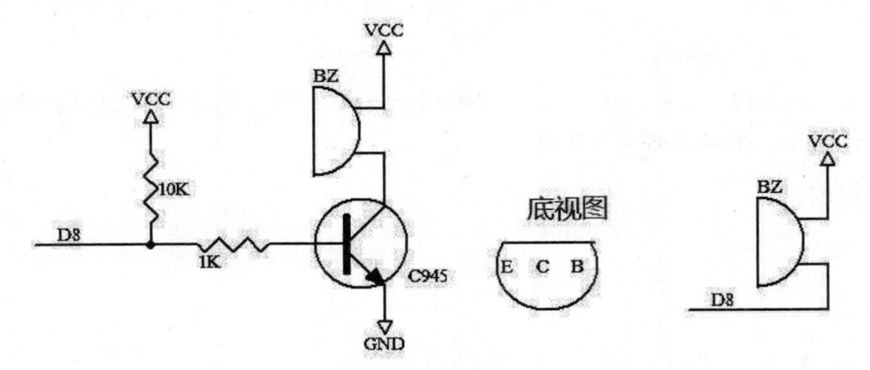

图 10-1　音效和音调的实验电路图

示例程序 tone1.ino

```
int bz=8;                              //设置扬声器引脚
void setup()                           //初始化各种设置
{
  pinMode(bz, OUTPUT);                 //设置引脚为输出模式
  digitalWrite(bz, LOW);               //设置引脚为低电平
  be();                                //“哔哔”声
  delay(1000); //延迟 1 秒
}
//----------------------------------------
void be()          //“哔哔”声
{
  int i;
  for(i=0; i<100; i++)
  {
    digitalWrite(bz, HIGH); delay(1);     //设置高电平
    digitalWrite(bz, LOW); delay(1);      //设置低电平
  }
}
//----------------------------------------

void loop()       //主控循环
{
  tone(bz, 500, 300); delay(500); noTone(bz);
  tone(bz, 1000,300); delay(500); noTone(bz);
  tone(bz, 1500,300); delay(500); noTone(bz);

  tone(bz, 2000,300); delay(500); noTone(bz);
  tone(bz, 2500,300); delay(500); noTone(bz);
  tone(bz, 3000,300); delay(500); noTone(bz);
}
```

10.2 音效控制

Arduino 可以产生特定频率的音调，如果将音调参数加以改变，将发音延长时间参数加以调整，二者组合一下就可以设计出各种好玩的音效。

1. 实验目的

驱动扬声器产生音效。

2. 功能

参考图 10-1 的电路，程序执行后，产生以下 3 种音效：

- 救护车音效。
- 音阶音效。
- 激光枪音效。

示例程序 ef1.ino

```
int bz=8;                              //设置扬声器引脚
void setup()                           //设置各种初值
{
  pinMode(bz, OUTPUT);                 //设置引脚为输出模式
  digitalWrite(bz, LOW);               //设置引脚为低电平
  be();                                //“哔哔”声
  delay(1000);                         //延迟 1 秒
}

//----------------------------------------
void be()                              //“哔哔”声
{
  int i;
  for(i=0; i<100; i++)
  {
    digitalWrite(bz, HIGH); delay(1);      //设置高电平
    digitalWrite(bz, LOW); delay(1);       //设置低电平
  }
}
//----------------------------------------
void ef1() //救护车音效
{
  int i;
  for(i=0; i<5; i++)
  {
    tone(bz, 500); delay(300);     //频率为 500Hz
    tone(bz, 1000); delay(300);    //频率为 1000Hz
  }
  noTone(bz); delay(1000);
```

```
}
//---------------------------------------
void ef2()  //音阶音效
{
   int i;
   for(i=0; i<10; i++)
   {
      tone(bz, 500+50*i); delay(100);    //频率可变化
   }
   noTone(bz); delay(1000);
}
//---------------------------------------
void ef3() //激光枪音效
{
   int i;
   for(i=0; i<30; i++)
   {
      tone(bz, 700+50*i); delay(30);     //频率变化幅度变大
   }
   noTone(bz); delay(1000);
}
//---------------------------------------
void loop() //主程序
{
   ef1();          //救护车音效
   ef2();          //音阶音效
   ef3();          //激光枪音效
}
```

10.3　音阶控制

前面介绍了驱动扬声器发出特定频率的方法，本节将介绍如何产生各种频率的声音，可以让扬声器演奏 DO、RE、ME……的音阶。各个音符对应的频率值如下：

简谱	1	2	3	4	5	6	7	$\bar{1}$	$\bar{2}$	$\bar{3}$	$\bar{4}$	$\bar{5}$	$\bar{6}$	$\bar{7}$
音符	C5	D5	E5	F5	G5	A5	B5	C6	D6	E6	F6	G6	A6	B6
频率	523	587	659	698	784	880	987	1046	1174	1318	1396	1567	1760	1975

1. 实验目的

驱动扬声器演奏完整的两个 8 度音阶。

2. 功能

参考图 10-2 的电路，程序执行后，扬声器演奏两个 8 度音阶，按下 k1 键再度演奏。

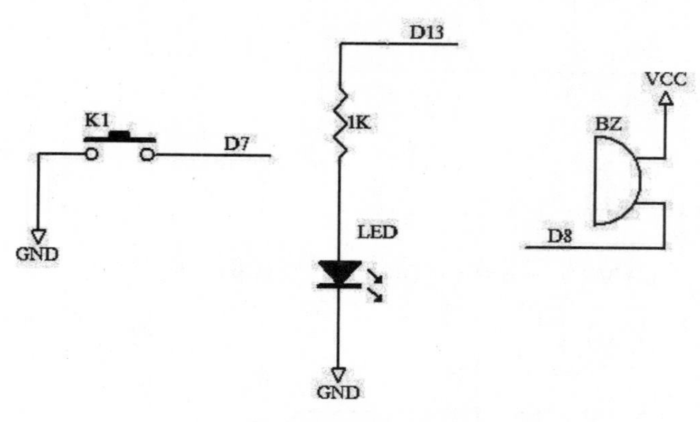

图 10-2 演奏音阶的实验电路图

示例程序 tone2.ino

```
//音阶中各个单音对应的频率值
int f[]={0, 523, 587, 659, 698, 784, 880, 987,
         1046, 1174, 1318, 1396, 1567, 1760, 1975};
int led = 13;          //设置 LED 引脚
int k1 = 7;            //设置按键引脚
int bz=8;              //设置扬声器引脚
void setup()           //设置各种初值
{
  pinMode(led, OUTPUT);     //设置引脚为输出模式
  pinMode(k1, INPUT);       //设置引脚为输入模式
  digitalWrite(k1, HIGH);   //输入高电平设置
  pinMode(bz, OUTPUT);      //设置引脚为输出模式
  digitalWrite(bz, LOW);    //设置低电平
}
//----------------------------------------
void led_bl() //LED 闪动
{
  int i;
  for(i=0; i<2; i++)
  {
    digitalWrite(led, HIGH);
    delay(150);    //LED 亮
    digitalWrite(led, LOW);
    delay(150);    //LED 灭
  }
}
//----------------------------------------
void be()        //“哔哔”声
{
  int i;
  for(i=0; i<100; i++)
  {
    digitalWrite(bz, HIGH);
```

```
      delay(1);  //设置高电平
      digitalWrite(bz, LOW);
      delay(1);  //设置低电平
   }
}
//--------------------------------------
void so(char n)     //演奏特定音阶的单音
{
    tone(bz, f[n],500);
    delay(100);
    noTone(bz);
}
//--------------------------------------
void test()      //测试各个音阶
{
   char i;
   so(1); led_bl();
   so(2); led_bl();
   so(3); led_bl();
   for(i=1; i<15; i++) { so(i); delay(100); }
}
/*-----------------------------------------*/
boolean k1c;          //按键状态
void loop()           //主程序
{
   test();            //测试各个音阶
   while(1)           //无限循环
   {
      k1c=digitalRead(k1);  //是否按下 k1 键
      if(k1c==0) test();    //若按下 k1 键，则测试各个音阶
   }
}
```

10.4 演奏歌曲

上一节介绍了如何控制音阶的各个单音，将各个单音连接在一起便可以组成一支曲子（即演奏出一段旋律）。为了方便音阶的设计，曲子的音阶直接以数字来表示，例如曲子音阶对应的数组如下：

```
char song[]={3,5,5,3,2,1,2};
```

表示 ME、SO、SO、ME、RE、DO、RE。演奏时节奏较快，一拍约 300 毫秒，读者可以根据自己的喜爱来改变演奏的速度。

1. 实验目的

驱动扬声器演奏一首歌曲。

2. 功能

参考图 10-2 的电路，程序执行后，扬声器演奏出一段旋律，若按下 k1 键，则扬声器再次演奏这段旋律。

示例程序 song.ino

```
//音阶中各个单音对应的频率值
int f[]={0, 523, 587, 659, 698, 784,  880, 987,
        1046, 1174, 1318, 1396, 1567, 1760, 1975};
//旋律音阶
char song[]={3,5,5,3,2,1,2,3,5,3,2,3,5,5,3,2,1,2,3,2,1,1,100};
//旋律音长拍数
char len[]= {2,1,1,2,1,1,1,2,1,1,1,2,1,1,2,1,1,1,2,1,1,1,100};

int led = 13;   //设置 LED 引脚
int k1 = 7;     //设置按键引脚
int bz=8;       //设置扬声器引脚
void setup()    //设置各种初值
{
  pinMode(led, OUTPUT);     //设置引脚为输出模式
  pinMode(k1, INPUT);       //设置引脚为输入模式
  digitalWrite(k1, HIGH);  //输入高电平设置
  pinMode(bz, OUTPUT);      //设置引脚为输出模式
  digitalWrite(bz, LOW);   //设置低电平
}
//----------------------------------------
void led_bl()//LED 闪动
{
  int i;
  for(i=0; i<2; i++)
  {
    digitalWrite(led, HIGH); delay(150);
    digitalWrite(led, LOW); delay(150);
  }
}

//----------------------------------------
void be()   // “哔哔” 声
{
  int i;
  for(i=0; i<100; i++)
  {
    digitalWrite(bz, HIGH); delay(1);
   digitalWrite(bz, LOW); delay(1);
  }
}
//----------------------------------------
void so(char n) //演奏特定音阶的单音
```

```
{
  tone(bz, f[n],500);
  delay(100);
  noTone(bz);
}
//-------------------------------------
void test()     //测试各个音阶
{
  char i;
  so(1); led_bl();
  so(2); led_bl();
  so(3); led_bl();
  for(i=1; i<15; i++) { so(i); delay(100); }
}
//-------------------------------------
void ptone(char t, char l) //演奏特定音阶的单音
{
  tone(bz, f[t],300*l);
  delay(100);
  noTone(bz);
}
//-------------------------------------
void play_song(char *t, char *l)   //演奏一段旋律
{
  while(1)
  {
    if(*t==100) break;
    ptone(*t++, *l++);
    delay(5);
  }
}
/*-----------------------------------------*/
boolean k1c;    //按键状态
void loop()     //主控循环
{
  test();                     //测试各个音阶
  play_song(song, len);       //演奏旋律
  while(1)
  {
    k1c=digitalRead(k1);   //若按下 k1 键，则演奏旋律
    if(k1c==0) { test(); play_song(song, len); }
  }
}
```

10.5 习 题

1. 修改本章的源程序，改变演奏的速度，一拍为 500 毫秒。
2. 歌曲“两只老虎”的简谱如下：

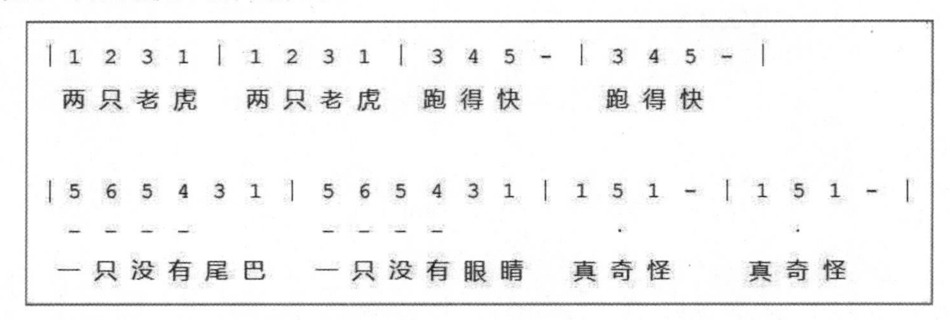

请将音阶数据输入程序中并演奏出来。

3. 修改本章的源程序，将音阶演奏顺序倒过来，也就是让扬声器演奏 DO、SI、LA……的音阶。
4. 从扬声器发出 2kHz 的声音，持续 3 秒，若按下 k1 键，则扬声器再次发出声音。

第11章

红外线遥控器实验

家中许多的电器产品（例如电视机、空调、音响、电风扇等）都是以红外线遥控的方式来控制的，红外线遥控器除了用于特定家电的遥控外，还有许多的应用。本章将介绍如何使用 Arduino 来做红外线遥控器译码实验，并结合示例应用给传统的设备装上遥控器，以方便操作。

11.1 红外线遥控的应用

红外线遥控是低成本的人机接口互动遥控方式，通过按键实现基本功能的遥控，或者实现较复杂功能的设置——快速切换各种功能，或者从诸多功能选项中选择一项。除了在一些家电中使用外，红外线遥控还可以应用如下：

- 遥控玩具车、玩具机器人、互动宠物。
- 遥控电源、灯具。
- 控制器的数据输入。
- 控制器的各种功能切换和设置。
- 红外线遥控投票表决器。
- 互动宠物动作数据传送。
- 无线数据的传送。
- 红外线遥控器数据的存储再利用。

如果一些控制器的硬件支持有限且需要进行数据的输入，那么遥控器就派上用场了，而且遥控器具有方便携带及控制简单的优点。按下遥控器的按键时，控制端需要具有遥控器的译码功能，这样才能知道当前按下了哪一个按键。

11.2 红外线遥控器的工作原理

红外线遥控器通过红外线发光 LED 发射出波长为 940 纳米（nm）的红外线不可见光来进行信号的传送。一般遥控器系统分为发射端和接收端两部分，发射端经由红外线发射 LED 发射出红外线控制信号，这些信号经由红外线接收模块的接收端接收进来，并对其控制信号进行译码，而后执行相应的操作，从而完成遥控的功能。图 11-1 是红外线发射 LED 和红外线接收模块的实物照片。

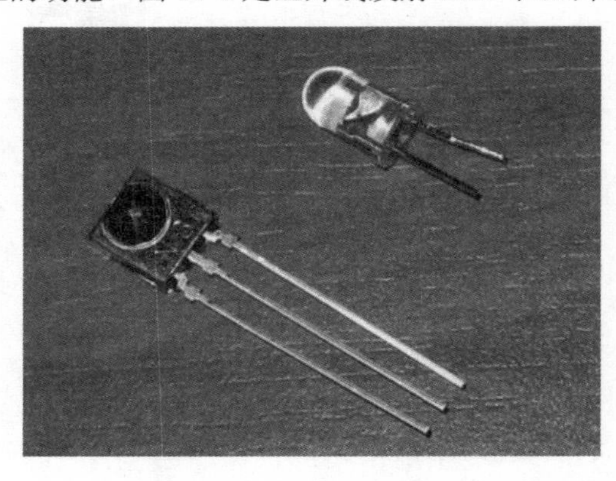

图 11-1 红外线发射 LED 和红外线接收模块的实物照片

图 11-2 为红外线发射器的工作原理图。当按下某一按键后，遥控器上的控制芯片（例如 8051 微控制器）产生一组控制码（即数字控制信号），结合载波电路的载波信号（一般使用 38kHz）成为合成信号，经过放大器提升功率，进而推动红外线发射二极管，将红外线信号发射出去，所要发射的控制码必须加上载波才能使信号传送的距离加长，一般遥控器的有效距离为 7 米。

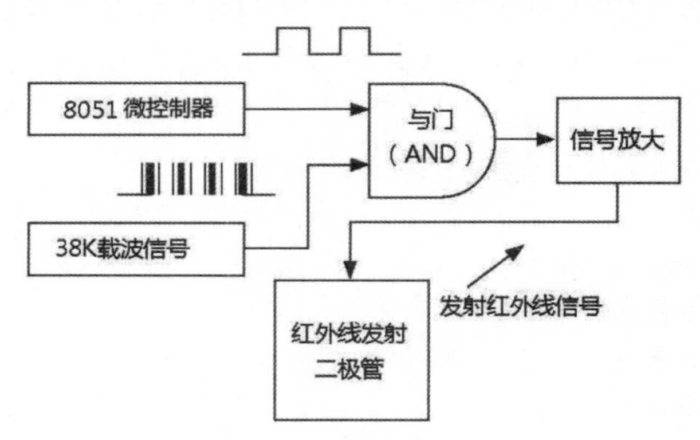

图 11-2 红外线发射器的工作原理图

图 11-3 为红外线接收器的工作原理图。它主要的控制器件为红外线接收模块，其内部含有高频的滤波电路，专门用于滤除红外线的载波信号（38kHz），过滤出红外线合成信号，当红外线合成信号进入红外线接收模块，在模块的输出端便可以得到原先的控制码，再经由微控制器译码程序进行译码，便可以得知按下了哪一按键，从而进行相应的控制或处理，完成红外线遥控的操作。

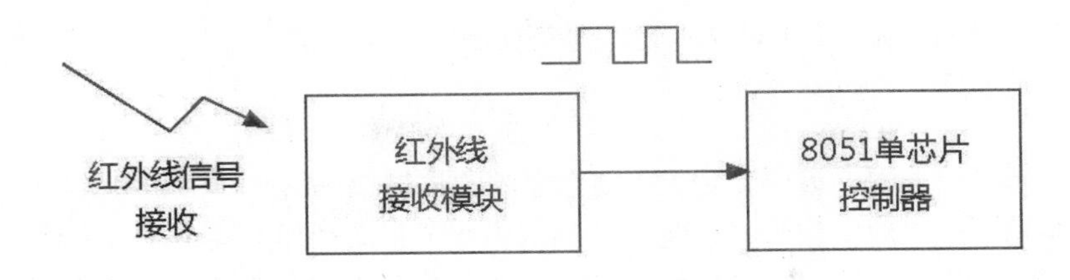

图 11-3　红外线接收器的工作原理图

由于每家厂商设计出来的遥控器不一定是一样的，即使使用相同的控制芯片，也会有特殊的编码设计，以避免遥控器间的相互干扰。在本章的实验中，将以东芝电视机的遥控器及实验用名片型遥控器为例来说明，参考图 11-4，这款电视机的遥控器使用的是 PT 2221 编码芯片或兼容的芯片。

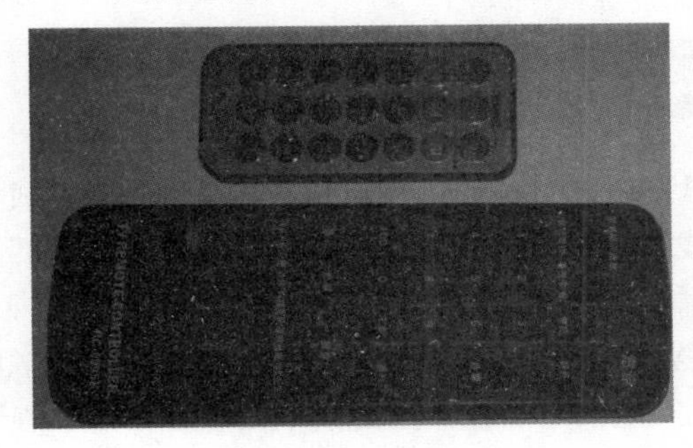

图 11-4　东芝电视机的遥控器及实验用名片型遥控器的实物照片

图 11-5 所示为 PT 2221 编码芯片发射的红外线信号所采用的编码格式，该编码为 32 位，红外线信号的编码由以下 3 部分组成：

- 前导信号（即前导码）。
- 编码数据。
- 结束信号。

其中的编码数据包含厂商的固定编码和按键编码，厂商的固定编码是为了避免与其他家电厂商重复而使信号相互冲突，按键编码就是遥控器上的各个按键的编码。

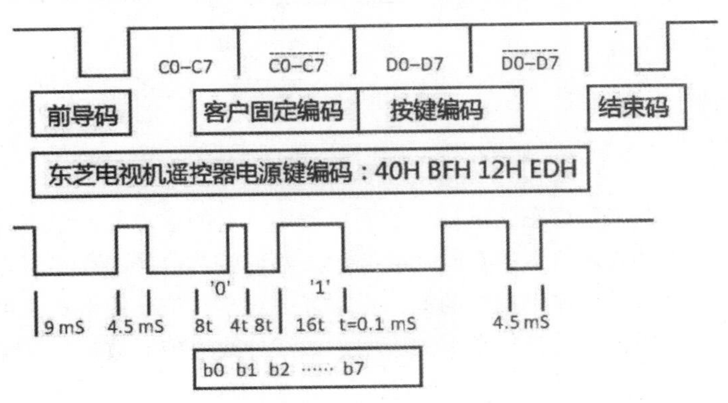

图 11-5　红外线发射信号的编码格式

例如按下遥控器的电源（POWER）键，则会发送以下 4 字节：

```
"40 BF 12 ED"
```

其中 40 BF 为厂商的固定编码，12 ED 则为电源的按键编码。

各个位的编码方式以波宽信号来调制，若为低电平 0.8 毫秒加上高电平 0.4 毫秒，则编码为 0；若为低电平 0.8 毫秒加上高电平 1.6 毫秒，则编码为 1。当按下遥控器上的某个按键时，便会产生特定的一组编码，结合 38kHz 载波信号再发射出去，因为加上载波信号可以增加发射距离。

如何观察红外线遥控器信号？一般我们用以下几种方法来观察红外线信号的存在：

- 用逻辑笔侦测信号的发射。
- 用存储式示波器来观察其数字波形。
- 用微控制器程序来译码其数字波形。
- 用计算机来译码其数字波形并画出其波形。

红外线接收模块的内部含有高频的滤波电路，用来滤除红外线合成信号的载波信号，输出原始数字控制信号。常见的红外线载波频率有 36kHz、38kHz、40kHz，如果使用 38kHz 滤波的红外线接收模块来做实验，仍然可以看到原始数字控制信号的波形。

图 11-6 是观察红外线遥控器信号的简易实验电路图，用逻辑笔接触红外线接收模块的信号输出端（OUT），便可以进行侦测。当按下遥控器上的某个按键时，数字信号发射出去，红外线接收模块收到信号后，在输出端就会出现原先数字信号的数据，逻辑笔脉冲 LED 便会闪动，这是检测红外线遥控器是否正常的简单方法。

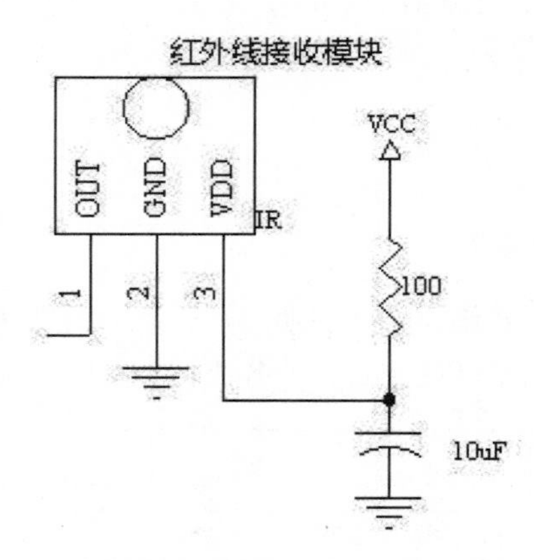

图 11-6 观察红外线遥控器信号的简易实验电路图

过去是用存储式示波器来观察东芝电视机的遥控器所发射的信号的，由于红外线数字信号并非周期信号，因此必须靠存储式示波器的存储功能来记录并追踪其信号的存在，再观察示波器的波形来验证其信号的格式，这是设计译码程序的第一步，多去观察其信号的格式便可了解其译码程序的原理。想观察遥控器信号的格式及其他高端的应用，如红外线遥控器数据的存储再利用，可以参考第 14 章的说明。

11.3 红外线遥控器译码实验

在分析了东芝电视机的遥控器所发射的信号格式之后，本节用 Arduino 程序来做遥控器译码实验，早期实验室曾经以基于 8051 微控制器的 C 语言设计过此款遥控器的译码程序，把这段译码程序直接移植过来即可使用，源代码可参考第 2 章。先把 rc95a 目录（含程序代码）复制到系统文件目录 libraries 下，而后在程序中加入以下宏指令：

```
#include <rc95a.h>
```

实验用遥控器为名片型遥控器，如图 11-4 所示。遥控器译码功能仅适用于编码长度为 36 位的遥控器，过长则无法译码。遥控器译码功能仅适用于载波为 38kHz 的遥控器，若载波差距太大，则无法译码。

1. 实验目的

测试名片型红外线遥控器按键译码。

2. 功能

参考图 11-7 的电路，红外线接收模块的电源电路可以直接接到+5V，或者串接电阻、电容，避免电源噪声的干扰。程序执行后，当按序按下数字键 0、1、…、9，由串口送出 4 字节的数据。程序下载后，要打开“串口监视器”窗口才能看到结果，如图 11-8 所示。

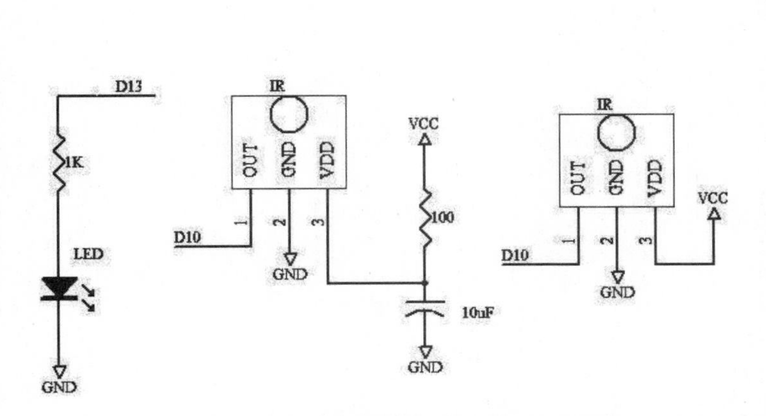

图 11-7 红外线遥控器按键译码的电路图

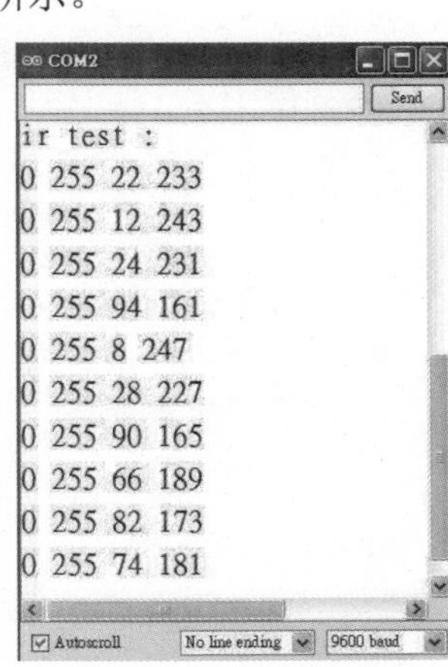

图 11-8 “串口监视器”窗口中看到的译码结果

其中“0 255”为厂商的固定编码，“22 233”为按键 0 的编码。

示例程序 dir.ino

```
#include <rc95a.h>        //包含红外线遥控器译码链接库的头文件
int cir =10;              //设置信号引脚
int led = 13;             //设置 LED 引脚
void setup()              //初始化各种设置
{
  pinMode(led, OUTPUT);
```

```
  pinMode(cir, INPUT);
  Serial.begin(9600);
}
void led_bl()          //LED 闪动
{
  int i;
  for(i=0; i<2; i++)
  {
    digitalWrite(led, HIGH);
    delay(150);
    digitalWrite(led, LOW);
    delay(150);
  }
}

/*-----------------------------------------------------------*/
void test_ir() //红外线遥控器译码
{
  int c, i;
  while(1)      //无限循环
  {
    loop:
    //循环扫描是否有遥控器的按键信号
    no_ir=1; ir_ins(cir); if(no_ir==1) goto loop;
    //发现遥控器信号，进行转换
    led_bl(); rev();
    //串口显示译码结果
    for(i=0; i<4; i++)
    {
      c=(int)com[i];
      Serial.print(c);
      Serial.print(' ');
    }
    Serial.println();
    delay(300);
  }
}
//-----------------------------------------------------
void loop()//主控循环
{
  led_bl();
  Serial.println("ir test : "); test_ir();
}
```

11.4 红外线遥控器译码显示机

红外线遥控器译码的应用很广，如遥控器检修、测试及设计应用程序，有时要携带到别处进行测试，因此将红外线遥控器译码输出到 LCD 上成为译码显示机，就可以用于在线测试。

1. 实验目的

测试名片型红外线遥控器的按键，译码结果显示在 LCD 上。

2. 功能

参考图 11-9 的电路，程序执行后，当按下遥控器上的按键后，对 4 笔数据进行译码并将结果显示在 LCD 上，如图 11-10 所示。压电扬声器会做出如下反应：

- 按键1：压电扬声器“哔”1声。
- 按键2：压电扬声器“哔”2声。
- 按键3：压电扬声器“哔”3声。

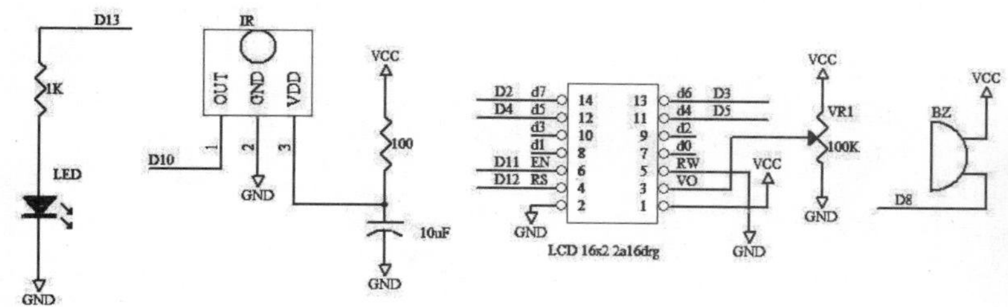

图 11-9 遥控器译码显示机的电路图

图 11-10 LCD 显示遥控器译码

示例程序 dirL.ino

```
#include <rc95a.h>                          //包含红外线遥控器译码链接库的头文件
#include <LiquidCrystal.h>                  //包含 LCD 链接库的头文件
LiquidCrystal lcd(12, 11, 5, 4, 3, 2);      //设置 LCD 引脚
//------------------------------------

int cir =10;         //设置红外线遥控器译码控制引脚
int led = 13;        //设置 LED 引脚
int bz=8;            //设置扬声器引脚
void setup()         //设置各种初值
{
  pinMode(led, OUTPUT);
  pinMode(cir, INPUT);
  pinMode(bz, OUTPUT);
  Serial.begin(9600);
  digitalWrite(bz, LOW);
  lcd.begin(16, 2);
  lcd.print("AR IR decoder");
}
```

```
void led_bl()   //LED 闪动
{
  int i;
  for(i=0; i<2; i++)
  {
    digitalWrite(led, HIGH); delay(150);
    digitalWrite(led, LOW); delay(150);
  }
}
void be()       //“哔哔”声
{
  int i;
  for(i=0; i<100; i++)
  {
    digitalWrite(bz, HIGH); delay(1);
    digitalWrite(bz, LOW); delay(1);
  }
  delay(100);
}
//---------------------------------------------
void test_ir() //红外线遥控器译码
{
  int c, i;
  while(1)      //无限循环
  {
    loop:
    //循环扫描是否有遥控器按键信号
    no_ir=1; ir_ins(cir);
    if(no_ir==1) goto loop;

    //发现遥控器信号，进行转换
    rev();
    lcd.setCursor(0, 1);
    for(i=0; i<4; i++)
    {
      //串口显示译码结果
      c=(int)com[i]; Serial.print(c); Serial.print(' ');
      //LCD 接口显示译码结果
      lcd.print(c); lcd.print(" ");
    }
    Serial.print('|'); delay(300);
    //执行译码功能
    if(com[2]==12) be();                      //按键 1
    if(com[2]==24) { be(); be();}             //按键 2
    if(com[2]==94) { be(); be(); be();}       //按键 3
  }
}
```

```
//----------------------------------------------------
void loop()      //主控循环
{
  led_bl();be();
  Serial.print("ir test : "); test_ir();
}
```

11.5 习　题

1. 列举红外线遥控应用的 4 个实例。
2. 试说明红外线发射器的工作原理。
3. 试说明红外线信号编码由哪 3 部分组成。
4. 设计红外线遥控器程序实现此功能：当按下 1~7 键，遥控扬声器演奏简谱 1~7 的音阶。

第 12 章

舵机控制

本章是以遥控玩具店和市售标准的遥控舵机来做实验的，先介绍舵机的内部结构及其工作原理，再用 Arduino 接口来设计驱动程序，以便精确地控制舵机的操作。凡是需要拉动或做简易的机械式传动机构的设计，都有机会用到舵机。对于非机械工程类专业的读者，只要懂得 Arduino 接口设计，使用舵机同样可以高效地设计出一套精密的传动系统，以简单的电路设计来完成复杂的控制系统。

12.1 舵机介绍

电动机在实际应用中还需要经过减速齿轮及转换机构才能有效地控制传动，本节将介绍做传动实验时经常会用到的舵机。舵机在用于遥控飞机或遥控船时，主要用于方向变化及加减速的控制。舵机的优点是扭力大，可拉动较重的负荷，并且体积小、重量轻、省电。

图 12-1 是传统比例式遥控器、接收机控制器和舵机的实物照片，一组接收机控制器可以同时控制多组舵机的操作。之所以被称为比例式遥控器，是因为手动遥控器的角度可以同步控制舵机的正反转向，即正转 90° 或反转 90° 。在以下实验中，将以 Arduino 控制接口直接取代接收机控制器来驱动舵机的转动。

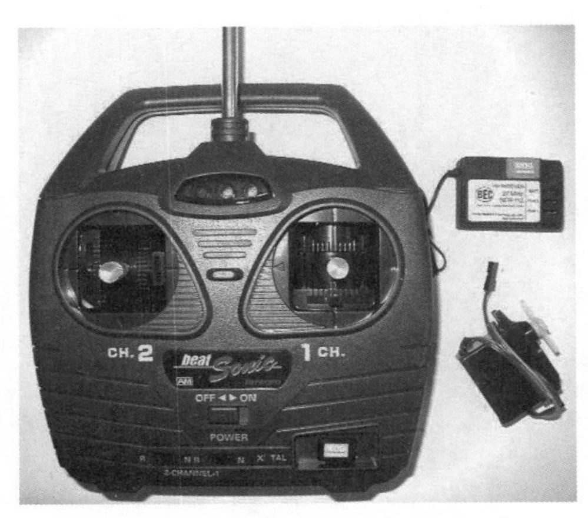

图 12-1　传统比例式遥控器组件实物照片：发射遥控器、接收和舵机

一般在较大的遥控玩具店都可以买到类似的舵机。实验用的舵机品牌为 FUTABA，编号为 S3003，图 12-2 为实物照片。其产品规格如下：

- 转速：0.23s/60°。
- 力矩：3.2kg-cm。
- 大小：40.4 × 19.8 × 36mm。
- 重量：37.2g。
- 5V电源供电。

图 12-2　实验用的舵机，编号为 S3003

12.2　舵机的控制方式

舵机体积小，设计上采用特殊集成电路，在松开螺丝后，要小心将其零件拆解，如图 12-3 所示。图 12-4 是其内部结构图，可以分为以下几部分：

- 控制芯片及电路。
- 小型直流电动机。
- 转换齿轮。
- 旋转轴。
- 回授可变电阻。

第 8 章介绍过使用脉冲宽度调制来输出模拟电压，这样的信号也用于舵机的控制，控制芯片接收外部脉冲控制信号的输入，自动将脉冲宽度转换为直流电动机正反转的运转模式，经由转换齿轮驱动旋转轴，使舵机可以随着脉冲信号进行等比例的正转或反转。当转动至 90° 时，连动的可变电阻也转至尽头，由可变电阻回授电压值（Vf），使得控制芯片可以侦测到电动机已转至尽头。回授可变电阻也可以使舵机正确转回到中间位置，因为此时可变电阻的回授电压值正好是 1/2。

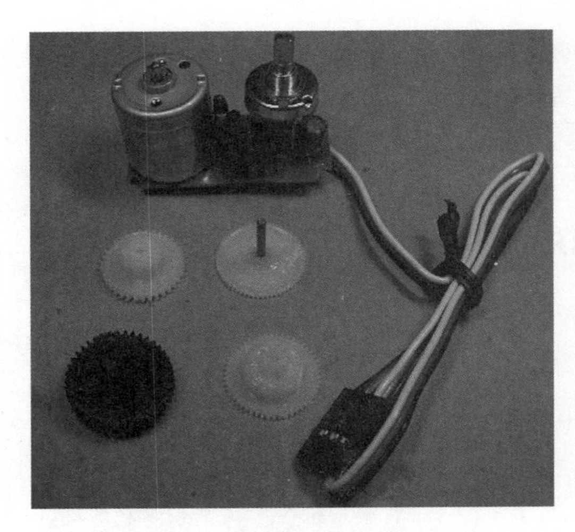

图 12-3 舵机内部的零部件

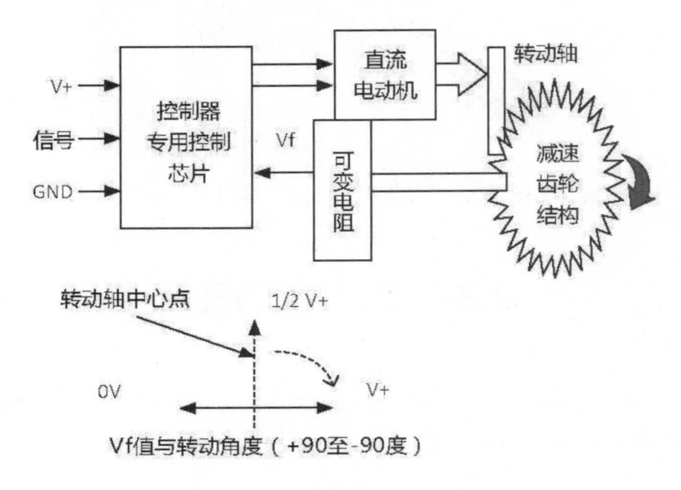

图 12-4 舵机的内部结构图

舵机以 5V 电源便可以驱动，控制方式为脉冲宽度调制方式。它外部的 3 个引脚如下：

- 黑色：GND地线。
- 红色：5V电源线（位置在中间）。
- 白色：控制信号。

因此，即使第 1 个和第 3 个引脚接反了，也不至于烧毁舵机，因为输入的控制信号线接地了，舵机顶多不动作，算是一种保护。

舵机的工作原理是以脉冲宽度调制方式进行控制，如图 12-5 所示，固定周期脉冲宽度约为 20ms，当送出以下正脉冲宽度时，可以得到不同的控制效果：

- 正脉冲宽度为0.3ms时，舵机会正转。
- 正脉冲宽度为2.5ms时，舵机会反转。
- 正脉冲宽度为1.3ms时，舵机会回到中点。

其他品牌的舵机采用的脉冲宽度调制方式与之类似，只是在脉冲宽度上可能有所差异，不过可以在驱动程序中通过设置脉冲宽度参数进行实验测试和修正。

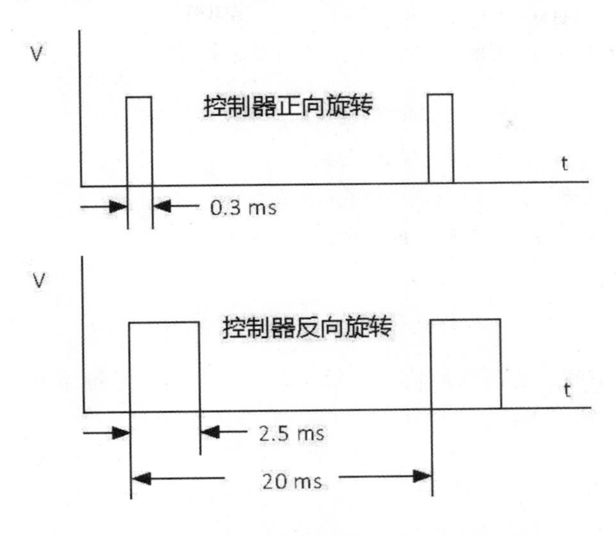

图 12-5　舵机采用脉冲宽度调制方式来控制

一般从遥控玩具店所购得的标准舵机只能转动 180°，即正转 90°、反转 90° 以及回到中间位置。实验时只需用一条 I/O 信号线送出数字脉冲信号来进行控制，舵机的控制电路图如图 12-6 所示，其中 D5 引脚送出脉冲驱动信号来进行控制，通过 3 个引脚的插座与舵机相连。

舵机的 3 个引脚在实验时请勿插错，注意中间的引脚为+5V 电源输入。虽然有电源保护，但实际应用时还是要小心。舵机大量用于遥控飞机等遥控设备上，它的能耗是比较低的，即很省电，不转动时待机电流更小。在实验过程中送出不同的控制脉冲时，舵机便会正转或反转，若以示波器连接它的输出接点，则可以看到它的控制脉冲信号。当舵机转动时，若以手指接触旋转臂，则可以发现其扭力相当大，即使刻意想去抓住旋转臂也很困难。

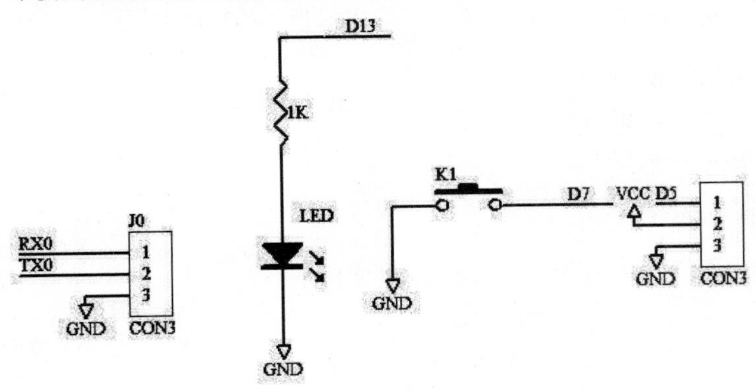

图 12-6　舵机的控制电路图

12.3 舵机控制实验

Arduino 系统内建有舵机控制函数，控制舵机的基本程序如下：

```
#include <Servo.h>        //包含舵机链接库的头文件
Servo servo1 ;            //声明舵机对象
servo1.attach( 引脚 );    //设置连接舵机的引脚
servo1.write( 角度 );     //控制舵机转动某个角度
delay( 时间 );            //延迟
servo1.detach();          //拆除舵机
```

其中引脚必须能提供脉冲宽度调制信号。标准型舵机转动的角度是 0°～180°，若是可以转动 360°的舵机，正反转控制如下：

```
servo1.write(0);          //正转
servo1.write(180);        //反转
```

调用 Arduino 内建函数可以轻松控制多个舵机转动特定的角度，若搭配适合的传动机构设计，则应用范围相当广泛。若控制多个舵机同时启动，则电源的驱动电流要加大，需外加 5V 电源，否则舵机无法正常工作。

1. 实验目的

验证以脉冲宽度调制信号驱动舵机转动。

2. 功能

参考图 12-6 的电路，以 Arduino 接口送出脉冲宽度调制信号，直接驱动舵机转动。按下 k1 键，舵机先转动 180°，再转动 90°，再转动回 0°。串口指令的控制如下：

- 数字1：舵机转动回0°。
- 数字2：舵机转动90°。
- 数字3：舵机转动180°。

示例程序 sert.ino

```
#include <Servo.h> //包含舵机链接库的头文件
Servo servo1 ;       //声明舵机对象
int led = 13;        //设置 LED 引脚
int k1 = 7;          //设置按键引脚
int LM=5;            //设置舵机引脚
void setup()         //初始化各种设置
{
  pinMode(led, OUTPUT);
```

```
  pinMode(k1, INPUT);
  digitalWrite(k1, HIGH);
  Serial.begin(9600);
}
/*-----------------------------------*/
void rot(byte d)          //舵机转动某个角度
{
  servo1.attach(LM);
  servo1.write(d);
  delay(1000);
  servo1.detach();
}
//-------------------------------------------
void loop()//主控循环
{
  char c;
  int k1c;
  Serial.println("servo test : ");
  while(1)            //无限循环
  {
    if (Serial.available() > 0)    //有串口指令进入
    {
      c= Serial.read();            //读取串口指令
      if(c=='1') rot(0);           //舵机转动 0°
      if(c=='2') rot(90);          //舵机转动 90°
      if(c=='3') rot(180);         //舵机转动 180°
    }

    k1c=digitalRead(k1);           //扫描是否有按键被按下
    if(k1c==0)                     //有按键被按下
    {
      rot(180); delay(1500);       //舵机转动 180°
      rot( 90); delay(1500);       //舵机转动 90°
      rot( 0); delay(1500);        //舵机转动 0°
    }
  }
}
```

12.4 习 题

1. 试说明舵机的应用领域。
2. 什么是比例式遥控器。
3. 画图说明舵机内部结构图及工作原理。
4. 试说明舵机的基本驱动方式。
5. 试说明小型直流电动机与舵机的差别。
6. 修改控制程序，使得按键后舵机正转 0° 到 180° ，每次增加 30° 。

第 13 章

Arduino 说中文

对于互动式电子产品，语音输出是其重要的功能要素之一。语音合成接口应用广泛，语音内容可在程序中设置，容量可以相当大，因而了解其控制方式，就可以在传统的控制应用设备中加装语音功能，以增加产品附加价值。本章的实验将控制 Arduino 说出中文，读者也可以把本章的实验修改一下，安装在自己的 Arduino 实验中。

13.1 中文语音合成模块介绍

具有特殊功能的控制芯片都是采用多引脚芯片封装的，只有专业硬件工程师将芯片设计于印刷电路板中才能进行有效验证。为了方便工程验证和用于实验，将语音合成芯片进行模组化的设计，即可获得中文语音合成模块，图 13-1 所示为语音合成模块的实物照片。只要连接这种模块并搭配控制程序，就可以使实验作品通过中文语音合成模块说出中文。这类设计的特色如下：

- 微控制器中文语音合成控制，程序中输入中文编码和ASCII编码，便可以转换为语音输出。
- 可说英文字母a~z和数字0~9。
- 在程序中输入英文字母a~z和数字0~9，转换为语音输出。
- 以模块化设计方便做实验及应用整合。
- 任何微控器使用4个引脚便可以直接控制。
- 含Arduino测试电路及示例程序源代码。
- 使用4个引脚控制便可以说出中文。
- 模块含音频放大器，接上扬声器便可以输出语音。
- 含音量调整器。

相关应用领域如下：

- 语音导航系统应用。
- 有声图书语音输出。
- 语音消息输出。
- 交互式人机语音接口设计。

中文语音合成模块使用 SD178 芯片，为微控制器语音合成解决方案，可把中文编码和 ASCII 编码转换为语音输出。语音合成模块控制引脚参考图 13-2，说明如下：

- 引脚1：控制SCLK引脚，外部频率输入，负边沿触发。
- 引脚2：控制SDI引脚，串行数据输入芯片。
- 引脚3：控制RDY引脚，低电平时，芯片准备就绪，可以接收数据。
- 引脚4：控制RST引脚，芯片重置信号，低电平驱动。
- 引脚5：VCC 5V电源。
- 引脚6：GND接地。
- 引脚7：空接。
- 引脚8：空接。

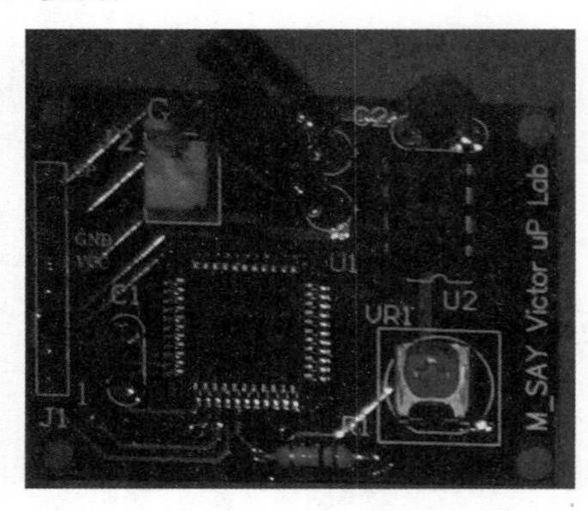

图 13-1 语音合成模块的实物照片

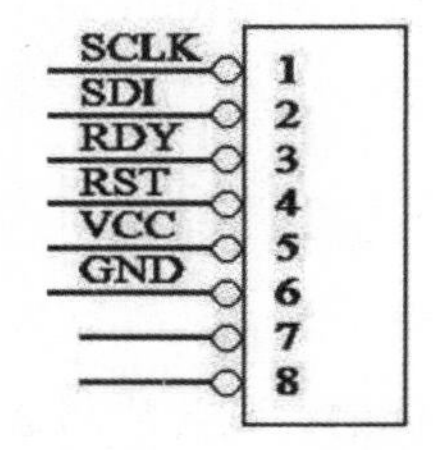

图 13-2 语音合成模块的引脚

控制端送出低电平 RST 脉冲信号来控制语音芯片执行重置操作。当 RDY 引脚低电平时，表示芯片待机中，准备接收数据。SCLK 送出控制脉冲，SDI 把数据送入芯片内，芯片会输出对应的合成语音并回复备妥信号到 RDY 引脚。板上有音频放大芯片，用以推动扬声器发出声音，可以使用可变电阻调整音量的大小。

13.2 Arduino 语音合成模块实验 1

了解了语音合成控制方式之后，搭配 Arduino Uno 控制板及对应的程序便可以“说出”中文语音、英文字母和数字。为了方便实验连接，参考实验电路图，可以直接插入 Uno 控制板进行实验。注意，插入后模块空出 4 个引脚，电路分析如下：

- 引脚1：D16标名为A2，控制SCLK。
- 引脚2：D17标名为A3，控制SDI。
- 引脚3：D18标名为A4，控制RDY。
- 引脚4：D19标名为A5，控制RST。
- 引脚5：外接5V电源。
- 引脚6：外接GND地线。

使用数字输出 D16~D19 控制信号来驱动语音合成模块。例如要说出文字："语音合成""IC""ARDU0123456789"。

表示文字的数组声明如下：

```
byte m0[]="语音合成";          //直接输入中文，输出的语音不正确
byte m0[]={0xD3, 0xEF, 0XD2,0xF4, 0xBA, 0xCF, 0XB3,0Xc9,0};    //GBK 中文编码
byte m1[]="IC";
byte m2[]="ARDU0123456789";
```

在数组中直接输入中文，由于编辑系统的问题，Arduino 无法取得真正的中文编码，用这种方式输出的语音不正确，因此直接将 GBK 的中文编码输入数组中，最后加入"0"（空字符），便可以解决此问题。至于如何查询中文 GBK 编码，步骤如下：

步骤 01 使用网络工具到中文编码查询网站。

步骤 02 输入文字"语音合成"。

步骤 03 单击"查看编码"按钮，即可将中文编码显示出来，执行结果如图 13-3 所示。

步骤 04 把查到的中文编码填写到程序的数组中。

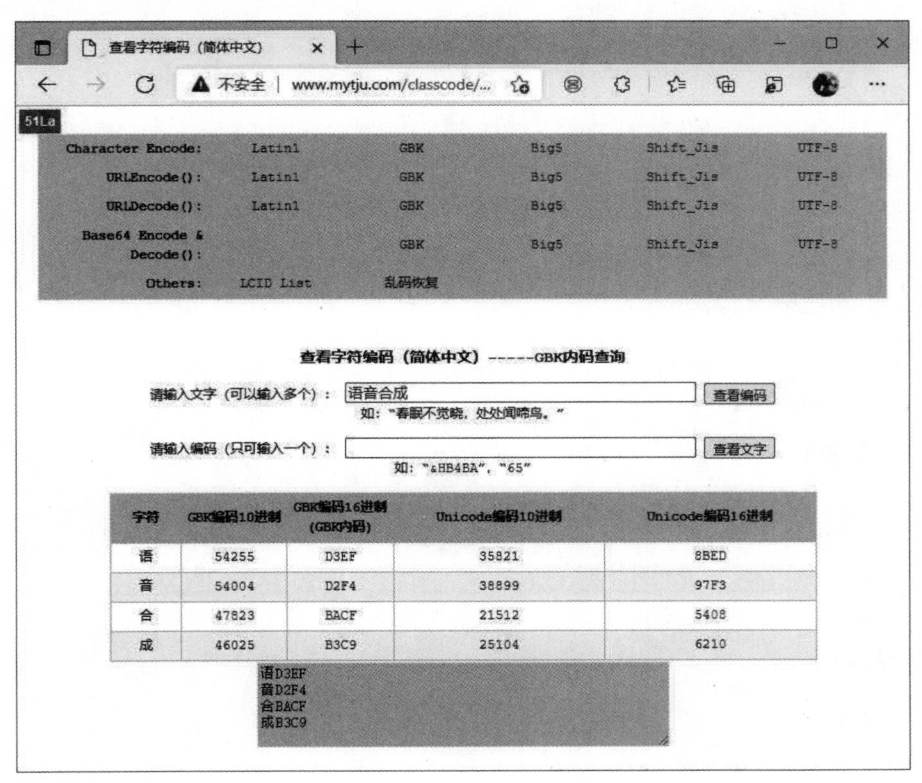

图 13-3　中文编码的查询

1. 实验目的

测试中文语音合成模块说中文、英文字母及数字。

2. 功能

参考图 13-4 的电路图，程序执行后，听见扬声器输出语音内容：“语音合成”“IC”“ARDU0123456789”。按下按键，会再次输出中文语音。

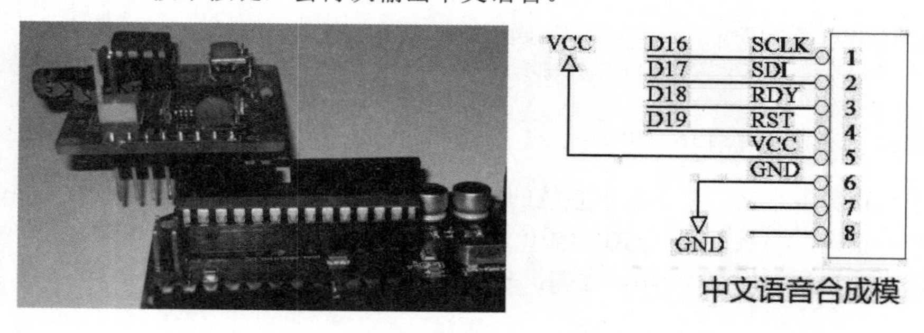

图 13-4 语音合成模块实验 1 的电路图

示例程序 say.ino

```
int led = 13;   //设置 LED 引脚
int k1 =7;      //设置按键引脚
int ck=16;
int sd=17;
int rdy=18;
int rst=19;         //设置语音合成控制引脚
//-------------------------------------------
void setup()        //初始化各种设置
{
  pinMode(ck, OUTPUT);
  pinMode(rdy, INPUT);
  digitalWrite(rdy, HIGH);
  pinMode(sd, OUTPUT);
  pinMode(rst, OUTPUT);
  pinMode(led, OUTPUT);
  pinMode(k1, INPUT);
  digitalWrite(k1, HIGH);
  digitalWrite(rst, HIGH);
  digitalWrite(ck, HIGH);
}
//-------------------------------------
void led_bl()       //LED 闪动
{
  int i;
  for(i=0; i<2; i++)
  {
    digitalWrite(led, HIGH);
    delay(150);
    digitalWrite(led, LOW);
    delay(150);
  }
}
//-------------------------------------
void op(unsigned char c)    //输出语音合成指令编码
{
  unsigned char i,tb;
```

```
    while(1)              //if(RDY==0) break;
      if( digitalRead(rdy)==0) break;
    digitalWrite(ck, 0);
    tb=0x80;
    for(i=0; i<8; i++)
    {
      //传送数据位，位 7 先传
      if((c&tb)==tb) digitalWrite(sd, 1);
      else  digitalWrite(sd, 0);

      tb>>=1;
      //低电平
      digitalWrite(ck, 0);
      delay(10);
      digitalWrite(ck, 1);
    }
}
/*----------------------------------------------------------------------*/
void say(unsigned char *c) //将字符串内容输出到语音合成模块
{
    unsigned char c1;
    do{
      c1=*c; op(c1); c++;
    } while(*c!='\0');
}
/*-----------------------*/
void RESET()    //重置语音合成模块
{
    digitalWrite(rst,0);
    delay(50);
    digitalWrite(rst, 1);
}
//------------------------------------
//中文 GBK 编码，内容：语音合成
unsigned char m0[]={0xD3, 0xEF, 0XD2,0xF4, 0xBA, 0xCF, 0XB3,0XC9,0};
unsigned char m1[]="IC";
unsigned char m2[]="ARDU0123456789";
void loop() //主控循环
{
    char k1c;
    RESET();
    led_bl();
    say(m0);
    say(m1); //语音合成输出
    while(1) //无限循环
    {
      k1c=digitalRead(k1); //若侦测到有按键被按下，则语音合成输出
      if(k1c==0) { say(m1); say(m2); led_bl(); }
    }
}
```

13.3 Arduino 语音合成模块实验 2

前面的实验需要 5V 及地线连接到语音合成模块，由于模块能耗低，为了方便实验，使用两组 Uno 数字输出提供 5V 电压及地线来供电，实验设计如下：

- 一组输出高电平供电5V，接到模块VCC引脚。
- 一组输出低电平供电0V，接到模块GND引脚。

语音合成模块实验 2 的电路省下了外加电源线及地线，直接引脚对引脚插入 Uno 板，对应标名为 A0~A5，使用数字输出 D14~D19 控制信号。顺序如下：

- 引脚1：D14标名为A0，控制SCLK。
- 引脚：D15标名为A1，控制SDI。
- 引脚3：D16标名为A2，控制RDY。
- 引脚4：D17标名为A3，控制RST。
- 引脚5：D18标名为A4，控制5V电源。
- 引脚6：D19标名为A5，控制GND地线。

参考图 13-5 的电路图，中文语音合成模块直接插入 Uno 板上进行实验。注意，插入后模块空出两个引脚。

1. 实验目的

以另一控制电路测试中文语音合成模块说出中文、英文字母及数字。

2. 功能

参考图 13-5 的电路图，程序执行后，听见扬声器输出中文语音内容：“语音合成”“IC”“ARDU0123456789”。

串口控制指令为“1”和“2”，也会输出对应的中文语音。

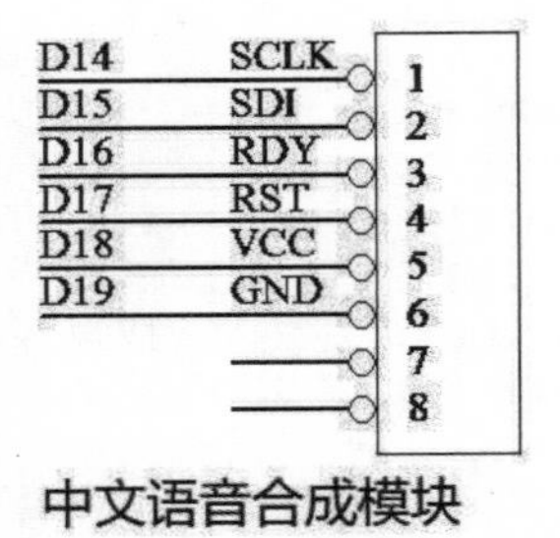

图 13-5 语音合成模块实验 2 的电路图

示例程序 say2_ur.ino

```
int led = 13;    //设置 LED 引脚
int k1 =7;       //设置按键引脚
int gnd=19;      //设置地线控制引脚
```

```
int v5=18;      //设置5V控制引脚
int ck=14;
int sd=15;
int rdy=16;
int rst=17;          //设置语音合成控制引脚
//--------------------------------------
void setup()         //初始化各种设置
{
  pinMode(v5, OUTPUT);
  pinMode(gnd, OUTPUT);
  digitalWrite(v5, HIGH);
  digitalWrite(gnd, LOW);
  delay(1000);

  pinMode(ck, OUTPUT);
  pinMode(rdy, INPUT);
  digitalWrite(rdy, HIGH);
  pinMode(sd, OUTPUT);
  pinMode(rst, OUTPUT);
  pinMode(led, OUTPUT);
  pinMode(k1, INPUT);
  digitalWrite(k1, HIGH);
  digitalWrite(rst, HIGH);
  digitalWrite(ck, HIGH));
  Serial.begin(9600);
}
//-----------------------------------
void led_bl()        //LED闪动
{
  int i;
  for(i=0; i<2; i++)
  {
    digitalWrite(led, HIGH);
    delay(150);
    digitalWrite(led, LOW);
    delay(150);
  }
}
//-----------------------------------
void op(unsigned char c)        //输出语音合成指令编码
{
  unsigned char i,tb;
  while(1) //if(RDY==0) break;
    if( digitalRead(rdy)==0) break;
  digitalWrite(ck, 0); tb=0x80;
  for(i=0; i<8; i++)
  {
    //传送数据位，位7先传
    if((c&tb)==tb) digitalWrite(sd, 1);
    else  digitalWrite(sd, 0);
    tb>>=1;
    //低电平
    digitalWrite(ck, 0);
    delay(10);
```

```
      digitalWrite(ck, 1);
    }
}
/*------------------------------------------------------------------*/
void say(unsigned char *c) //将字符串内容输出到语音合成模块
{
    unsigned char c1;
    do{
      c1=*c; op(c1); c++;
    } while(*c!='\0');
}
/*----------------------*/
void RESET()              //重置语音合成模块
{
    digitalWrite(rst,0); delay(50); digitalWrite(rst, 1);
}
//中文 GBK 编码，内容：语音合成
unsigned char m0[]={0xD3, 0xEF, 0XD2,0xF4, 0xBA, 0xCF, 0XB3,0Xc9,0};
unsigned char m1[]="ARDUIC";
unsigned char m2[]="0123456789";
void loop()      //主控循环
{
    char k1c,c; RESET(); led_bl();
    say(m0); say(m1);        //语音合成输出
    while(1)      //无限循环
    {
      k1c=digitalRead(k1);          //若侦测到有按键被按下，则语音合成输出
      if(k1c==0) { say(m1); say(m2); led_bl(); }

      if (Serial.available() > 0)   //若侦测串口有信号传入，则语音合成输出
      {
        c= Serial.read(); //有信号传入
        if(c=='1') { say(m1);  led_bl();   }
        if(c=='2') { say(m2);  led_bl();   }
      }
    }
}
```

13.4 习 题

1. 试说明中文语音合成模块是如何说出中文语音的。
2. 试设计驱动中文语音合成模块的程序，说出姓名及学号。
3. 试说明如何查询中文 GBK 编码。
4. 试说明中文语音合成模块 5V 电源如何提供。

第 14 章

Arduino 控制学习型遥控器模块

很多人家中有很多遥控器，若能整合到同一个接口，由计算机、手机、平板电脑或 DIY 自行设计控制就会方便很多，家电自动化应用就是运用了数字家电控制的概念。此时需要有一套学习型遥控器模块来实现这一目标。本章将介绍 Arduino 控制学习型遥控器模块，只需编写数行程序便可以驱动 Arduino 控制用红外线遥控的家电，原家电系统完全不必改装。

14.1 学习型遥控器模块介绍

图 14-1 所示为家中的遥控器，笔者就常拿这些遥控器做各种实验。学习型遥控器是基本的控制设备，它是将多个遥控器的常用功能经学习集中到单个遥控器或控制器上。一般学习型遥控器的应用如下：

- 一个遥控器遥控多组家电。
- 原遥控器出故障了，设计的实验作品作为备用遥控器使用。
- 连续开启多个家电应用。
- 定时自动开启家电。
- 数字家电系统整合。
- 整合网络控制家电。

图 14-1 多个遥控器用来做测试

有关遥控器接口的发射信号，读者可以参考第 11 章红外线遥控器的实验，当发射的数字信号被接收后，只要信号够强，译码机便能正确操作。因此，想要学习一个遥控器的发射数字信号，可以将数据采样存入内存中再发射，即可达成控制的目的。在实际应用中，还需要将学到的数字信号存入闪存中（断电后数据依然保存），使得下次开机时，数字信号可以被有效取出，并根据需要发射出去。

图 14-2 是 L51 学习型遥控器的系统架构，该设备包括 8051 微控制器、内存、压电扬声器、操作按键、红外线发射器、红外线接收器、接近触发传感器、计算机联机接口。8051 微控制器作为系统主控芯片连接各个控制单元；内存存储学习进来的红外线信号，用于控制红外线发射器发射信号，以控制外部设备的操作；红外线接收器结合内存成为红外线学习接口，收集在线学习进来的遥控器数字信号，这些数字信号经由红外线发射器发射出去；计算机联机接口用于连接计算机，以更新数据库或扩充控制功能。

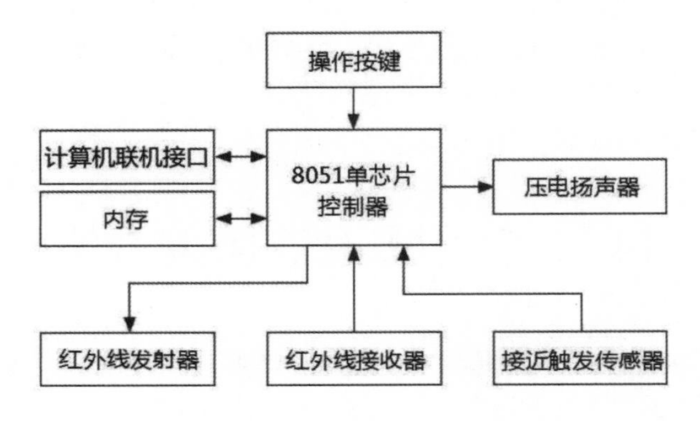

图 14-2 L51 学习型遥控器系统架构

下面将介绍如何以 Arduino 来控制这套系统，学习型遥控器以 L51 控制板作为执行平台，再下载学习型遥控器的控制程序来进行实验，图 14-3 所示为学习型遥控器模块的实物照片。学习型遥控器控制码为 L10V1.HEX，实验版可以学习 10 组遥控器信号。L51 控制板基于 8051 微控制器的控制板，内建红外线信号输入输出功能，可以自行下载不同控制程序用于不同的应用。

图 14-3 L51 学习型遥控器模块的实物照片

这套系统的主要特征如下：

- 基于8051微控制器开发应用程序，支持应用程序下载功能。
- 支持基于8051微控制器的学习型遥控器模块的应用、控制器。
- 用于专题作品的制作。
- 网站支持应用程序下载。
- 支持手机遥控有红外线遥控的设备或家电应用。

有关其他功能的介绍，可以参考本书的附录。

因此，L51 学习型遥控器模块应用广泛，目前支持的应用如下：

- 一个遥控器可控制多组家电遥控。
- 接近感应发射控制信号。
- 外加传感器修改应用程序发射控制信号。
- 手机遥控有红外线遥控的设备或家电。
- 应用程序支持基于8051微控制器的C语言开发工具SDK，支持遥控器学习功能。
- 支持红外线信号分析器演示版，支持计算机遥控器控制码的学习、存储、发射。
- 支持红外线信号分析器演示版，支持计算机应用程序发射遥控器信号。
- 可由计算机发射信号控制家电等应用。
- 支持UART串口指令。

无论是 8051、Arduino，还是其他微控制器，只要有串口功能，就可以基于自己熟悉的遥控器接口来设计应用，只需编写数行程序语句，便可驱动 Arduino 控制板实现目标。

L51 学习型遥控模块有程序代码下载功能，因此可以下载新版的应用程序，以支持不同的应用。目前支持红外线信号分析器功能，由计算机进行遥控器控制信号的学习、存储及发射，可由计算机的应用程序发射遥控器控制信号，进行数字家电控制应用的实验。有兴趣的读者还可以做遥控器高级实验，届时参考附录说明即可。

14.2　Arduino 控制学习型遥控器

学习型遥控器模块支持串口控制指令，用户可以经由 RS232 接口/TTL 串口直接下达控制指令编码来做实验，因此该实验适用于不同的硬件平台。串行通信传输协议为（9600,8,N,1），比特率为 9600，8 个数据位，没有奇偶校验位，1 个停止位。外部指令控制编码如下：

- 控制码 'L'+'0'--'9'：学习一组信号。
- 控制码 'T'+'0'--'9'：发射一组信号。

只要 Arduino 经由串口发送 'L' 或 'T' 控制码，便可以驱动学习型遥控器学习或发射内部这 10 组控制信号，该模块的功能可以根据需要或规格定制化以继续扩充。

Arduino 系统使用 D0 引脚作为串口 RX 接收的输入引脚，使用 D1 引脚作为串口 TX 发送的输出引脚，以用于下载程序并在程序调试时用于监控。当这两个引脚不能同时与外部串口连接时，可以使用 Arduino 系统提供的 SoftwareSerial.h 链接库所提供的功能，指定产生额外的串口用于应用，即由其他的数字引脚用于串口通信。在实验中指定产生 ur1 串口，由 D2 接收、D3 发射，实验的连接方式如图 14-4 所示。

图 14-4 自制 Arduino 控制板与学习型遥控器 L51 连接

Arduino 系统相关链接库的使用方式如下：

```
#include <SoftwareSerial.h>     //包含软件串口链接库的头文件
SoftwareSerial ur1(2,3);        //指定产生 ur1 串口，由 D2 接收、D3 发射
ur1.begin(9600);                //设置传输协议比特率为 9600
ur1.print(x);                   //串口格式输出变量
ur1.write(b);                   //串口输出二进制数据
if (ur1.available() > 0)        //若串口有数据进入
  { c=ur1.read(); }             //读取数据
```

有了 Arduino 这些功能，便可以轻松由额外串口来驱动学习型遥控器，学习或发射内部遥控器的控制信号，程序代码如下：

```
void op(int d)                  //发射内部的某组遥控器控制信号
{
  ur1.print('T');               //输出 'T' 控制码
  led_bl();                     //延迟
  ur1.write('0'+d);             //输出指定的某组数字，需要输出 '0'~'9'
  Serial.write('0'+d);          //输出数字 '0'~'9' 到原先串口，显示出来便于调试
}
void ip(int d)                  //学习内部的某组遥控器控制信号
{
  ur1.print('L');               //输出 'L' 控制码
  led_bl();                     //延迟
  ur1.write('0'+d);             //输出指定的某组数字，需要输出 '0'~'9'
}
```

其中输出数字 '0'~'9' 到外部模块需要调用 ur1.write()函数，由串口输出二进制数据，而不能调用 ur1.print()函数，设计及调试代码如下：

```
url.write('0'+d);          //输出指定的某组数字，需要输出 '0'~'9'
Serial.write('0'+d);       //输出数字 '0'~'9' 到原先串口，显示出来便于调试
```

若没有串口显示输出结果，实验会很难调试。

1. 实验目的

测试 Arduino 驱动学习型遥控器学习/发射遥控器信号。

2. 功能

参考图 14-5 的电路，程序执行后，打开“串口监视器”窗口，指令如下：

- 数字 1：发射第 0 组遥控器信号。
- 数字 2：学习第 0 组遥控器信号。
- 按 k1 键：发射第 0 组遥控器信号。

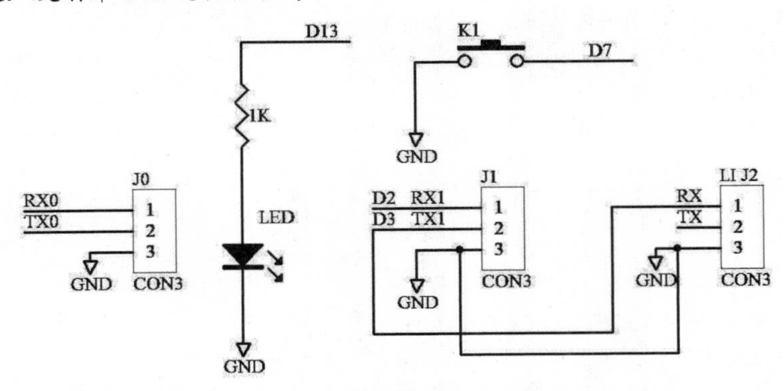

图 14-5　Arduino 驱动学习型遥控器的实验电路图

示例程序 AL1.ino

```
#include <SoftwareSerial.h>          //包含软件串口链接库的头文件
SoftwareSerial url(2,3);             //通过软件设置 url 串口引脚
int led = 13;                        //设置 LED 引脚
int k1 = 7; //设置按键引脚
//-------------------------------------
void setup()    //初始化各种设置
{
  Serial.begin(9600);
  url.begin(9600);
  pinMode(led, OUTPUT);
  pinMode(led, LOW);
  pinMode(k1, INPUT);
  digitalWrite(k1, HIGH);
}
//-----------------------------------
void led_bl() //LED 闪动
{
  int i;
```

```
    for(i=0; i<1; i++)
    {
      digitalWrite(led, HIGH);
      delay(150);
      digitalWrite(led, LOW);
      delay(150);
    }
}
//----------------------------------------
void op(int d) //发射内部的某组遥控器控制信号
{
    ur1.print('T');   led_bl();
    ur1.write('0'+d); led_bl();
}
//----------------------------------------
void ip(int d) //学习内部的某组遥控器控制信号
{
    ur1.print('L'); led_bl();
    ur1.write('0'+d); led_bl();
}
//-------------------------------------
void loop()     //主控循环
{
    char c; led_bl();
    Serial.print("IR uart test : \n");
    Serial.print("1:txIR0    2:Learn:IR0 \n");
    op(0);         //发射内部的第 0 组遥控器控制信号
    while(1)
    {
      if (Serial.available() > 0)   //有串口指令进入
      {
        c=Serial.read();            //读取串口指令
        if(c=='1') { Serial.print("op0\n"); op(0); led_bl();}
        if(c=='2') { Serial.print("ip0\n"); ip(0); led_bl();}
      }
      //扫描是否有按键被按下，若有则把第 0 组控制信号发射出去
      if( digitalRead(k1)==0 ) { op(0); led_bl(); }
    }
}
```

14.3 有人移动发射红外线信号

Arduino 可以控制学习模块，发射遥控器控制信号控制遥控设备，前提是将遥控器的控制信号学习到模块中。之后可以在许多互动应用场合中使用，例如侦测到有人出现时，发射红外线信号，可以控制如下设备：

- 遥控电灯点亮照明。
- 遥控录放机录像。
- 遥控放音。
- 遥控机器人走出来。
- 遥控机器人做出动作。

可在互动应用中经由遥控器控制信号来遥控启动更多设备。

1. 实验目的

Arduino 控制板连接人体传感器模块，有人移动就发射红外线信号。

2. 功能

参考图 14-6 的电路，程序执行后，判断是否有人移动，若有人移动，则 LED 亮起，否则 LED 熄灭。有人移动，就发射红外线信号打开遥控灯具，5 秒后，再次发射红外线信号关闭遥控灯具。这个设计可以应用于连接遥控电灯照明，有人移动则点亮，人走之后则熄灭。

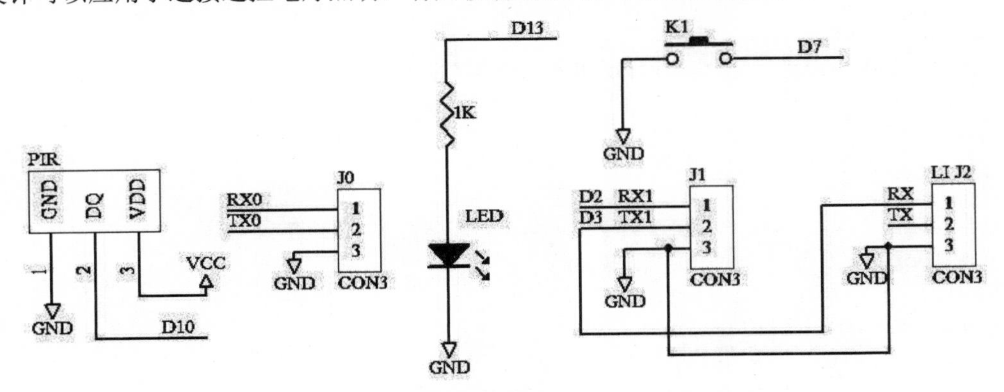

图 14-6　Arduino 人体移动的实验电路图

示例程序 ALP.ino

```
#include <SoftwareSerial.h>          //包含软件串口链接库的头文件
SoftwareSerial ur1(2,3);             //通过软件设置 ur1 串口引脚
int led = 13;          //设置 LED 引脚
int k1 = 7;                 //设置按键引脚
int pir =10;                //设置传感器引脚
//----------------------------------------
void setup()                //初始化各种设置
{
  Serial.begin(9600);
  ur1.begin(9600);
  pinMode(led, OUTPUT);
  pinMode(led, LOW);
  pinMode(k1, INPUT);
  digitalWrite(k1, HIGH);
  pinMode(pir, INPUT);
```

```
    digitalWrite(pir, HIGH);
}
//-----------------------------------
void led_bl()//LED 闪动
{
    int i;
    for(i=0; i<1; i++)
    {
        digitalWrite(led, 0); delay(150);
        digitalWrite(led, 1); delay(150);
    }
}
//--------------------------------------
void op(int d)      //发射内部的某组遥控器控制信号
{
    ur1.print('T');  led_bl();
    ur1.write('0'+d); led_bl();
}
//--------------------------------------
void ip(int d)      //学习内部的某组遥控器控制信号
{
    ur1.print('L'); led_bl();
    ur1.write('0'+d);led_bl();
}
//-----------------------------------
void loop()              //主控循环
{
    char c; led_bl();
    Serial.print("IR uart test : \n");
    Serial.print("1:txIR0    2:Learn:IR0 \n");
    op(0);              //发射内部的第 0 组遥控器控制信号
    while(1)
    {
        if (Serial.available() > 0)   //有串口指令进入
        {
            c=Serial.read();              //读取串口指令
            if(c=='1') { Serial.print("op0\n"); op(0); led_bl();}
            if(c=='2') { Serial.print("ip0\n"); ip(0); led_bl();}
        }
        //扫描是否有按键被按下，若有则把第 0 组控制信号发射出去
        if( digitalRead(k1)==0 ) { op(0); led_bl(); }
        //扫描是否有人靠近，若有则把第 0 组控制信号发射出去
        if( digitalRead(pir)==1)
        {
            digitalWrite(led, HIGH);    //LED 灯亮
            op(0);
            led_bl();        //发射第 0 组控制信号
            delay(5000);     //延迟 5 秒
```

```
        op(0);
        led_bl();        //发射第 0 组控制信号
      }
      else digitalWrite(led, LOW);  //LED 灯灭
    }
}
```

14.4　Arduino 控制史宾机器人实验

史宾机器人（RoboSapien）参考图 14-7，是 Wow Wee 玩具公司 2004 年推出的玩具机器人，也是笔者实验室最早购入的一批实验用玩具机器人，几年下来证明它的确是一个好玩、值得收藏，却不贵的宠物机器人。中国也开发出了功能几乎相近、外形一模一样的机器人，称为罗本艾特机器人（Roboactor），价位更便宜一些。

实验前，让学习型遥控器模块学习玩具遥控器的控制信号，顺序如下：

- 前进。
- 后退。
- 左转。
- 右转。
- 跳舞。

图 14-7　史宾机器人与遥控器

然后测试一下，从学习型遥控器模块上发射对应的控制信号，看看玩具是否随之动作。

1. 实验目的

Arduino 控制红外线学习模块，遥控史宾机器人的动作。

2. 功能

参考图 14-8 的电路，程序执行后，由 5 个控制键来遥控史宾机器人，动作如下：

- k1 键：前进。
- k2 键：后退。
- k3 键：左转。
- k4 键：右转。
- k5 键：跳舞。

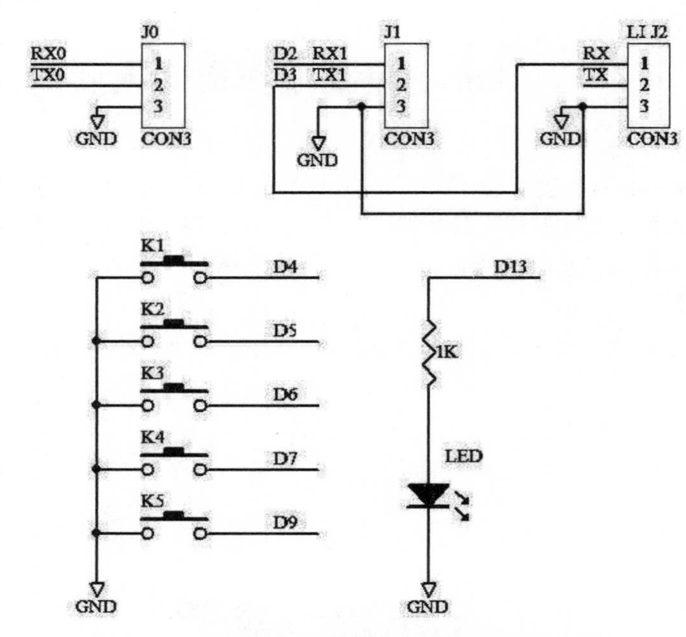

图 14-8 Arduino 控制红外线学习模块的实验电路图

示例程序 ALK5.ino

```
#include <SoftwareSerial.h>     //包含软件串口链接库的头文件
SoftwareSerial url(2,3);        //通过软件设置 url 串口引脚
int led = 13;                   //设置 LED 引脚
int k1 = 4;                     //设置按键 k1 引脚
int k2 = 5;                     //设置按键 k2 引脚
int k3 = 6;                     //设置按键 k3 引脚
int k4 = 7;                     //设置按键 k4 引脚
int k5 = 9;                     //设置按键 k5 引脚
//------------------------------------
void setup() {
  //初始化各种设置
  Serial.begin(9600); url.begin(9600);
  pinMode(led, OUTPUT); pinMode(led, LOW);
  pinMode(k1, INPUT); digitalWrite(k1, HIGH);
  pinMode(k2, INPUT); digitalWrite(k2, HIGH);
  pinMode(k3, INPUT); digitalWrite(k3, HIGH);
  pinMode(k4, INPUT); digitalWrite(k4, HIGH);
  pinMode(k5, INPUT); digitalWrite(k5, HIGH);
}
```

```
//-----------------------------------
void led_bl()       //LED 闪动
{
  int i;
  for(i=0; i<1; i++)
  {
    digitalWrite(led, HIGH); delay(150);
    digitalWrite(led, LOW); delay(150);
  }
}
//---------------------------------------
void op(int d) //发射内部的某组遥控器控制信号
{
  ur1.print('T');  led_bl();
  ur1.write('0'+d); led_bl(); Serial.write('0'+d);
}
//---------------------------------------
void ip(int d)      //学习内部的某组遥控器控制信号
{
  ur1.print('L'); led_bl();
  ur1.write('0'+d); led_bl();
}
//---------------------------------------
void loop()                    //主控循环
{
  char c; led_bl();
  Serial.print("IR uart test : \n");
  Serial.print("1:txIR0    2:Learn:IR0 \n");
  op(0);                       //发射内部的第 0 组遥控器控制信号
  while(1)
  {
    if (Serial.available() > 0)        //有串口指令进入
    {
      c=Serial.read();         //读取串口指令
      if(c=='1')
      {
        Serial.print("op0\n");
        op(0); led_bl();}
        if(c=='2') { Serial.print("ip0\n"); ip(0); led_bl();}
      }
      //扫描是否有按键被按下，若有则把第 0~4 组控制信号发射出去
      if( digitalRead(k1)==0 ) { op(0); led_bl(); }
      if( digitalRead(k2)==0 ) { op(1); led_bl(); }
      if( digitalRead(k3)==0 ) { op(2); led_bl(); }
      if( digitalRead(k4)==0 ) { op(3); led_bl(); }
      if( digitalRead(k5)==0 ) { op(4); led_bl(); }
  }
}
```

14.5 Arduino 控制发射飞镖玩具机器人实验

笔者实验室最早购入的一批实验用玩具机器人中有一个发射飞镖玩具机器人，如图 14-9 所示，价位不贵，可以通过遥控器遥控来射出飞镖，相当有趣。本节将分享由 Arduino 控制发射飞镖玩具机器人的实验，读者也可以将自己心爱的红外线遥控车、玩具机器人、电子宠物与学习型遥控器模块结合，经由 Arduino 来做实验，进而设计出不一样的“作品”。

图 14-9　发射飞镖玩具机器人与遥控器

实验前，让学习型遥控器模块学习玩具遥控器的控制信号，顺序如下：

- 前进。
- 后退。
- 左转。
- 右转。
- 射飞镖。

测试一下，从学习型遥控器模块上发射对应的信号，看看玩具是否做出动作。实验程序可以使用前面的 ALK5.ino 程序。

1. 实验目的

Arduino 控制红外线学习模块来遥控射飞镖机器人的动作。

2. 功能

参考图 14-8 的电路图，程序执行后，由 5 个控制键遥控机器人，动作如下：

- k1键：前进。
- k2键：后退。
- k3键：左转。
- k4键：右转。
- k5键：发射飞镖。

14.6　Arduino 控制遥控风扇实验

早期研究学习型红外线遥控器的应用时，除了用遥控玩具机器人进行实验外，家中的遥控风扇也是常用的测试设备。如图 14-10 所示是三洋早期的两种款式的遥控风扇，这两种款式的遥控器信号是相互兼容的。本节分享由 Arduino 控制遥控风扇。读者也可以将自己家中的红外线家电（如扫地机器人）与学习型遥控器模块相结合，经由 Arduino 来做实验，进而设计出不一样的“作品”。

图 14-10　遥控风扇与遥控器

实验前，先将电风扇对应的动作学习到红外线学习板（学习型遥控器模块）上，顺序如下：

- 开关。
- 风量。
- 定时。
- 自然风。
- 摆头。

测试一下，从学习型遥控器模块上发射对应的控制信号，看看风扇是否动作。实验程序可以使用前面的 ALK5.ino 程序。

1. 实验目的

Arduino 控制板连接红外线学习模块，遥控风扇的动作。

2. 功能

参考图 14-8 的电路图，程序执行后，由 5 个控制键遥控风扇，动作如下：

- k1键：开关。
- k2键：风量。
- k3键：定时。

- k4键：自然风。
- k5键：摆头。

14.7 习 题

1. 试说明学习型遥控器模块的工作原理。
2. 试说明计算机发射信号控制具有遥控器的家电的方法。
3. 试说明 Arduino 控制具有红外线遥控的家电，原家电系统完全不必改装的方法。

第15章

Arduino 不限定语言声控设计

在某些应用场合，特定人语音识别声控技术有其应用的便利性，可以直接通过录音训练实时更改识别命令，且不限定语言的声控，普通话、英语等都可以，但是只限个人使用。本章将介绍使用 Arduino 如何进行不限定语言的声控识别实验，录什么音就识别什么音，并用于 LED 亮灯的控制。

15.1 基本声控技术介绍

声控系统就是用声音来控制或操作计算机以完成某些特定的工作，如此一来可以取代部分按键执行命令的操作，也就是说计算机可以听懂人们的声音，获得声音命令后来完成特定的工作。语音识别声控系统应用的范围相当广，随着许多关键技术的突破，市面上出现了许多方便使用的声控应用产品，如中文语音输入系统、手机声控语音拨号、声控汽车音响等。另外，谷歌（Google）声控输入和声控查询使得普通用户也可以享受科技带来的便利。

声控系统以声音来控制计算机，但是计算机事先并不“懂”人们说话的语音内容及含义，因此需要先让计算机熟悉人们说话的语音及腔调，基本的方式是通过录音建立语音数据库，以便将来用于声控识别时作为对比的参照基准。图 15-1 为声控系统的基本架构，整个处理过程分为以下两个阶段：

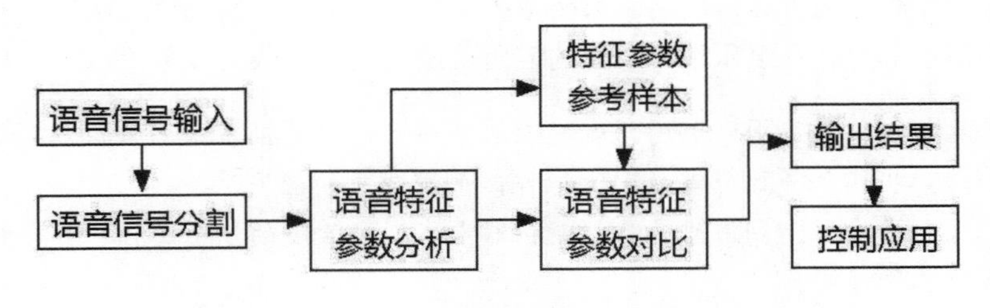

图 15-1　声控系统的基本架构

（1）语音训练阶段：产生语音参考样本

此阶段输入已知特定语音进行录音训练，首先是语音信号的输入，说话者以麦克风将声音输入系统中，系统将静音或杂音去除，这个过程被称为语音信号的分割，就是从录音中把有意义的语音提取出来，接着进行语音特色的分析，这个过程被称为语音特征参数分析，并将分析结果存为参考样本，用于之后的识别对比过程。

（2）语音识别阶段：将识别的结果用于具体应用

此阶段输入的是未知语音，同样经过语音信号的分割、特征参数的分析，随后与训练时得到的参考样本进行对比，以误差最小的一组作为识别的输出结果，最终用于后续的应用。

声控计算机按系统所能识别的词组的多寡，可以分类为以下 3 种：

- 特定词汇：几个字、词或词组。
- 少量词汇：数十个字、词或词组。
- 大量词汇：涵盖所有的字、词或词组，对中文语音识别而言，便是所有中文的字、词。

声控计算机的分类，按用户是否需要事先训练分为 3 种：

- 特定人语音识别：识别系统只能识别某一特定用户的声音，用户在第一次使用此系统时，需将所有要识别的字词念一到二遍作为语音参考样本。此过程被称为语音训练，手机声控拨号便是特定人语音识别技术的应用。使用手机的主人先输入人名，等下次识别时，只需说出人名，便可以识别人名，出现对应的电话号码并拨出电话。过去市面上的产品多是对这一技术的应用。谁训练过，识别时就会很准确，如果训练时是男性的语音，其他的男性来使用，只要腔调及音频不要差异太大，有时仍然可以识别出来。如果训练时是女性的语音，男性来使用，那么基本无法识别。
- 适度调整方式：用户只要曾经针对识别系统训练过，此系统便可以识别出用户的声音，是一种比较有弹性的做法，用户不需要念完所有的字词，只需要念过一部分，系统便会自动对语音参考样本进行调整。
- 非特定人语音识别：任何用户不需要事先针对识别系统进行训练，就可以直接使用声控系统，此时系统数据库中已经包含不同性别、年龄的语音，这种声控系统是一种“完美”实用的系统。但这也是最困难的语音识别技术，过去经过各大厂商的研发已成为成熟的技术，常见的是谷歌的声控输入及声控查询，结合云计算机技术，中文或英文版本都非常稳定。

用户可以对着计算机或其他设备很自然地说话，以语音控制或操作计算机，在手不方便操作计算机键盘或设备的控制面板时非常实用。只要事先了解一下语音识别的使用限制及其操作方式，便可以为我们的操作带来便利甚至乐趣。声控的应用范围很广，一般可以分为以下几种：

- 计算机人机接口的应用：利用语音控制屏幕显示，如简报系统、多媒体展示，或利用语音来下达计算机指令并配合键盘同时操作，如游戏中的应用。
- 自动化控制的应用：利用语音来控制机器人在高危险度的场所工作，如各种机械操作、声控仪表操作等。
- 娱乐消费性产品应用：家电控制（如电视机、音响、电灯或语音自动拨号设备）、汽车声控设备、儿童声控玩具等。

- 文字处理器的应用：利用语音来输入文字，如听写机或声控文字处理器。
- 门禁管理的应用：利用语音识别技术来设计门禁管理系统。
- 人机对话的应用：如LINE通话软件及相关应用。
- 移动设备结合云计算的应用：如智能手机的声控查询及相关应用。

本书介绍两套解决方案用于声控实验：

- VI中文声控模块。
- VCMM声控模块。

其特色是简单易用，不需要使用云计算技术。VI 中文声控模块属于非特定人、中文特定字词识别系统，系统数据库中已经包含不同性别、年龄的中文语音，特定字词的定义可以在控制程序中定义或更新。用户不需要训练，只要说普通话就可以使用，具体内容可以参考第 16 章的说明。

对于特定人语音识别的特定字词声控应用技术，因为需要经由录音来建立语音特征数据库，用户要先录音才能使用，有其不方便之处，但是在许多应用上却有它的优势，例如可以在线直接录音修改关键词，方便实验测试。本书就是使用 VCMM 来做与人无关的声控应用相关实验的，请参考下一节的说明。

15.2　声控模块介绍

VCMM 参考图 15-2，采用特定人语音识别声控技术来做应用实验，可以直接录音修改关键词，特点如下：

- 系统由8051微控制器及声控芯片RSC-300（TQFP 64 PIN封装）组成。
- 8051微控制器使用4条I/O线来控制声控芯片。
- 本系统适合特定人的单音、字、词语音识别。
- 不限定说话者的语言，中文普通话、中文方言、英语皆可。
- 可做特殊声音的侦测实验。
- 具有自动语音输入侦测的功能。
- 特定人语音识别率可达95%以上，响应时间小于1秒。
- 系统参数和语音参考样本一旦输入后即可长久保存。
- 系统采用模块化设计，扩充性好，可适合不同的硬件平台。
- 在线训练输入的语音，可以压缩成语音数据，而后由系统说出来，当作识别结果予以确认。
- 系统包含英文的语音提示语作为语音操作的引导。
- 系统可以扩充到支持60组字词的语音识别。
- 内建4个按键开关及串行通信接口。

图 15-2 VCMM 声控模块

在过去智能手机及声控技术还没有发展成熟时，最大的声控市场是声控玩具和手机语音拨号。全世界各玩具大厂都是用RSC-300系列芯片来做设计的，它是一个相当成功且应用普遍的声控芯片，因此我们在实验中也用它来做设计，开发出 VCMM 声控模块，再花时间验证它的稳定性。该模块除了用来做声控玩具以外，它还有内建的声控拨号功能。

除了测试实验外，后来还增加了客户端的特殊应用实验，以及一些教材应用案例的开发，可以开发出各种各样的应用，通过 C 语言程序很容易把这些设计嵌入各种系统中作为声控应用。也有人拿可编程逻辑控制器（Programmable Logic Controller，PLC）方式的设计来做实验，只要连接到串口，便可以跨平台应用，使其应用得更为广泛。VCMM 声控模块的优点如下：

- 支持非特定人语音声控，还可以应用于特殊声音的侦测。
- 只要能录音，各种语音都可以用于实验，先录音，后识别。
- 一旦可以声控，便可以编写Arduino程序来控制。
- 特殊声音的识别，如“哔哔哔”声音的侦测，开水烧开“嘶嘶嘶”声音的侦测。

其实最为方便是不需要编写程序，可以直接、快速地用于声控实验验证。

15.3 Arduino 控制声控模块

VCMM 系统含 8051 微控制器及 Arduino 串行控制应用的示例程序，支持串口控制指令，用户可以经由 RS232 接口/TTL 串口直接下达指令控制编码来进行实验，因此适用于不同的硬件平台。串行通信传输协议的定义如下：

- 比特率为9600bps。
- 8个数据位。
- 没有奇偶校验位。
- 1个停止位。

外部指令的控制编码如下：

- 控制码 'l'：语音聆听，操作与按下板上的S1键相同，聆听当前语音命令的内容。

- 控制码 'r': 语音识别，操作与按下板上的S2键相同，启动声控。
- 控制码 'R': 静音进行语音识别，启动声控时没有提示语。

当外部设备送出语音识别指令控制编码 'r'，等待约 1 秒后，VCMM 送出如下控制码表示识别结果：

- x: 识别无效，可能是没有侦测到语音，定时时间到了之后回复识别无效。
- @ab: ab为所识别的语音样本编号的编码，实际识别结果编号为no。
    - no=10*a+b。
    - no有效值为0 ~59。

外部设备经由串口与 VCMM 声控板串口连接，进行双向连接互动控制实验。实验电路图可参考图 15-3，Arduino 控制板可经由串口下载程序和进行调试，通过额外串口 J2 与 VCMM 声控板串口 J8 连接。程序执行后，打开“串口监视器”窗口可以查看执行结果，如图 15-4 所示，出现计算机按键的功能提示：

- 数字1: 聆听声控命令。
- 数字2: 执行声控。

聆听声控命令，知道系统当前数据库的内容是什么。执行声控后，系统分别回复：

- /01: 表示识别编号为1的语音并说出内容。
- /00: 表示识别编号为0的语音并说出内容。
- x: 识别无效。

因此，通过“串口监视器”窗口可以监控 Arduino 控制板与声控板互动的情况。按键也可以启动，操作如下：

- k1键: 聆听声控命令。
- k2键: 执行声控。

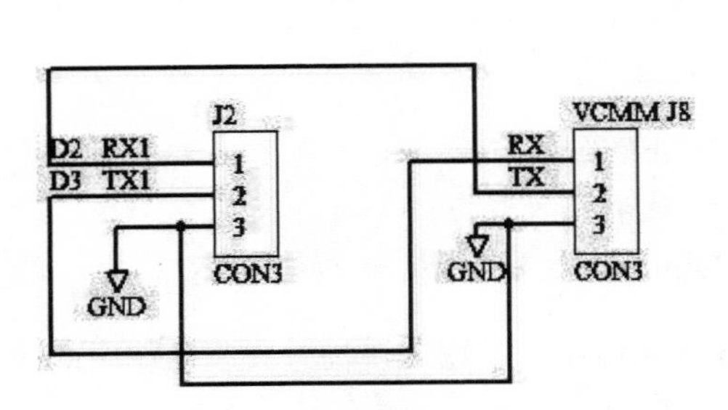

图 15-3　串口应用电路图

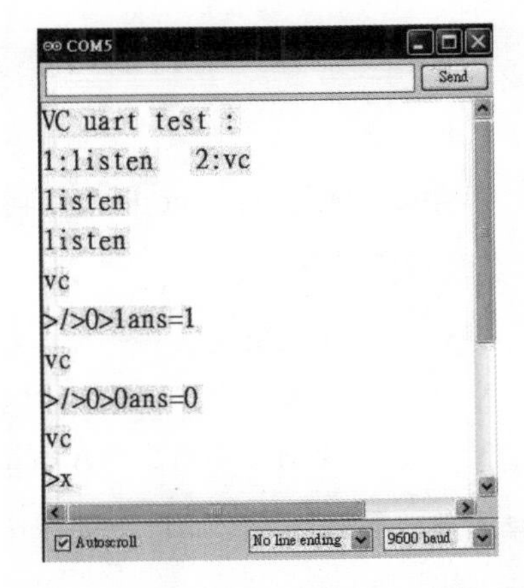

图 15-4　通过“串口监视器”窗口进行声控过程的监控

相关程序代码如下：

```
#include <SoftwareSerial.h>          //包含软件串口链接库的头文件
SoftwareSerial url(2,3);             //通过软件设置 url 串口引脚
void listen()        //语音聆听
{
   url.print('l');   //输出 'l' 控制码
}
char rx_char()       //接收识别的结果
{
   char c;
   while(1)          //循环
   if (url.available() > 0)     //有串口指令进入
   {
      c=url.read();             //读取串口指令
      Serial.print('>');        //输出调试提示符
      Serial.print(c);          //输出调试指令
      return c;                 //返回串口指令
   }
}
void vc()            //语音识别
{
   byte c,c1;
   url.print('r');   //输出 'r' 控制码
   delay(500);       //延迟 0.5 秒
   c=rx_char();      //接收数据
   if(c!='@') { led_bl(); return; }//若不是符号'@'，则返回
   c= rx_char()-0x30;   //接收识别的结果数据 1
   c1=rx_char()-0x30;   //接收识别的结果数据 2
   ans=c*10+c1;         //计算识别结果
   Serial.print("ans="); Serial.println(ans); //由串口输出识别结果
   vc_act();            //根据识别结果执行声控应用
}
```

15.4 Arduino 声控亮灯

上一节介绍了通过 Arduino 板来控制 VCMM，本节将它与 LED 结合来实现亮灯的控制应用。

1. 实验目的

- 把VCMM用作声控主机，说出命令，控制LED亮灯。
- VCMM通过串口与Arduino板连接，用于传送和接收数据。
- VCMM把识别结果输出到Arduino板，Arduino板再点亮LED灯。

这是模块化的设计，因而可移植到其他 Arduino 系统中，实现以声控方式驱动相应的应用。

2. 功能

结合 LED 实现控制亮灯的应用，通过声控点亮 4 组 LED 灯，为了避免占用过多的硬件资源，

使用串行方式控制 LED 灯串，因为控制信号可以串接，所以只需一个控制引脚送出驱动信号。这个设计可以根据需要用于更多的 LED 应用场合。图 15-5 为串行控制 LED 灯串（含有 8 个 LED），模块中使用 WS2812 芯片用于信号控制并下传信号，4 个引脚说明如下：

- VDC：LED的5V电源引脚。
- GND：接地。
- DIN：控制信号输入。
- DOUT：控制信号输出。

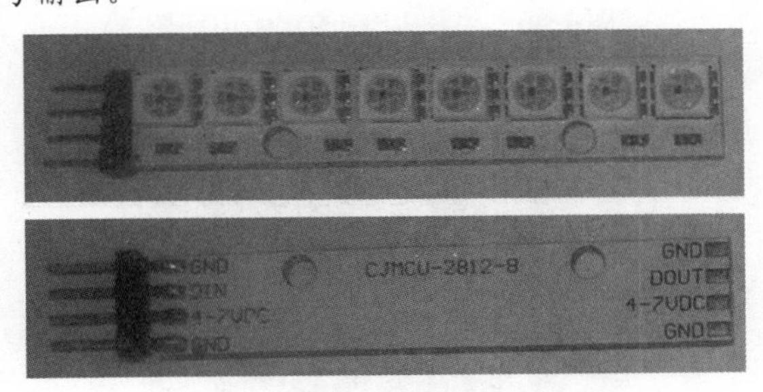

图 15-5　串行控制 LED 灯串

图 15-6 是声控 LED 专题设计的实验电路图，不包含 Arduino 板的基本动作电路图，使用如下零部件：

- VCMM：执行声控。
- 按键：测试功能。
- 串口连接：Arduino与VCMM声控模块相连接。
- 串行控制LED灯串：响应声控操作。

当 VCMM 听到有人说出“一盏灯”关键词时，会把信号传到 Arduino 来驱动点亮一个 LED。下面先对 VCMM 进行录音，内容如下：

- 第1段语音：“一盏灯”。
- 第2段语音：“两盏灯”。
- 第3段语音：“三盏灯”。
- 第4段语音：“开灯”。
- 第5段语音：“关灯”。

再对 VCMM 输入语音进行测试，把识别结果传入 Arduino 中，Arduino 会执行相应的操作：

- 说出“一盏灯”：点亮1个LED。
- 说出“两盏灯”：点亮2个LED。
- 说出“三盏灯”：点亮3个LED。
- 说出“亮灯”：点亮4个LED。
- 说出“关灯”：关闭所有LED。

图 15-7 为 Arduino 声控 LED 实验的实物照片。

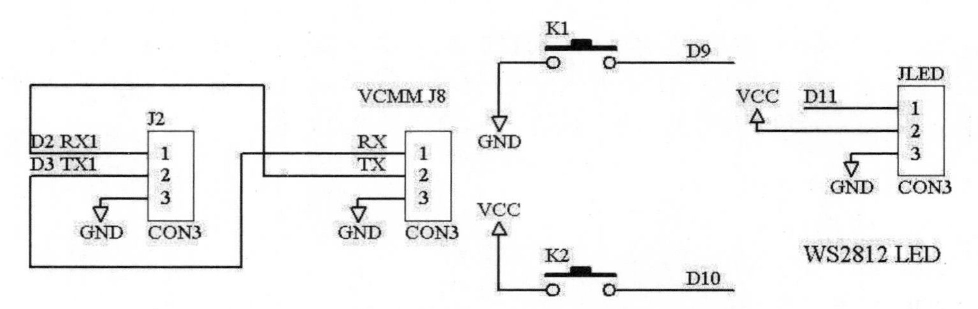

图 15-6　声控 LED 的实验电路图

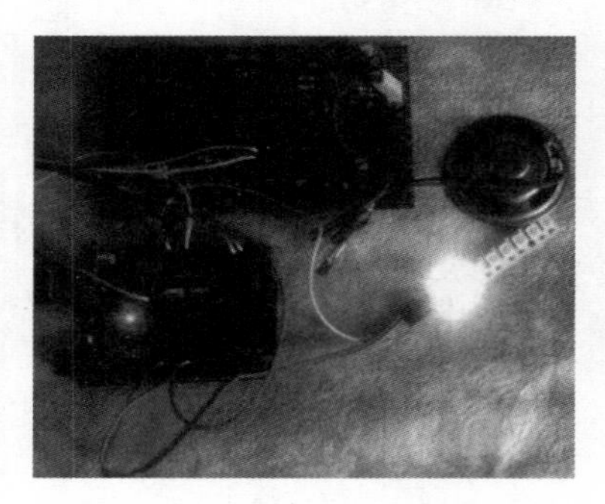

图 15-7　声控 LED 实验

程序 mvc_aled.ino

```
#include <SoftwareSerial.h>      //包含软件串口链接库的头文件
SoftwareSerial url(2,3);         //通过软件设置 url 串口引脚
#include <WS2812.h>              //包含 LED 驱动程序的头文件
#define no 8                     //定义 LED 引脚总数
WS2812 LED(no);                  //驱动程序原型声明
cRGB value;                      //驱动程序参数声明
int aled=11;                     //设置亮灯 LED 引脚
int led = 13;                    //设置 LED 引脚
int k1 = 9;                      //设置按键 k1 引脚
int k2 = 10;                     //设置按键 k2 引脚
int ans;                         //存储识别结果的变量
//-------------------------------------
void setup()                     //初始化各种设置
{
  Serial.begin(9600);
  url.begin(9600);
  pinMode(led, OUTPUT);
  pinMode(led, LOW);
  pinMode(k1, INPUT);
  digitalWrite(k1, HIGH);
  pinMode(k2, INPUT);
  digitalWrite(k2, LOW);
  LED.setOutput(aled);
  set_all_off();
```

```
  test_led();
}
//-----------------------------------
void led_bl()        //LED 闪动
{
  int i;
  for(i=0; i<1; i++)
  {
    digitalWrite(led, HIGH); delay(150);
    digitalWrite(led, LOW); delay(150);
  }
}
//-----------------------------------------------------
void listen()        //语音聆听
{
  ur1.print('l');
}
//--------------------------------
char rx_char()       //接收识别的结果
{
  char c; while(1)
  if (ur1.available() > 0)
  {
    c=ur1.read();
    Serial.print('>');
    Serial.print(c);
    return c;
  }
}
//---------------------------------------
void vc()            //语音识别
{
  byte c,c1;
  ur1.print('r'); delay(500); c=rx_char();
  if(c!='@') { led_bl(); return; }
  c= rx_char()-0x30; c1=rx_char()-0x30; ans=c*10+c1;
  Serial.print("ans="); Serial.println(ans);
  vc_act();
}
//----------------------------------------
void test_led()      //测试 LED 亮灯情况
{
  c1(); delay(500);set_all_off();
  c2(); delay(500);set_all_off();
  c3(); delay(500);set_all_off();
  c4(); delay(500);set_all_off();
  ledx_red(0);delay(500); set_all_off();
  ledx_red(1);delay(500); set_all_off();
```

```
    ledx_red(2);delay(500); set_all_off();
}
//------------------------------------------
void set_all_off()      //LED 全灭
{
    int i;
    for(i=0; i<no; i++)
    {
        value.r=0; value.g=0; value.b=0;
        LED.set_crgb_at(i, value);
        LED.sync(); delay(1);
    }
}
//-----------------------------------------------
void set_color_red()        //把 LED 设置为红色
{
    value.r=255; value.g=0; value.b=0;
}
//-----------------------------------------------
void set_color_yel()        //把 LED 设置为黄色
{
    value.r=255; value.g=255; value.b=0;
}
//-----------------------------------------------
void set_color_green()      //把 LED 设置为绿色
{
    value.r=0; value.g=255; value.b=0;
}
//------------------------------------------------
void set_color_white()      //把 LED 设置为亮白光
{
    value.r=255; value.g=255; value.b=255;
}
//---------------------------
void ledx(char d)           //把某个 LED 设置为亮白光
{
    set_color_white();
    LED.set_crgb_at(d, value);
    LED.sync();
    c3(); delay(500);set_all_off();
    c4(); delay(500);set_all_off();
    ledx_red(0);delay(500); set_all_off();
    ledx_red(1);delay(500); set_all_off();
    ledx_red(2);delay(500); set_all_off();
}
//------------------------------------------
void set_all_off()          //LED 全灭
{
```

```
    int i;
    for(i=0; i<no; i++)
    {
      value.r=0; value.g=0; value.b=0;
      LED.set_crgb_at(i, value); LED.sync(); delay(1);
    }
}
//-----------------------------------------------
void set_color_red()        //把 LED 设置为红色
{
  value.r=255; value.g=0; value.b=0;
}
//-----------------------------------------------
void set_color_yel()        //把 LED 设置为黄色
{
  value.r=255; value.g=255; value.b=0;
}
//-----------------------------------------------
void set_color_green()      //把 LED 设置为绿色
{
  value.r=0; value.g=255; value.b=0;
}
//-----------------------------------------------
void set_color_white()      //把 LED 设置为亮白光
{
  value.r=255; value.g=255; value.b=255;
}
//---------------------------
void ledx(char d)           //把某个 LED 设置为亮白光
{
  set_color_white();
  LED.set_crgb_at(d, value);
  LED.sync();
}
//---------------------------
void c1()                   //点亮 1 个 LED
{
  set_color_white();
  LED.set_crgb_at(0, value);
  LED.sync();
}
//--------------------------------
void c2()                   //点亮 2 个 LED
{
  set_color_white();
  LED.set_crgb_at(0, value);
  LED.set_crgb_at(1, value);
  LED.sync();
```

```
}
//----------------------------
void c3()                        //点亮 3 个 LED
{
  set_color_white();
  LED.set_crgb_at(0, value);
  LED.set_crgb_at(1, value);
  LED.set_crgb_at(2, value);
  LED.sync();
}
//------------------------------
void c4()                        //点亮 4 个 LED
{
  set_color_white();
  LED.set_crgb_at(0, value);
  LED.set_crgb_at(1, value);
  LED.set_crgb_at(2, value);
  LED.set_crgb_at(3, value);
  LED.sync();
}
//------------------------------
void off()                       //LED 全部关闭
{
  set_all_off();
}
//---------------------------------------
void vc_act()                    //根据识别结果执行声控应用
{
  if(ans==0) c1();
  if(ans==1) c2();
  if(ans==2) c3();
  if(ans==3) c4();
  if(ans==4) set_all_off();
}
//-------------------------------
void loop()                      //主控循环
{
  char c; led_bl();
  Serial.print("VC uart test : \n");
  Serial.print("1:listen   2:vc \n");
  //listen();  //聆听内容
  while(1)     //循环
  {
    if (Serial.available() > 0)          //有串口指令进入
    {
      c=Serial.read();                   //读取串口指令
      if(c=='1') { Serial.print("listen\n");
      listen(); led_bl();}               //聆听内容
```

```
        if(c=='2') { Serial.print("vc\n"); vc();
        led_bl(); }                       //启动声控
      }
      //扫描是否有按键被按下
      if( digitalRead(k1)==0 ) { led_bl(); listen();}  //按下 k1 按键聆听内容
      if( digitalRead(k2)==1 ) { led_bl(); vc(); } //按下 k2 按键启动声控
   }
}
```

15.5 习　题

1. 什么是特定人语音识别系统？
2. 什么是非特定人语音识别系统？
3. 什么是语音训练阶段和语音识别阶段？
4. 列举声控应用的 4 个实例。

第 16 章

Arduino 控制中文声控模块

本章将介绍Arduino控制中文声控模块，只需编写数行程序，便可轻松建立Arduino声控应用平台，开始进行声控应用的实验。更酷的是，中文声控模块可以串接学习型红外线遥控设备，通过声控来启动想要控制的设备。中文声控模块本身便可以独立操作，若结合 Arduino 控制，则应用范围更广。

16.1　中文声控模块介绍

现在许多移动设备都内建了声控功能，声控在未来的应用会更广，声控可以说是传统电子设备和非电子设备进行创新应用的关键集成技术。因此，有了 VI 中文声控这类模块（见图 16-1），就可以快速开发出各种多元化、有创意的应用。

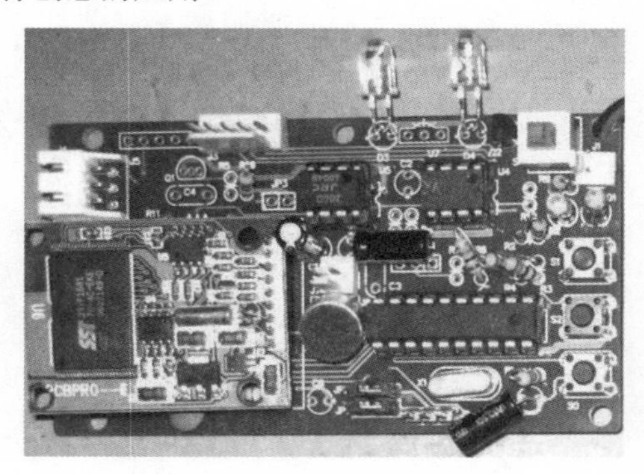

图 16-1　VI 中文声控模块

使用前不必进行录音训练，在设计中采用非特定人语音识别技术，只要讲普通话即可符合非特定人语音声控技术规格的要求：

- 非特定人语音：使用前不需要先针对识别系统进行录音训练，所有说普通话的用户都可以使用。
- 特定词汇：系统可以识别60组中文词语或30组中文语句，中文单句音长最多为6个中文单字。

- 含语音合成功能：可以说出声控命令提示语，方便声控及验证声控的结果。
- 支持4种声控模式：
  - 按键触发，直接说出声控命令。
  - 连续声控，直接说出声控命令，不必按键启动。
  - 前导语触发连续声控，先说前导语，再说声控命令，实现连续声控。
  - 串行通信指令。
- 内建声控移动平台的声控命令：停止、前进、后退、左转、右转、演示，可以通过计算机直接输入中文来修改声控命令，再上传到Arduino控制板去做各种声控命令实验。
- 利用本套系统可以自行设计独立的操作型、非特定人语音中文声控系统。
- 支持程序下载功能，还支持声控SDK 8051程序开发工具。
- 非特定人语音识别率在安静环境下可达90%以上，响应时间为1s。
- 系统参数一旦输入，数据就可以长久保存。
- 系统采用模块化设计，扩充性好，适用于不同的硬件平台。
- 声控命令可由系统说出来以确认识别的结果。
- 需外加+5V电源或电池来供电。
- 内建串行通信接口。

16.2 遥控设备免改装变为声控设备的实验

3 年前，笔者所在实验室执行了一个“声控我的家”计划，将家中一些有遥控器的设备免改装变为声控设备。这是笔者所在实验室一直想做的一个产品设计，就是声控红外线遥控器。这个产品看似简单，却要集成很多接口技术，用心的读者一定想到了 L51 学习型遥控器的功能，只要加上中文声控模块 VI，在 VI 的设计中增加红外线发射电路，便可以将家中具有遥控功能的设备免改装变为声控设备。

新版 VI 支持应用程序下载功能，还支持声控 SDK 8051 程序开发工具，因此家中遥控设备免改装变为声控设备的实验可以采用以下两种方法：

（1）下载特定应用程序到 VI

下载特定应用程序到 VI，这种方法适合为 8051 微控制器设计 C 语言程序的读者使用。

例 1：某品牌电视机免改装变为声控电视机，到网站下载 VI_TV_DA.HEX 并下载到 VI 声控板中，声控后发射电视机控制信号。声控命令和红外线信号都通过程序来控制。

例 2：史宾机器人免改装变为声控机器人，到网站下载 VI_TOY_SP.HEX 并下载到 VI 声控板中，声控后发射史宾机器人控制信号。声控命令和红外线信号都通过程序来控制。

（2）用 L51 学习型遥控器学习设备遥控器的控制信号

实验前，先用 L51 学习型遥控器学习要声控的设备的遥控器信号。使用标准 VI 中文声控模块进行声控后，发射信号给 L51，再由 L51 发射控制信号来控制设备，这种方法适合一般用户，即适合不懂程序设计的读者使用。

例如，史宾机器人免改装变为声控机器人，声控后发射信号驱动 L51 学习型遥控器，L51 再发射控制信号给史宾机器人，因此在使用前 L51 先要学习史宾机器人的遥控器的控制信号。声控命令直接由应用程序下载到 VI 声控板中。

例如说出“前进”，史宾机器人前进，具体动作如下：

- VI声控后识别出编号为1的命令，即“前进”，发射控制命令1给L51。
- L51收到控制命令1，则发射出原先学习到的编号为1的遥控器信号，也就是史宾机器人“前进”的控制信号。

实验室开发的遥控器设备免改装变为声控设备的具体实验步骤如下：

- L51需先加载学习型遥控器功能，如L10V1.HEX。
- 定义遥控器的按键功能，定义0~9的遥控功能，如1是“前进”动作。
- 学习遥控器的按键功能，逐一学习遥控器按键0~9的遥控功能的控制码。
- 测试遥控器的按键功能，看看功能是否正常。
- 定义声控指令，按顺序定义遥控器按键0~9的遥控功能所要启动的声控指令，例如1是“前进”动作。
- 编辑中文声控指令，以文字编辑器编辑中文声控指令的文本文件。
- 下载到VI中文声控板中，开始声控测试。

买来 VI 之后即可直接用于声控实验，也可以直接用于遥控器实验，二者都支持程序下载功能，也都支持 SDK 8051 程序开发工具，加上串口指令，就可以轻松实现声控功能扩充的各种应用。本章的实验通过串口指令来做声控实验。

16.3 Arduino 控制中文声控模块

中文声控模块支持串口控制指令，用户可以通过 RS232 接口/TTL 串口直接下达指令控制编码来进行实验，因此本实验适用于不同的硬件平台。串行通信传输协议也采用（9600,8,N,1）的定义，比特率为 9600，8 个数据位，没有奇偶校验位，1 个停止位。

外部指令控制编码如下：

- 控制码 'l'：语音聆听，操作与按下板上的S1键相同，聆听当前语音命令的内容。
- 控制码 'r'：语音识别，操作与按下板上的S2键相同，启动声控。

Arduino 板可经由串口进行调试和测试，通过额外的串口与声控板的串口连接，进行发射与接收互动控制的实验。相关程序代码如下：

```
void listen()        //语音聆听
{
  url.print('l');  //输出 'l' 控制码
}
//--------------------------------
```

```
char rx_char()                        //接收识别的结果
{
   char c;
   while(1)                           //循环
   if (ur1.available() > 0)           //有串口指令进入
   {
      c=ur1.read();                   //读取串口指令
      Serial.print('>');              //输出调试提示符
      Serial.print(c);                //输出调试指令
      return c;                       //返回串口指令
   }
}
//------------------------------------
void vc()                             //语音识别
{
   byte c,c1;
   ur1.print('r');                    //输出 'r' 控制码
   delay(500);                        //延迟 0.5 秒
   c=rx_char();                       //接收数据
   if(c!='/') { led_bl(); return; } //若不是符号'/'，则返回
   c= rx_char()-0x30;                 //接收识别的结果数据 1
   c1=rx_char()-0x30;                 //接收识别的结果数据 2
   ans=c*10+c1;                       //计算识别结果
   Serial.print("ans=");
   Serial.println(ans);               //从串口输出识别结果
   vc_act();                          //根据识别结果执行声控应用
}
```

1. 实验目的

Arduino 控制板连接声控模块，测试声控是否起作用。

2. 功能

实验电路图可参考图 16-2，Arduino 板通过串口 J0 下载程序和进行调试，经由额外串口 J1 与声控板串口 J2 连接，程序执行后，打开“串口监视器”窗口，如图 16-3 所示，显示出计算机按键功能的提示。

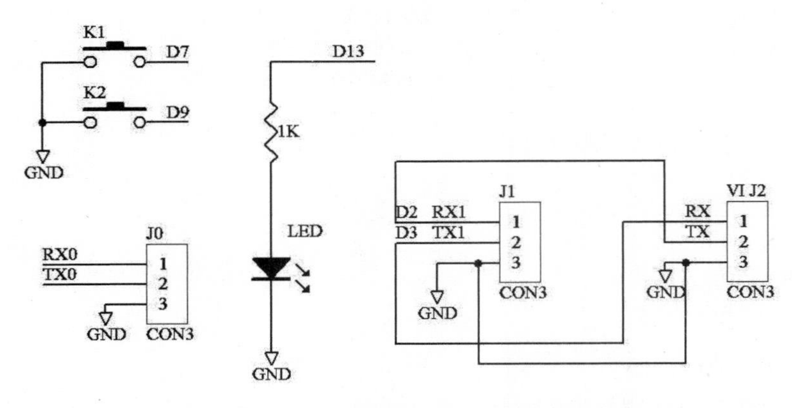

图 16-2　Arduino 控制中文声控模块的实验电路图

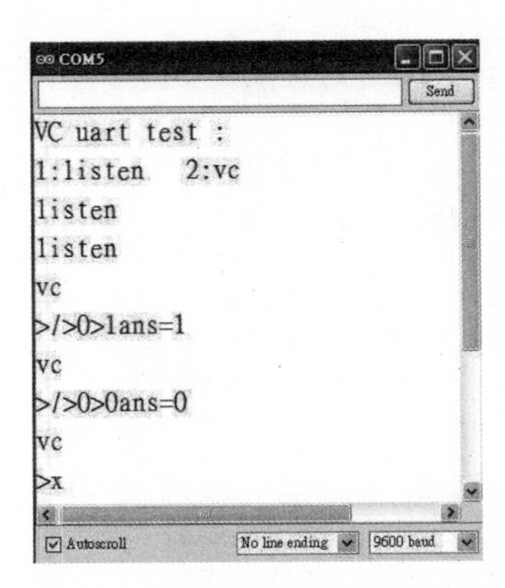

图 16-3 通过“串口监视器”窗口进行声控过程的监控

- 数字1：聆听声控命令。
- 数字2：执行声控。

聆听声控命令，知道系统当前数据库存储的具体语音内容。执行声控后系统分别回复：

- /01：表示识别结果是编号1的语音，并说出内容。
- /00：表示识别结果是编号0的语音，并说出内容。
- x：识别无效，可能是没有侦测到语音，定时时间到了之后回复识别无效。

因此，通过“串口监视器”窗口可以观察到 Arduino 板与声控板互动的情况。按键也可以启动相同的操作，说明如下：

- k1键：聆听声控命令。
- k2键：执行声控。

示例程序 VC1.ino

```
#include <SoftwareSerial.h>      //包含软件串口链接库的头文件
SoftwareSerial ur1(2,3);         //通过软件设置 ur1 串口引脚
int led = 13;                    //设置 LED 引脚
int k1 = 7;                      //设置按键 k1 引脚
int k2 = 9;                      //设置按键 k2 引脚
int ans;                         //存储识别结果的变量
//----------------------------------------
void setup()    //初始化各种设置
{
  Serial.begin(9600);
  ur1.begin(9600);
  pinMode(led, OUTPUT);
  pinMode(led, LOW);

  pinMode(k1, INPUT);
  digitalWrite(k1, HIGH);
```

```
  pinMode(k2, INPUT);
  digitalWrite(k2, HIGH);
}
//------------------------------------
void led_bl()//LED 闪动
{
  int i;
  for(i=0; i<1; i++)
  {
    digitalWrite(led, HIGH); delay(150);
    digitalWrite(led, LOW); delay(150);
  }
}
//---------------------------------
void listen()       //语音聆听
{
  url.print('l');
}
//---------------------------------
char rx_char()      //接收识别的结果
{
  char c; while(1)
  if (url.available() > 0)
  {
    c=url.read();
    Serial.print('>');
    Serial.print(c);
    return c;
  }
}
//---------------------------------------
void vc()           //语音识别
{
  byte c,c1;
  url.print('r'); delay(500);
  c=rx_char();
  if(c!='/') { led_bl(); return; }

  c= rx_char()-0x30; c1=rx_char()-0x30;
  ans=c*10+c1;
  Serial.print("ans="); Serial.println(ans);
  vc_act();
}
//---------------------------------------
void vc_act()       //根据识别结果执行声控应用
{
  if(ans==0) { led_bl(); led_bl(); led_bl(); }
}
```

```
//----------------------------------------
void loop()         //主控循环
{
   char c;
   led_bl();
   Serial.print("VC uart test : \n");
   Serial.print("1:listen   2:vc \n");
   listen();          //聆听内容
   while(1)           //循环
   {
      if (Serial.available() > 0)   //有串口指令进入
      {
         c=Serial.read();             //读取串口指令
         if(c=='1') { Serial.print("listen\n"); listen(); led_bl();} //聆听内容
         if(c=='2') { Serial.print("vc\n"); vc(); led_bl(); }       //启动声控
      }
      //扫描是否有按键被按下
      if( digitalRead(k1)==0 ) { led_bl(); listen();}   //k1 按键聆听内容
      if( digitalRead(k2)==0 ) { led_bl(); vc(); }      //k2 按键启动声控
   }
}
```

16.4 Arduino 声控玩具实验

图 16-4 是 Arduino 控制板与学习型遥控器 L51 及 VI 声控板连接的实物照片，Arduino 控制板有 5 个按键，使用两个按键声控玩具的操作。同样，通过串口进行调试，经由额外串口与声控板及学习型遥控器模块的串口连接。当 Arduino 执行声控时，获取用户下达的声控命令，如“发射”，就做出“发射”飞镖的动作。

图 16-4 自制 Arduino 控制板与学习型遥控器 L51 及 VI 声控板连接

实验前，让学习型遥控器模块学习玩具遥控器的控制信号，顺序如下：

- 1：前进。

- 2：后退。
- 3：左转。
- 4：右转。
- 5：发射。

然后测试一下，从学习型遥控器模块上发射对应的控制信号，看看玩具是否响应并做出动作。

声控玩具命令编号及指令如下：

- 1：前进。
- 2：后退。
- 3：左转。
- 4：右转。
- 5：演示一（连续动作：发射、LED闪烁、前进、后退）。
- 10：发射。

编号表示识别参数 ans 的应用标识号，在执行声控程序后，若 ans 等于 10，则系统会说出“发射”，并做出“发射”的动作。对应的程序如下：

```
void op(int d)          //输出红外线信号
{
  ur1.print('T'); led_bl();
  ur1.write('0'+d); led_bl();
  Serial.write('0'+d);
}

void vc_act()           //声控玩具
{
  if(ans==1) op(1);     //前进
  if(ans==2) op(2);     //后退
  if(ans==3) op(3);     //左转
  if(ans==4 ) op(4);    //右转
  if(ans==10) op(5);    //发射
  if(ans==5 ) { op(5); led_bl(); op(1); op(2);; }  //演示一
}
```

1. 实验目的

Arduino 控制声控玩具实验。

2. 功能

实验电路图可参考图 16-5，通过串口 J0 下载程序和进行调试，经由额外串口 J1 与声控板串口 J2 连接，额外串口 J1 也与学习板 L51 串口 J2 连接，Arduino 把控制信号发送到声控板及学习型遥控器板来驱动声控及发射信号。

程序执行后，打开“串口监视器”窗口，计算机按键功能如下：

- 数字1：聆听声控命令。

- 数字2：执行声控。

控制板的按键也可以启动如下操作：

- k1键：聆听声控命令。
- k2键：执行声控。

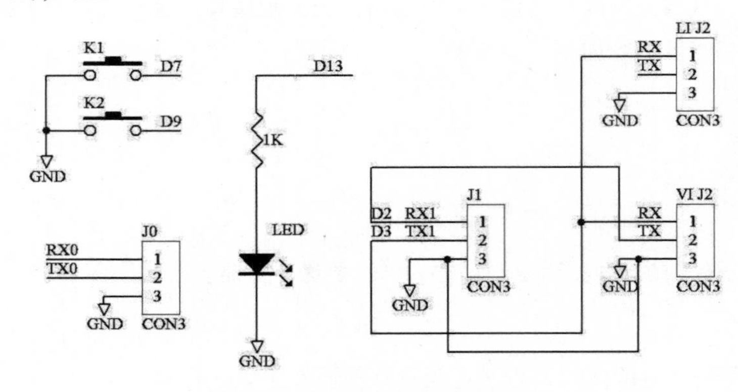

图 16-5　声控玩具的实验电路图

示例程序 VC_shoot.ino

```
#include <SoftwareSerial.h>     //包含软件串口链接库的头文件
SoftwareSerial url(2,3);        //通过软件设置 url 串口引脚
int led = 13;                //设置 LED 引脚
int k1 = 7;                  //设置按键 k1 引脚
int k2 = 9;                  //设置按键 k2 引脚
int ans;                     //存储识别结果的变量
//-----------------------------------------
void setup()                 //初始化各种设置
{
  Serial.begin(9600);
  url.begin(9600);
  pinMode(led, OUTPUT);
  pinMode(led, LOW);

  pinMode(k1, INPUT);
  digitalWrite(k1, HIGH);
  pinMode(k2, INPUT);
  digitalWrite(k2, HIGH);
}
//------------------------------------
void led_bl()                //LED 闪动
{
  int i;
  for(i=0; i<1; i++)
  {
    digitalWrite(led, HIGH); delay(150);
    digitalWrite(led, LOW); delay(150);
```

```
  }
}
//--------------------------------
void listen()           //语音聆听
{
  ur1.print('l');
}
//--------------------------------
char rx_char()          //接收识别的结果
{
  char c;
  while(1)
    if (ur1.available() > 0)
    {
      c=ur1.read();
      Serial.print('>');
      Serial.print(c);
      return c;
    }
}
//--------------------------------------
void vc()               //语音识别
{
  byte c,c1;
  ur1.print('r'); delay(500);
  c=rx_char();
  if(c!='/') { led_bl(); return; }
  c= rx_char()-0x30; c1=rx_char()-0x30;
  ans=c*10+c1;
  Serial.print("ans="); Serial.println(ans);
  vc_act();
}
//--------------------------------------
void op(int d)          //输出红外线信号
{
  ur1.print('T');  led_bl();
  ur1.write('0'+d); led_bl();
  Serial.write('0'+d);
}
//--------------------------------------
void vc_act()  //根据识别结果执行声控应用
{
  if(ans==1) op(1);    //前进
  if(ans==2) op(2);    //后退
  if(ans==3) op(3);    //左转
  if(ans==4 ) op(4);   //右转
  if(ans==10) op(5);   //发射
  if(ans==5 ) { op(5); led_bl(); op(1); op(2);; } //演示一
```

```
}
//----------------------------------------
void loop()              //主控循环
{
  char c;
  led_bl();
  Serial.print("VC uart test : \n");
  Serial.print("1:listen   2:vc \n");
  listen();              //聆听内容
  while(1)               //循环
  {
    if (Serial.available() > 0)   //有串口指令进入
    {
      c=Serial.read();            //读取串口指令
      if(c=='1') { Serial.print("listen\n"); listen(); led_bl();}//聆听内容
      if(c=='2') { Serial.print("vc\n"); vc(); led_bl(); }      //启动声控
    }
    //扫描是否有按键被按下
    if( digitalRead(k1)==0 ) { led_bl(); listen();}  //k1 按键聆听内容
    if( digitalRead(k2)==0 ) { led_bl(); vc(); } //k2 按键启动声控
  }
}
```

16.5 Arduino 声控风扇实验

要做中文声控风扇实验，需要准备有遥控器的电风扇一台。实验架构如图 16-4 所示，Arduino 板的控制按键启动声控，进而控制风扇动作，可以通过串口进行调试，经由额外串口与声控板及学习型遥控器模块串口连接。当 Arduino 执行声控时，获取用户下达的声控命令（如“开关”），而后就执行应用的相应动作。实验前，让学习型遥控器模块学习电风扇遥控器的控制信号，顺序如下：

- 1：开关。
- 2：风量。
- 3：定时。
- 4：自然风。
- 5：摆头。

然后测试一下，从学习型遥控器模块上发射控制信号，看看风扇是否有动作。声控风扇命令的编号及指令如下：

- 11：开关。
- 12：风量。
- 13：定时。
- 14：自然风。

- 15：摆头。

识别的结果即为要执行控制对应的控制码，存储在 ans 中。执行声控后，若 ans=11，则系统会说出“开关”，并执行相应的操作。

程序代码如下：

```
void op(int d)          //输出红外线信号
{
  ur1.print('T'); led_bl();
  ur1.write('0'+d); led_bl();
  Serial.write('0'+d);
}
void vc_act()           //声控风扇
{
  if(ans==11) op (1);  //开关
  if(ans==12) op (2);  //风量
  if(ans==13) op (3);  //定时
  if(ans==14 )op (4);  //自然风
  if(ans==15) op (5);  //摆头
}
```

1. 实验目的

Arduino 控制声控风扇实验。

2. 功能

实验电路图可参考图 16-5，程序执行后，打开“串口监视器”窗口，计算机按键功能如下：

- 数字1：聆听声控命令。
- 数字2：执行声控。

控制板的按键也可以启动如下操作：

- k1键：聆听声控命令。
- k2键：执行声控。

示例程序 VC_Fan.ino

```
#include <SoftwareSerial.h>         //包含软件串口链接库的头文件
SoftwareSerial ur1(2,3);            //通过软件设置 ur1 串口引脚
int led = 13;                       //设置 LED 引脚
int k1 = 7;                         //设置按键 k1 引脚
int k2 = 9;                         //设置按键 k2 引脚
int ans;                            //存储识别结果的变量
//-------------------------------------
void setup()                        //初始化各种设置
{
  Serial.begin(9600);
  ur1.begin(9600);
```

```
    pinMode(led, OUTPUT);
    pinMode(led, LOW);

    pinMode(k1, INPUT);
    digitalWrite(k1, HIGH);
    pinMode(k2, INPUT);
    digitalWrite(k2, HIGH);
}
//-----------------------------------
void led_bl()                //LED 闪动
{
    int i;

    for(i=0; i<1; i++)
    {
        digitalWrite(led, HIGH); delay(150);
        digitalWrite(led, LOW); delay(150);
    }
}
//--------------------------------
void listen()                //语音聆听
{
    url.print('l');
}
//--------------------------------
char rx_char()               //接收识别的结果
{
     char c;
     while(1)
       if (url.available() > 0)
       {
          c=url.read();
          Serial.print('>');
          Serial.print(c);
          return c;
       }
}
//--------------------------------------
void vc()                    //语音识别
{
    byte c,c1;
    url.print('r'); delay(500);
    c=rx_char();
    if(c!='/') { led_bl(); return; }
    c= rx_char()-0x30; c1=rx_char()-0x30;
    ans=c*10+c1;
    Serial.print("ans="); Serial.println(ans);
    vc_act();
```

```
}
//-----------------------------------------
void op(int d)          //输出红外线信号
{
  url.print('T');   led_bl();
  url.write('0'+d); led_bl();
  Serial.write('0'+d);
}
//-----------------------------------------
void vc_act()   //声控风扇
{
  if(ans==11) op (1);  //开关
  if(ans==12) op (2);  //风量
  if(ans==13) op (3);  //定时
  if(ans==14 )op (4);  //自然风
  if(ans==15) op (5);  //摆头
}
//-----------------------------------------
void loop()              //主控循环
{
  char c;
  led_bl();
  Serial.print("VC uart test : \n");
  Serial.print("1:listen   2:vc \n");
  listen();         //聆听内容
  while(1) //循环
  {
    if (Serial.available() > 0)         //有串口指令进入
    {
      c=Serial.read();                  //读取串口指令
      if(c=='1') { Serial.print("listen\n"); listen(); led_bl();}//聆听内容
      if(c=='2') { Serial.print("vc\n"); vc(); led_bl(); }       //启动声控
    }
    //扫描是否有按键被按下
    if( digitalRead(k1)==0 ) { led_bl(); listen();}  //k1 按键聆听内容
    if( digitalRead(k2)==0 ) { led_bl(); vc(); }     //k2 按键启动声控
  }
}
```

16.6 习 题

1. Arduino 控制外部模块最方便的方式是什么？
2. 一般常用的串行通信传输协议是什么？
3. 试说明遥控设备免改装变为声控设备的原理是什么？

第 17 章

Arduino 专题作品的制作

Arduino 是较为容易学习的软硬件集成开发工具及平台，学习 Arduino 可以帮助我们以简单的硬件实现创意。作为创客、应聘工程师都需要此项加分技术，学生在毕业前完成自己的毕业设计，毕业后作为应聘工作的代表作品，就非常有意义。本章将以实例来说明这些专题作品的制作。

17.1　遥控八音盒

遥控器具有远程遥控的功能，也具有切换各种功能或动作的优点。在第 10 章介绍过音乐、音效控制，演奏歌曲等，本节将集成遥控器的各种功能，制作一个遥控八音盒（参见图 17-1），以遥控器进行音乐和音效的控制，可以简化操作。

1. 专题作品的功能

按下遥控器的按键，可以执行以下操作：

- 按键1：音阶测试。
- 按键2：演奏歌曲。
- 按键3：发出“哔哔”声。
- 按键4：发出救护车音效。
- 按键5：发出音阶音效。
- 按键6：发出激光枪音效。

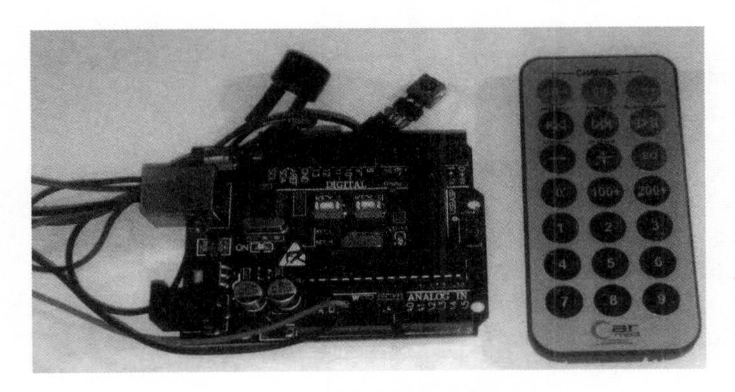

图 17-1　遥控八音盒作品的实物照片

2. 实验电路

图 17-2 是实验电路图，使用如下零部件：

- LED：动作指示灯。
- 红外线接收模块：接收遥控器信号。
- 压电扬声器：音乐、音效输出。

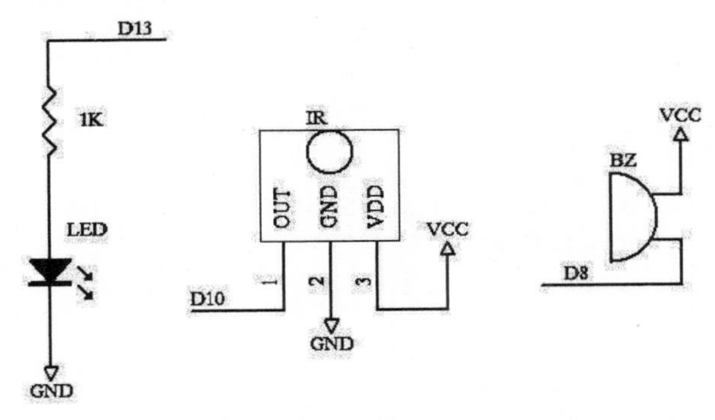

图 17-2　遥控八音盒的实验电路图

3. 程序设计

本专题作品结合歌曲演奏、音效及遥控功能，成为一个便携式遥控八音盒，程序文件名为 boxrc.ino。程序设计分为以下几部分：

- 包含遥控器控制程序的头文件。
- 设置音调对应的频率值。
- 演奏歌曲音调与音长数据的设置。
- 驱动压电扬声器。
- 产生各种音效生。

示例程序 boxrc.ino

```
#include <rc95a.h>         //包含遥控器控制程序的头文件
//音调对应的频率值
```

```
int f[]={0, 523, 587, 659, 698, 784, 880, 987,
        1046, 1174, 1318, 1396, 1567, 1760, 1975};
//旋律音阶
char song[]={3,5,5,3,2,1,2,3,5,3,2,3,5,5,3,2,1,2,3,2,1,1,100};
//旋律音长拍数
char len[]= {2,1,1,2,1,1,1,2,1,1,1,2,1,1,2,1,1,1,2,1,1,1,100};
int cir =10;           //设置遥控器引脚
int led = 13;          //设置 LED 引脚
int bz=8;              //设置扬声器引脚
void setup()           //设置各种初始值
{
  pinMode(cir, INPUT);
  pinMode(led, OUTPUT);
  pinMode(k1, INPUT);
  digitalWrite(k1, HIGH);
  pinMode(bz, OUTPUT);
  Serial.begin(9600);
  digitalWrite(bz, LOW);
}
//----------------------------------
void led_bl()          //LED 闪动
{
  int i;
  for(i=0; i<1; i++)
  {
    digitalWrite(led, HIGH); delay(150);
    digitalWrite(led, LOW); delay(150);
  }
}
//---------------------------------
void be()              //“哔哔”声
{
  int i;
  for(i=0; i<100; i++)
  {
    digitalWrite(bz, HIGH); delay(1);
    digitalWrite(bz, LOW); delay(1);
  }
  delay(100);
}
//--------------------------------------------
void so(char n)        //演奏特定音阶的单音
{
   tone(bz, f[n],500);
   delay(100);
   noTone(bz);
}
//-------------------------------------------
```

```
void test_tone()          //测试各个音阶
{
   char i;
   so(1); led_bl();
   so(2); led_bl();
   so(3); led_bl();
   for(i=1; i<15; i++) { so(i); delay(100); }
}
//------------------------------------------
void ptone(char t, char l) //演奏特定音阶的单音
{
   tone(bz, f[t],300*l);
   delay(100);
   noTone(bz);
}

/*------------------*/
void play_song(char *t, char *l) //演奏一段旋律
{
   while(1)
   {
      if(*t==100) break;
      ptone(*t++, *l++);
      delay(5);
   }
}
//------------------------------------------------------
void ef1()       //救护车音效
{
   int i;
   for(i=0; i<5; i++)
   {
       tone(bz, 500); delay(300);
       tone(bz, 1000); delay(300);
   }
   noTone(bz); delay(1000);
}
//----------------------------------------
void ef2()       //音阶音效
{
   int i;
   for(i=0; i<10; i++)
   {
      tone(bz, 500+50*i); delay(100);
   }
   noTone(bz); delay(1000);
}
//----------------------------------------
```

```
void ef3()       //激光枪音效
{
   int i;
   for(i=0; i<30; i++)
   {
      tone(bz, 700+50*i); delay(30);
   }
   noTone(bz); delay(1000);
}
//------------------------------------------------------
void rc_box()   //遥控八音盒主程序
{
   int c, i;
   while(1)       //循环
   {
      loop:
      //循环扫描是否有遥控器按键信号
      no_ir=1; ir_ins(cir); if(no_ir==1) goto loop;
      //发现遥控器信号，进行转换
      led_bl();
      rev();
      //串口显示译码结果
      for(i=0; i<4; i++)
      {
         c=(int)com[i];
         Serial.print(c);
         Serial.print(' ');
      }
      Serial.println();
      delay(300);
      //对比遥控器按键码
      if(com[2]==12) test_tone();               //音阶测试
      if(com[2]==24) play_song(song, len);  //演奏歌曲
      if(com[2]==94) { be(); be(); be();}   //发出“哔哔”声
      if(com[2]==8 ) ef1();                     //救护车音效
      if(com[2]==28) ef2();                     //音阶音效
      if(com[2]==90) ef3();                     //激光枪音效
   }
}
//------------------------------------------
void loop()      //主程序
{
   be();
   ef1();
   rc_box();         //遥控八音盒
}
```

17.2 遥控倒计时器

在第 6 章介绍过 LCD 倒计时器，本节集成遥控器的各种功能，制作一台遥控倒计时器。一般倒计时器会根据不同的需求执行不一样的倒数方式，因此以遥控器来进行多段设置，可以简化设置操作。对于不同的应用，只需修改程序代码，进行定制化即可。

1. 专题作品的功能

程序执行后，倒计时时间为 2 分钟。按下按键后，设置计时时间为 2 分钟。当按下遥控器按键后，进行如下设置：

- 按键1：设置倒计时时间为5分钟。
- 按键2：设置倒计时时间为10分钟。
- 按键3：设置倒计时时间为20分钟。

倒计时时间到了，就发出“哔”的一声。若按下遥控器任何按键，则 LED 连续闪动，倒计时时间又重置为 2 分钟，重新开始倒计时。遥控倒计时器专题作品的实物照片如图 17-3 所示。

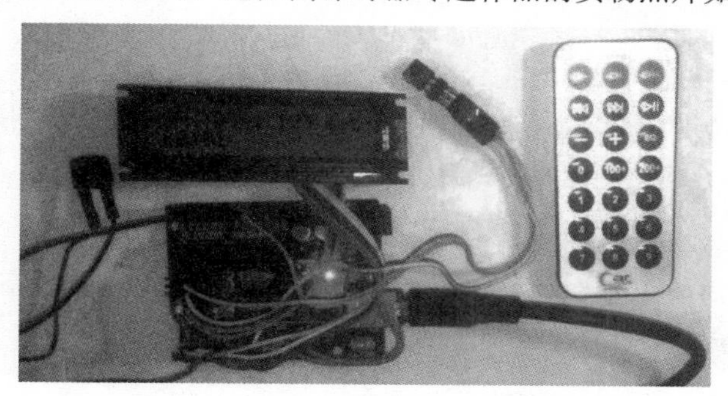

图 17-3 遥控倒计时器专题作品的实物照片

2. 电路设计

图 17-4 是遥控倒计时器的实验电路图，使用如下零部件：

- 文字型LCD (16x2)：显示倒计时器数据。
- 按键：启动倒计时器。
- 压电扬声器：用声音警示。
- 红外线接收模块：接收遥控器信号。

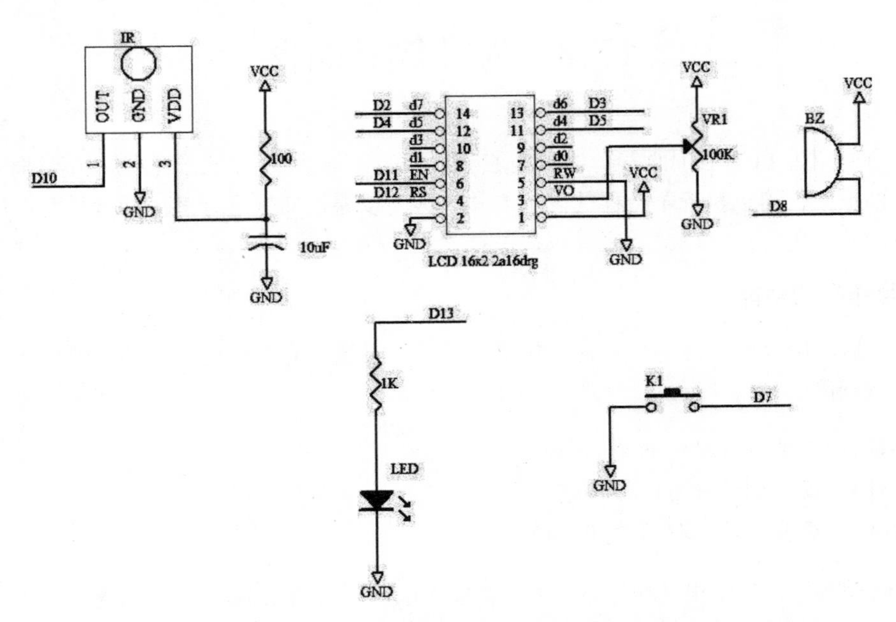

图 17-4　遥控倒计时器的实验电路

3. 程序设计

本专题作品用遥控器进行设置，将倒计时时间显示到 LCD 上，成为一台便携式遥控倒计时器，程序文件名为 tdorc.ino。程序设计分为以下几部分：

- 包含红外线遥控器解码链接库的头文件。
- 包含LCD链接库的头文件。
- 显示倒计时时间。
- 主控循环。

在主控循环中，主要完成以下几项工作：

- 扫描是否有遥控器按键信号，有遥控器信号则进行按键的比对。
- 判断是否过了1秒钟。
- 判断是否有按键被按下，若有则重置倒计时时间为2分钟。

示例程序 tdorc.ino

```
#include <rc95a.h>          //包含红外线遥控器译码链接库的头文件
#include <LiquidCrystal.h> //包含 LCD 链接库的头文件
int cir =10;             //设置红外线遥控器译码控制引脚
int led = 13;        //设置 LED 引脚
int k1 =7;           //设置按键引脚
int bz=8;            //设置扬声器引脚
int mm=2, ss=1;      //设置倒计时初值
unsigned long ti=0;      //时间变量
//----------------------------------------
LiquidCrystal lcd(12, 11, 5, 4, 3, 2);     //设置 LCD 引脚
```

```
void setup()              //初始化各种设置
{
  lcd.begin(16, 2);
  Serial.begin(9600);
  pinMode(led, OUTPUT);
  pinMode(k1, INPUT);
  digitalWrite(k1, HIGH);
  pinMode(bz, OUTPUT);
  digitalWrite(bz, LOW);
  pinMode(cir, INPUT);
}
//------------------------------------
void led_bl()             //LED 闪动
{
  int i;
  for(i=0; i<2; i++)
  {
    digitalWrite(led, HIGH); delay(150);
    digitalWrite(led, LOW); delay(150);
  }
}
//------------------------------
void be()             //发出"哔哔"声
{
  int i;
  for(i=0; i<100; i++)
  {
    digitalWrite(bz, HIGH); delay(1);
    digitalWrite(bz, LOW); delay(1);
  }
  delay(10);
}

//-----------------------------------------
void show_tdo()           //显示倒计时时间
{
  int c;
  //取出分的十位数，显示出来
  c=(mm/10); lcd.setCursor(0,1);lcd.print(c);
  //取出分的个位数，显示出来
  c=(mm%10); lcd.setCursor(1,1);lcd.print(c);
  lcd.setCursor(2,1);lcd.print(":");
  //取出秒的十位数，显示出来
  c=(ss/10); lcd.setCursor(3,1);lcd.print(c);
  //取出秒的个位数，显示出来
  c=(ss%10); lcd.setCursor(4,1);lcd.print(c);
}
//-------------------------------------
```

```
void loop() //主控循环
{
   char k1c;
   led_bl();be();
   lcd.setCursor(0, 0);lcd.print("AR TDOrc 123 set"); show_tdo();
   while(1) //无限循环
   {
      //循环扫描是否有遥控器按键信号
      no_ir=1; ir_ins(cir);
      if(no_ir==1) goto loop;
      //发现遥控器信号，进行转换
      led_bl(); rev();
      //执行译码功能
      if(com[2]==12) { be();mm=5; ss=1; }
      if(com[2]==24) { be(); be(); mm=10; ss=1; }
      if(com[2]==94) { be(); be(); be(); mm=20; ss=1; } loop:
      //判断是否过了 1 秒钟
      if(millis()-ti>=1000)
      {
         ti=millis(); show_tdo();
         //判断倒计时时间到了
         if (ss==1 && mm==0)
            while(1) //倒计时时间到了，开始循环
            {
               //循环扫描是否有遥控器按键信号
               if( digitalRead(cir)==0 )
               {
                  deli();
                  if( digitalRead(cir)==0 )
                     //当按下遥控器任何按键，重置倒计时时间为 2 分钟
                     { be(); led_bl(); mm=2; ss=1; show_tdo();
                       led_bl(); led_bl();led_bl(); break; }
               }
            be(); //“哔哔”声
            //若有按键被按下，则重置倒计时时间为 2 分钟
            k1c=digitalRead(k1);
            if(k1c==0) {be(); led_bl(); mm=2; ss=10; show_tdo(); break; }
         }
         ss--; //过了 1 秒钟，计数秒数减 1
         if(ss==0) { mm--; ss=59; }
      }//1 秒
      //判断是否有按键被按下
      k1c=digitalRead(k1);
      if(k1c==0) {be(); led_bl(); mm=2; ss=10; show_tdo(); }
   }
}
```

17.3 智能盆栽浇灌器

水泵常用于给植物浇水，在室内种植植物或花草，可以怡情养性，打发无聊的时间，也有助于调整室内空气的质量。一般我们都是手动浇灌盆栽，如果使用水泵，就可以实现半自动浇水控制，或者更方便地用遥控方式来浇水。如果编写 Arduino 的 C 语言程序来控制，就可以实现家庭自动化浇灌盆栽的应用。在这个专题作品中，就来探索将水泵应用于智能盆栽浇灌器的制作。

1. 专题作品的功能

- 监控土壤湿度值以便实现自动浇水。
- 监控土壤的湿度值并实时显示于“四合一”七节数字显示器，供用户参考。
- 可以手动浇水。
- 控制继电器驱动水泵来抽水。
- 遥控按键1：测试遥控水泵抽水功能。
- 遥控按键2：执行持续自动监控土壤湿度，缺水时自动驱动水泵抽水浇灌。

要用 Arduino 系统进行遥控，只要接入实验用遥控器即可，当按下数字 1 后，便可以驱动水泵抽水，可以根据需要调整程序的设计方式，使出水更顺畅。

图 17-5 为整体作品的实物照片，水泵经由继电器连接来进行控制。在实验中验证水泵启动的临界值，设置为 500 便可以稳定工作。图 17-6 为显示土壤湿度的数据。

图 17-5 智能盆栽浇灌器的实物照片

图 17-6 智能盆栽浇灌器显示土壤湿度的数据

2. 电路设计

图 17-7 是实验电路图，使用如下零部件：

- 土壤湿度侦测传感器：连到ADC的A0引脚输入模拟电压，转换为数字输出值，送到七节数字显示器，达到监控的目的。
- 4位七节数字显示器：显示ADC数字转换后的监控值。
- 继电器模块：缺水时启动继电器模块，控制水泵抽水，继电器模块连到D6引脚进行控制。
- 按键：用来测试继电器模块的动作，驱动水泵抽水。
- 遥控器红外线接收模块：经由程序译码来判断遥控器按下了哪一个按键，然后执行相关的操作。
- 压电扬声器：声音警示。

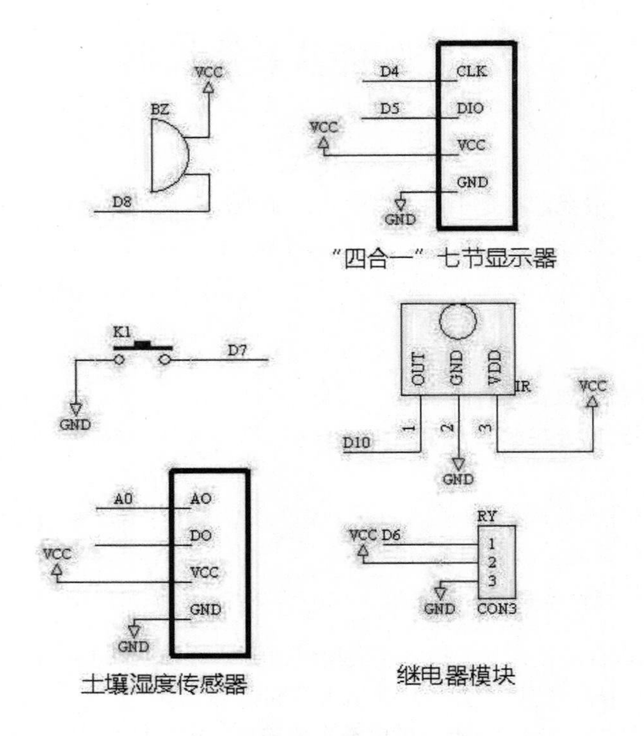

图 17-7　智能盆栽浇灌器的实验电路图

3. 程序设计

专题作品是可监控土壤湿度的控制器，将监控湿度值显示到七节数字显示器上，成为一台便携式测试仪器，程序文件名为 wa_pl.ino。程序设计分为以下几部分：

- 包含遥控器控制程序的头文件。
- 包含七节数字显示器控制程序的头文件。
- 遥控器主循环。
- 按下遥控器上的2键，执行监控土壤湿度循环。

在执行监控土壤湿度循环中，完成以下操作：

- 读取ADC的值。
- 清除显示器。
- 显示ADC的值。
- LED闪动，监控程序持续运行中。
- 判断是否启动供水。
- 侦测遥控器的按键是否被按下，是则回到主控循环。

示例程序 wa_pl.ino

```
#include <rc95a.h>                    //包含遥控器控制程序的头文件
#include "SevenSegmentTM1637.h"      //包含七节数字显示器控制程序的头文件
int PIN_CLK = 4;                      //七节数字显示器模块的频率驱动引脚
```

```
int PIN_DIO = 5;     //设置七节数字显示器模块数据驱动引脚
SevenSegmentTM1637 display(PIN_CLK, PIN_DIO); //七节数字显示器模块原型声明
int ad=A0;           //设置 ADC 引脚
int adc;             //设置 ADC 读值
int led = 13;        //设置 LED 引脚
int bz=8;            //设置扬声器引脚
int k1 =7;           //设置按键引脚
int cir =10;         //设置遥控器引脚
int ry=6;            //设置继电器引脚
//----------------------------------------
void setup()         //设置各种初值
{
  pinMode(ry, OUTPUT);
  digitalWrite(ry, LOW);
  pinMode(cir, INPUT);

  pinMode(led, OUTPUT);
  pinMode(k1, INPUT);
  digitalWrite(k1, HIGH);
  Serial.begin(9600);
  pinMode(bz, OUTPUT);
  digitalWrite(bz, LOW);

  display.begin();
  display.setBacklight(100);
  display.clear();
  display.print(0);
}
//-------------------------------------
void led_bl()             //LED 闪动
{
  int i;
  for(i=0; i<2; i++)
  {
    digitalWrite(led, HIGH); delay(20);
    digitalWrite(led, LOW); delay(20);
  }
}
//----------------------
void be()               // “哔哔” 声
{
  int i;
  for(i=0; i<100; i++)
  {
    digitalWrite(bz, HIGH); delay(1);
    digitalWrite(bz, LOW); delay(1);
  }
  delay(30);
```

```
}
//-------------------------------------
void ry_con()       //启动继电器
{
  digitalWrite(led, 1);
  digitalWrite(ry, 0); delay(1000); digitalWrite(ry, 1);
  digitalWrite(led, 0);
}
//-----------------------------------------
void read_adc() //读取 ADC 读值
{
  adc=analogRead(ad);
  if(adc<500) { be(); be(); }
}
//-----------------------------------------
void wa_loop()  //监控循环
{
  int i;
  while(1) //循环
  {
    adc=analogRead(ad);   //读取 ADC 读值
    display.clear();      //清除显示器
    display.print(adc);   //显示 ADC 读值
    delay(100);           //短暂延迟

    led_bl();           //LED 闪动
    if(adc >500) { ry_con(); delay(500); }    //判断是否启动供水
    for(i=0; i<10000; i++)        //循环
      if(digitalRead(cir)==0 )    //侦测遥控器按键是否被按下，是则回到主程序
        { be(); led_bl(); be(); delay(500); return; }
  }
}
//---------------------------------------------------------------
void loop()     //主程序
{
  int c,i;
  led_bl();
  be();
  digitalWrite(ry, 1);     //继电器 OFF
  while(1)      //循环
  {
    loop:
    //循环扫描是否有按键被按下
    if(digitalRead(k1)==0 ) ry_con();
    //循环扫描是否有遥控器按键信号
    no_ir=1; ir_ins(cir);
    if(no_ir==1) goto loop;
    //发现遥控器信号，进行转换
```

```
    led_bl(); rev();
    //串口显示译码结果
    for(i=0; i<4; i++)
    { c=(int)com[i]; Serial.print(c); Serial.print(' '); }
    delay(100);
    //对比遥控器按键码 1 或 2
    if(com[2]==12) ry_con();  //按键 1 测试继电器
    if(com[2]==24) wa_loop(); //按键 2 开始监控
  }//loop
}
```

17.4　红外线遥控车

遥控车是许多人从小玩到大的玩具，无聊时就可以拿出来把玩，打发时间，或者增加工作中的灵感。对于学习 Arduino 相关专题作品的制作，遥控车是一项相当有趣的应用实验，从设计简单的 C 程序开始，设计出遥控移动平台，再增加各种传感器，就可以开发成智能小车。

1. 专题作品的功能

红外线遥控车功能设计如下，实物如图 17-8 所示。

- 按下按键，测试车体前进、后退、左转、右转。
- 按下遥控器的按键，操作如下：
  - 按键1：前进。
  - 按键2：后退。
  - 按键3：左转。
  - 按键4：右转。
  - 按键5：演示前进、后退、左转、右转。

图 17-8　红外线遥控车专题作品的实物照片

2. 遥控车车体的组成

遥控车车体组装所需的零部件如图 17-9 所示，由以下几部分组成：

- 驱动部件：直流电动机模块（内含减速齿轮）。
- 车轮：专用车轮配合驱动部件的安装。
- 前后辅轮：圆形转轮。
- 连接座：用来固定驱动部件。
- 车体底盘：用亚克力板来组装。
- 固定螺丝包：用于各部分零部件的组装和固定。

图 17-9　车体组装所需的零部件

3. 电路设计

图 17-10 是红外线遥控车的电路图，使用如下零部件：

- 电动机驱动模块：驱动直流电动机转动。
- 按键：测试功能。
- 压电扬声器：声音警示。
- 红外线接收模块：接收遥控器信号输入。

引脚 4、5、6、7 送出信号，控制电动机驱动模块，推动小型直流电动机正反转动，控制遥控车的行驶方向。

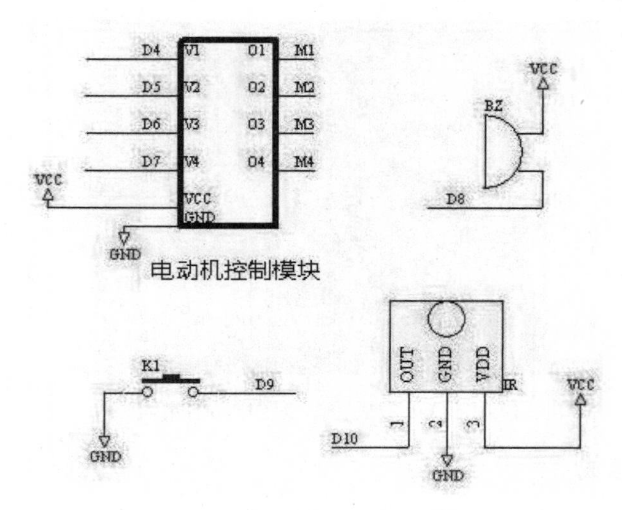

图 17-10　红外线遥控车的电路图

4. 程序设计

程序文件名为 mrca.ino。程序设计主要分为以下几部分：

- 压电扬声器驱动发出音效。
- 控制电动机4个方向运动的子程序。
- 根据侦测到遥控器按键被按下的情况来启动遥控车的动作。
- 循环扫描是否出现遥控器的按键信号，并判读是否为有效按键，而后执行如下动作：
  - 按键1：前进。
  - 按键2：后退。
  - 按键3：左转。
  - 按键4：右转。
  - 按键5：演示前进、后退、左转、右转。

示例程序 mrca.ino

```
#include <rc95a.h>              //包含红外线遥控器译码链接库的头文件
int cir =10;                    //设置红外线遥控器译码控制引脚
int led = 13;                   //设置 LED 引脚
int k1 = 9;                     //设置按键引脚
int bz=8;                       //设置扬声器引脚
#define de  150                 //延迟 1
#define de2 300                 //延迟 2
int out1=4, out2=5;             //电动机 1 控制引脚
int out3=6, out4=7;             //电动机 2 控制引脚
void setup()                    //初始化各种设置
{
  pinMode(out1, OUTPUT);
  pinMode(out2, OUTPUT);
  pinMode(out3, OUTPUT);
  pinMode(out4, OUTPUT);
  digitalWrite(out1, 0);
  digitalWrite(out2, 0);
  digitalWrite(out3, 0);
  digitalWrite(out4, 0);
  pinMode(cir, INPUT);
  pinMode(led, OUTPUT);
  pinMode(k1, INPUT);
  digitalWrite(k1, HIGH);
  pinMode(bz, OUTPUT);
  Serial.begin(9600);
  digitalWrite(bz, LOW);
}

/*-----------------------------------*/
void led_bl()         //LED 闪动
{
```

```
    int i;
    for(i=0; i<2; i++)
    {
      digitalWrite(led, HIGH); delay(50);
      digitalWrite(led, LOW); delay(50);
    }
}
//---------------------------------
void be()        //发出“哔哔”声
{
    int i;
    for(i=0; i<100; i++)
    {
      digitalWrite(bz, HIGH); delay(1);
      digitalWrite(bz, LOW); delay(1);
    }
    delay(100);
}
//---------------------------------------
void stop()      //停止
{
    digitalWrite(out1,0);
    digitalWrite(out2,0);
    digitalWrite(out3,0);
    digitalWrite(out4,0);
}
//--------------------------------------
void go()        //前进
{
    digitalWrite(out1,1);
    digitalWrite(out2,0);
    digitalWrite(out3,0);
    digitalWrite(out4,1);
    delay(de);
    stop();
}
//---------------------------------------
void back()      //后退
{
    digitalWrite(out1,0);
    digitalWrite(out2,1);
    digitalWrite(out3,1);
    digitalWrite(out4,0);
    delay(de);
    stop();
}
//---------------------------------------
void right()         //右转
```

```
{
  digitalWrite(out1,1);
  digitalWrite(out2,0);
  digitalWrite(out3,1);
  digitalWrite(out4,0);
  delay(de2);
  stop();
}
//-------------------------------------------
void left()     //左转
{
  digitalWrite(out1,0);
  digitalWrite(out2,1);
  digitalWrite(out3,0);
  digitalWrite(out4,1);
  delay(de2);
  stop();
}
//-------------------------------------------
void demo()     //演示
{
  go(); delay(500);
  back(); delay(500);
  left(); delay(500);
  right(); delay(500);
}
/*---------------------------------*/
void loop()     //主控循环
{
  int k1c; int i,c;
  led_bl();be(); go();
  while(1)     //循环
  {
    loop:
    //循环扫描是否有按键
    k1c=digitalRead(k1);
    if(k1c==0) {led_bl();be(); demo();be();}
    //循环扫描是否有遥控器按键信号
    no_ir=1; ir_ins(cir); if(no_ir==1) goto loop;

    //发现遥控器信号，进行转换
    led_bl(); rev();
    //串口显示译码结果
    for(i=0; i<4; i++)
    {c=(int)com[i]; Serial.print(c); Serial.print(' '); }
    Serial.println(); delay(300);
    //对比遥控器按键码，数字 1~5
    if(com[2]==12) go();       //前进
```

```
        if(com[2]==24) back();     //后退
        if(com[2]==94) left();     //左转
        if(com[2]==8 ) right();    //右转
        if(com[2]==28) demo();     //演示
    }
}
```

17.5 Arduino 中文声控车

前面介绍过中文声控实验，声控后可以发射红外线信号，驱动外界设备。在中文声控车专题作品中，发射出与遥控器兼容的信号，就可以控制上一节介绍的遥控车，实现远程声控实验。此外，也可以结合串口，经由 Arduino 额外串口与中文声控模块连接，实现近端声控实验，将声控模块放在 Arduino 车上。

1. 专题作品的功能

在本作品中，使用两种方式来设计声控车：

- 远程声控：声控模块放在身边，把红外线信号发射出去。
- 近端声控：声控模块放在车上，使用串口通信。

远程声控也可以使用遥控器来操作，因为声控模块放在身边，可以直接下达声控命令，识别出结果后，便可以把红外线信号发射出去，如同操作遥控器一样，车子可以跑得远一些，可作为便携式声控器，声控板随身携带（4 米内有效），可用于嘈杂环境下的声控操作。

近端声控模块使用串口与 Arduino 板连接，必须将模块放在遥控车上，因此遥控车跑远了便无法进行声控。

中文声控车本身有红外线遥控，其功能设计如下：

- 按下按键，测试车体前进、后退、左转、右转。
- 按下遥控器按键，动作如下：
  - 按键1：前进。
  - 按键2：后退。
  - 按键3：左转。
  - 按键4：右转。
  - 按键5：演示前进、后退、左转、右转。
  - 按键9：启动串口声控功能。

图 17-11 是近端声控车作品的实物照片，声控模块放在车上，使用串口通信。

图 17-12 是远程声控车作品的实物照片，声控模块放在用户身边作为便携式声控器，在声控后发射出红外线信号。

图 17-11　近端声控车作品的实物照片

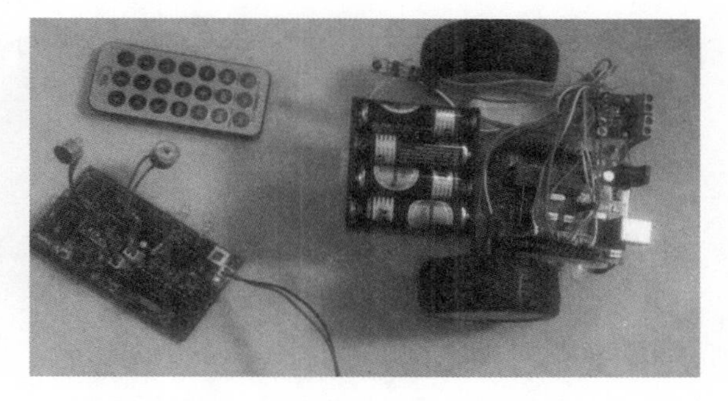

图 17-12　远程声控车作品的实物照片

2. 电路设计

图 17-13 是中文声控车的电路图，使用如下零部件：

- 电动机驱动模块：驱动直流电动机转动。
- 按键：测试功能。
- 压电扬声器：声音警示。
- 红外线接收模块：接收遥控器信号输入。

引脚 4、5、6、7 送出信号，控制电动机驱动模块，驱动小型直流电动机正反转动，控制遥控车的方向。

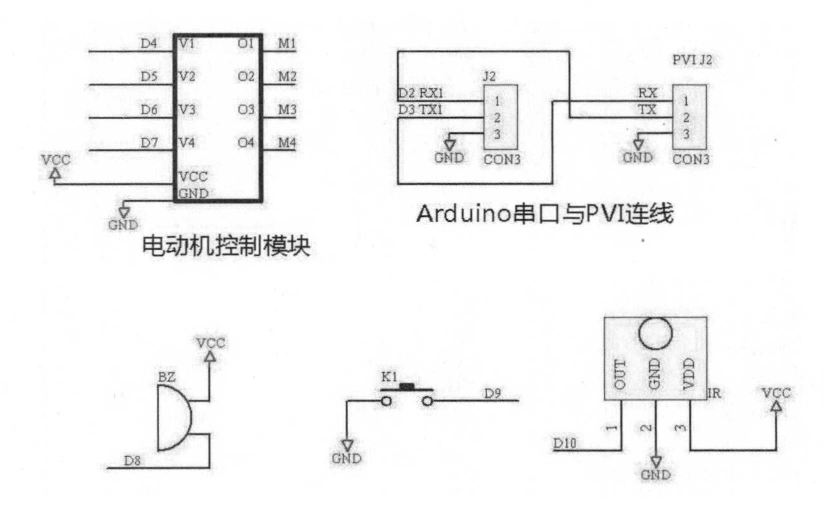

图 17-13　中文声控车的电路图

3. 程序设计

程序文件名为 pmca.ino。程序设计主要分为以下几部分：

- 压电扬声器驱动发出音效。
- 控制电动机4个方向运动的子程序。
- 根据侦测到遥控器按键被按下的情况来启动遥控车的动作。

- 循环扫描是否出现遥控器的按键信号，并判读是否为有效按键，再执行如下动作。
  - 按键1：前进。
  - 按键2：后退。
  - 按键3：左转。
  - 按键4：右转。
  - 按键5：演示前进、后退、左转、右转。
  - 按键9：启动串口声控功能。

程序执行后，可以通过遥控器操控车子的运动，也可以进行远程声控，发出声控命令后，发射出与遥控器兼容的信号。若按下按键 9，则启动串口声控功能，开始做近端声控实验，可将声控模块放在车上，使用串口进行控制。示例程序如下：

示例程序 pmca.ino

```
#include <rc95a.h>              //包含红外线遥控器译码链接库的头文件
#include <SoftwareSerial.h>     //包含额外串口链接库的头文件
SoftwareSerial ur1(2,3);        //设置额外串口引脚
int cir =10;                    //设置红外线遥控器译码控制引脚
int led = 13;                   //设置 LED 引脚
int k1 = 9;                     //设置按键引脚
int out1=4, out2=5;             //电动机 1 控制引脚
int out3=6, out4=7;             //电动机 2 控制引脚
int ans;                        //声控识别结果的答案
//-------------------------------------
void setup()                    //初始化各种设置
{
  pinMode(cir, INPUT);
  Serial.begin(9600);
  ur1.begin(9600);
  pinMode(led, OUTPUT);
  pinMode(led, LOW);
  pinMode(k1, INPUT);
  digitalWrite(k1, HIGH);
  pinMode(out1, OUTPUT);
  pinMode(out2, OUTPUT);
  pinMode(out3, OUTPUT);
  pinMode(out4, OUTPUT);
  digitalWrite(out1, 0);
  digitalWrite(out2, 0);
  digitalWrite(out3, 0);
  digitalWrite(out4, 0);
}
//--------------------------------
void led_bl()            //LED 闪动
{
  int i;
  for(i=0; i<1; i++)
```

```
    {
      digitalWrite(led, HIGH); delay(150);
      digitalWrite(led, LOW); delay(150);
    }
}
//------------------------------------
void listen()       //聆听指令
{
  url.print('l');
}
//---------------------------------
char rx_char()      //接收数据
{
  char c;
  while(1)
  if (url.available() > 0)
  {
    c=url.read();
    Serial.print('>');
    Serial.print(c);
    return c;
  }
}
//-----------------------------------
void vc()           //执行声控功能
{
  byte c,c1;
  url.print('r'); delay(500);
  c=rx_char();
  if(c!='@') { led_bl(); return; }
  c= rx_char()-0x30; c1=rx_char()-0x30;
  ans=c*10+c1;
  Serial.print("ans="); Serial.println(ans);
  vc_act();
}
//------------------------------------
void right()        //右转
{
  digitalWrite(out1,1);
  digitalWrite(out2,0);
  digitalWrite(out3,1);
  digitalWrite(out4,0);
  delay(150);
  stop();
}
/*------------------------*/
void stop()         //停止
{
```

```
  digitalWrite(out1,0);
  digitalWrite(out2,0);
  digitalWrite(out3,0);
  digitalWrite(out4,0);
  led_bl();
}
/*-----------------------*/
void left()          //左转
{
  digitalWrite(out1,0);
  digitalWrite(out2,1);
  digitalWrite(out3,0);
  digitalWrite(out4,1);
  delay(150);
  stop();
}
//-------------------------
void go()            //前进
{
  digitalWrite(out1,1);
  digitalWrite(out2,0);
  digitalWrite(out3,0);
  digitalWrite(out4,1);
  delay(200);
  stop();
}
/*-----------------------*/
void back()          //后退
{
  digitalWrite(out1,0);
  digitalWrite(out2,1);
  digitalWrite(out3,1);
  digitalWrite(out4,0);
  delay(200);
  stop();
}
/*-----------------------*/
void demo()          //演示
{
  go(); delay(500);
  back(); delay(500);
  left(); delay(500);
  right(); delay(500);
}

//-------------------------------------------
void vc_act()        //执行声控操作
{
```

```
    if(ans==0) led_bl();
    if(ans==1) go();
    if(ans==2) back();
    if(ans==3) left();
    if(ans==4) right();
    if(ans==5) demo();
}
//---------------------------
void loop()     //主控循环
{
    int c, i;
    led_bl();
    Serial.print("VC uart test : \n");
    while(1) //无限循环
    {
        loop:
        //扫描是否有按键
        if( digitalRead(k1)==0 ) { led_bl(); demo();}
        //扫描是否有遥控器按键信号
        no_ir=1; ir_ins(cir); if(no_ir==1) goto loop;
        //发现遥控器信号，进行转换
        led_bl(); rev();
        for(i=0; i<4; i++)
        {
            c=(int)com[i];
            //串口显示译码结果
            Serial.print(c); Serial.print(' ');
        }
        Serial.println(); delay(300);
        //按键控制
        if(com[2]==12) go();            //按键 1
        if(com[2]==24) back();          //按键 2
        if(com[2]==94) left();          //按键 3
        if(com[2]==8 ) right();         //按键 4
        if(com[2]==28) demo();          //按键 5
        if(com[2]==74) while(1) vc(); //按键 9
    }
}
```

17.6　Android 手机遥控车

智能手机和平板电脑改变了人们的生活习惯，现在已成为居家生活重要的娱乐工具，各种创意功能不断出现在生活中。上一节介绍过 Arduino 控制遥控车，若能以手机遥控小车，更能增加 Arduino 的学习乐趣，本节将结合蓝牙模块实现这类应用。上一节的遥控车仍然适用，继续进行功能扩充即可。

1. 专题作品的功能

手机遥控 Arduino 小车的基本功能如下：

- Arduino通过串口连接蓝牙模块，后者与Android手机内建蓝牙系统连接。
- 按下RESET键，LED闪动，开机正常发出音效。
- 按下k1测试键，测试车体行进。
- 手机需与控制板先建立连接，然后才可以遥控操作。
- 遥控距离10米内有效。
- 可以多部手机控制多台小车，同时进行遥控。
- 手机遥控器操作如下：
  - 方向控制：4个箭头键控制，停止键发出音效。
  - EF1键：发出音效1。
  - EF2键：发出音效2。
  - SONG键：演奏歌曲。

图 17-14 是手机执行界面，APK 程序文件需要先安装在手机上才能执行。手机本身就有声控功能，因此就用手机的声控功能来声控小车，使用 AI2 系统内建的中文声控功能来做非特定人语音的声控实验，在识别出结果后，通过蓝牙模块发送信号到 Arduino 遥控小车，实现低成本的声控车控制。图 17-15 为手机声控小车的实物照片，图 17-16 为启动声控后的界面。

图 17-14 手机执行界面

图 17-15 手机声控小车的实物照片

图 17-16 启动声控界面

2. 电路设计

手机遥控 Arduino 小车的控制电路分为以下几部分：

- Arduino Uno控制板或自己焊接的控制板。
- 蓝牙模块。
- 按键控制。
- 压电扬声器。
- 电动机控制模块。
- 串口。

由于手机内建了蓝牙功能，而 Arduino 端可以通过串口连接蓝牙模块，再结合串口程序及手机端的 APP 程序，就可由 Android 手机来进行控制，原先 Arduino 可以控制的设备都可以尝试以手机来完成遥控实验。图 17-17 是一般实验用的蓝牙模块的实物照片，可利用杜邦扁平电缆连接到单芯片串口来增加专题作品的蓝牙功能。一般市售蓝牙模块的串口引脚如下：

- VCC：5V输入。
- RXD：用于下载程序或通信的接收引脚，连接单芯片TXD的发送引脚。
- TXD：下载程序或通信的发送引脚，连接单芯片RXD的接收引脚。
- GND：接地。
- 3.3V：3.3V测试电压的输出，不必使用。

蓝牙模块可用杜邦线与实验板相连接。蓝牙模块与 Arduino 实验板的连接方式如下：

- RXD：连至Arduino TXD发送引脚。
- TXD：连至Arduino RXD接收引脚。
- GND：连至Arduino GND地线引脚。
- VCC：5V输入，连至Arduino的5V端子，如舵机接口的5V电源端。

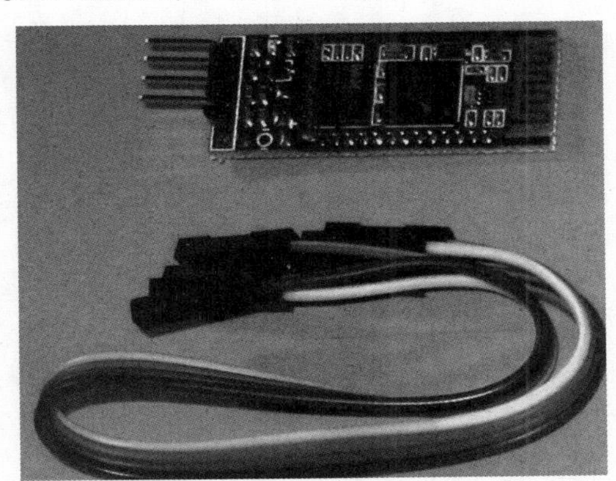

图 17-17 蓝牙模块和扁平电缆

完整的控制电路如图 17-18 所示。当电源加入时，压电扬声器会发出“哔”声并驱动车体前进，进行简单的功能测试。相关设计说明如下：

- D4、D5、D6、D7：发送电动机动作的控制信号。
- D13：LED工作指示灯。
- D9：按键引脚。
- D8：压电扬声器音乐应用。
- J2：用于连接蓝牙模块。
- J0：程序修改用串口。

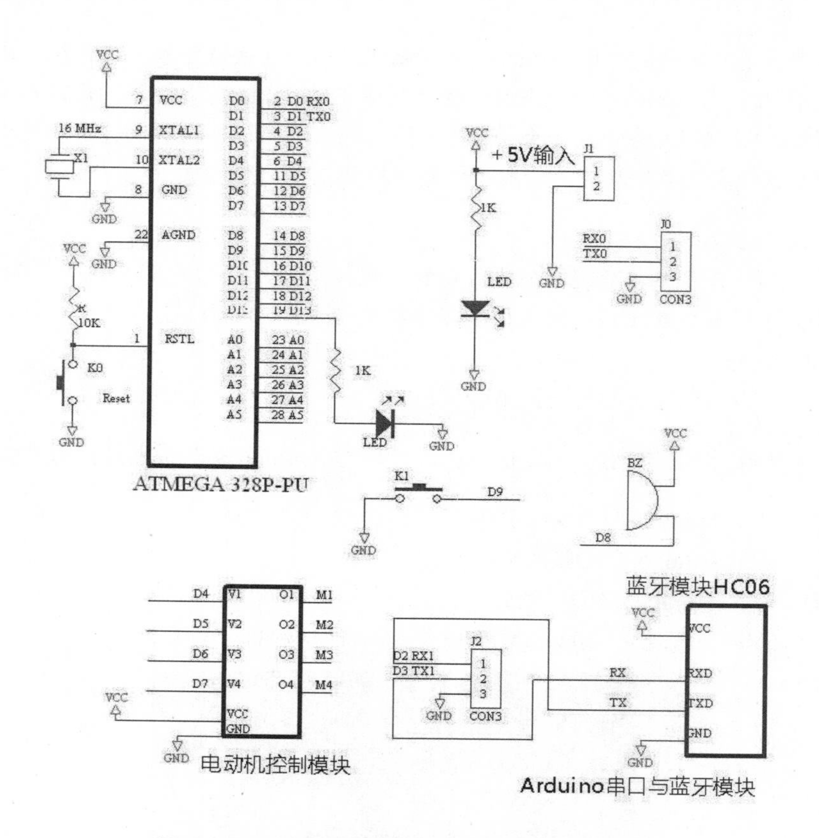

图 17-18 手机遥控 Arduino 小车的控制电路图

3. 程序设计

Arduino 与手机连线（即建立联机）是通过经串口连接的蓝牙模块，只要蓝牙模块与手机移动设备配对成功，通信方式便是一般的串口传送方式，内定通信传输协议为（9600,8,N,1），因此可以通过串口指令与手机进行连线控制。当未连接蓝牙模块时，可以先以串口指令来测试遥控车的动作。

本专题作品的设计是以手机作为遥控器来控制遥控小车的动作，由手机经由内建的蓝牙模块发送控制指令，当 Arduino 与手机通过蓝牙模块建立连接后，由蓝牙模块串口接收的命令会送到 Arduino 中，再由程序来判断应该执行的相关控制。

为了简化程序设计，蓝牙模块发送指令以单个字符来表示，如 '0' 码。Arduino 在程序主控循环中进行的工作如下：

- 扫描是否按下了k1键，若是则执行小车行进的测试。
- 扫描串口是否出现有效指令，若是则进行指令控制码的对比。
  - 's' 码：演奏歌曲。
  - '0' 码：发出单音测试音阶。
  - '1' 码或 'f' 码：车体前进。
  - '2' 码或 'b' 码：车体后退。
  - '3' 码或 'l' 码：车体左转。

- '4' 码或 'r' 码：车体右转。
- 'q' 码：发出音效1。
- 'a' 码：发出音效2。
- 'z' 码：发出音效3。

当未连接蓝牙模块时，可先以串口指令来测试遥控车的动作。打开“串口监视器”窗口，程序执行后，“串口监视器”窗口的显示如图 17-19 所示。

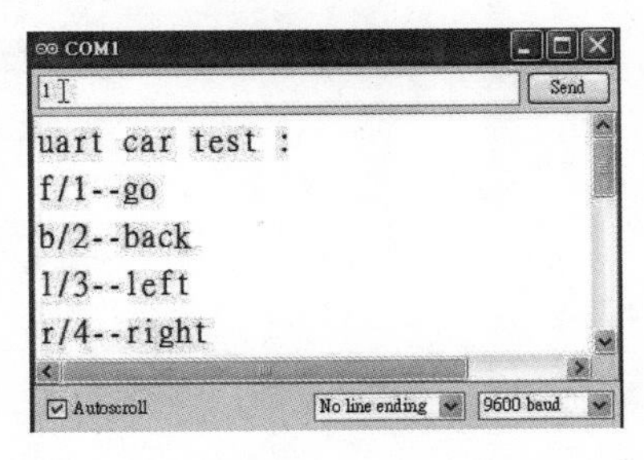

图 17-19　未连接蓝牙模块时，可先以串口指令来测试遥控车

示例程序 bca.ino

```
#include <SoftwareSerial.h>
SoftwareSerial url(2,3);
int led = 13;          //设置 LED 引脚
int k1 = 9;            //设置按键引脚
int bz=8;              //设置扬声器引脚
#define de 150
#define de2 300
int out1=4, out2=5;
int out3=6, out4=7;
void setup()           //初始化各种设置
{
   url.begin(9600);
   pinMode(out1, OUTPUT);
   pinMode(out2, OUTPUT);
   pinMode(out3, OUTPUT);
   pinMode(out4, OUTPUT);
   digitalWrite(out1, 0);
   digitalWrite(out2, 0);
   digitalWrite(out3, 0);
   digitalWrite(out4, 0);
   pinMode(led, OUTPUT);
   pinMode(k1, INPUT);
   digitalWrite(k1, HIGH);
   pinMode(bz, OUTPUT);
   Serial.begin(9600);
   digitalWrite(bz, HIGH);
}
/*----------------------------*/
void led_bl()              //LED 闪动
```

```
{
   int i;
   for(i=0; i<2; i++)
   {
      digitalWrite(led, HIGH); delay(50);
      digitalWrite(led, LOW); delay(50);
   }
}
//----------------------
void be()                //发出“哔哔”声
{
   int i;
   for(i=0; i<100; i++)
   {
      digitalWrite(bz, HIGH); delay(1);
      digitalWrite(bz, LOW); delay(1);
   }
   delay(100);
}
//------------------------------
void stop()              //停止
{
   digitalWrite(out1,0);
   digitalWrite(out2,0);
   digitalWrite(out3,0);
   digitalWrite(out4,0);
}
/*----------------------*/
void go()                //前进
{
   digitalWrite(out1,1);
   digitalWrite(out2,0);
   digitalWrite(out3,0);
   digitalWrite(out4,1);
   delay(de);
   stop();
}
/*----------------------*/
void   back()            //后退
{
   digitalWrite(out1,0);
   digitalWrite(out2,1);
   digitalWrite(out3,1);
   digitalWrite(out4,0);
   delay(de);
   stop();
}
/*----------------------*/
void left()              //左转
{
```

```
  digitalWrite(out1,0);
  digitalWrite(out2,1);
  digitalWrite(out3,0);
  digitalWrite(out4,1);
  delay(de2);
  stop();
}
/*-----------------------*/
void right()             //右转
{
  digitalWrite(out1,1);
  digitalWrite(out2,0);
  digitalWrite(out3,1);
  digitalWrite(out4,0);
  delay(de2);
  stop();
}
//---------------------------
void demo()              //演示
{
  go(); delay(500);
  back(); delay(500);
  left(); delay(500);
  right(); delay(500);
}
//音调对应的频率值
int f[]={0, 523, 587, 659, 698, 784,  880, 987,
        1046, 1174, 1318, 1396, 1567, 1760, 1975};
void so(char n)          //发出特定音阶的单音
{
  tone(bz, f[n],500);
  delay(100);
  noTone(bz);
}
//-------------------------------------
void test()              //测试音阶
{
  char i;
  so(1); led_bl();
  so(2); led_bl();
  so(3); led_bl();
}
//-------------------------------------
void song()              //演奏一段旋律
{
  char i;
  so(3); led_bl();    so(5); led_bl();
  so(5); led_bl();    so(3); led_bl();
  so(2); led_bl();    so(1); led_bl();
}
```

```
//--------------------------------
void ef1()              //救护车音效
{
   int i;
   for(i=0; i<3; i++)
   {
      tone(bz, 500); delay(300);
      tone(bz, 1000); delay(300);
   }
   noTone(bz);
}
//--------------------------------
void ef2()              //音阶音效
{
   int i;
   for(i=0; i<10; i++)
   {
      tone(bz, 500+50*i); delay(100);
   }
   noTone(bz);
}
//--------------------------------
void ef3()              //激光枪音效
{
   int i;
   for(i=0; i<30; i++)
   {
      tone(bz, 700+50*i); delay(30);
   }
   noTone(bz);
}
//--------------------------------
void loop()             //主控循环
{
   int k1c; int i,c;
   stop();
   be(); led_bl();be();
   Serial.println("uart car test : ");
   Serial.println("f/1--go ");
   Serial.println("b/2--back ");
   Serial.println("l/3--left ");
   Serial.println("r/4--right");
   //go();delay(1000); back();
   while(1) //无限循环
   {
      loop:
      //扫描是否有按键被按下，若有则演示小车的行进
      k1c=digitalRead(k1);
      if(k1c==0) {led_bl();be(); demo();be();}
      if (ur1.available() > 0)                    //蓝牙模块收到指令
```

```
    {
      c=url.read();         //读取蓝牙模块指令
      if(c=='f' || c=='1') { be(); go(); }        //前进
      if(c=='b' || c=='2') { be(); back(); }      //后退
      if(c=='l' || c=='3') { be(); left(); }      //左转
      if(c=='r' || c=='4') { be(); right(); }     //右转
      if(c=='0') test();        //单音测试音阶
      if(c=='q') ef1();         //救护车音效
      if(c=='a') ef2();         //音阶音效
      if(c=='z') ef3();         //激光枪音效
      if(c=='s') song();        //演奏一段旋律
    }

    if (Serial.available() > 0)                    //有串口指令进入
    {
      c= Serial.read();   //读取串口指令
      if(c=='f' || c=='1') { be(); go(); }        //前进
      if(c=='b' || c=='2') { be(); back(); }      //后退
      if(c=='l' || c=='3') { be(); left(); }      //左转
      if(c=='r' || c=='4') { be(); right(); }     //右转
      if(c=='0') test();        //单音测试音阶
      if(c=='q') ef1();         //救护车音效
      if(c=='a') ef2();         //音阶音效
      if(c=='z') ef3();         //激光枪音效
      if(c=='s') song();        //演奏一段旋律
    }
  }//loop
}
```

4. 安装 Android 手机遥控程序

要在 Android 手机上执行 APK 程序与 Arduino 实现联机控制，需要进行一些设置：

- 蓝牙模块配对。
- 把APK程序文件复制到手机。
- 把APK程序安装到手机。
- 系统蓝牙联机及断线。

具体步骤说明如下：

步骤 01 蓝牙模块配对。使用前，Arduino 接上蓝牙模块需要先加上电源，蓝牙模块指示灯会闪烁，等待与移动设备进行配对，配对后，配对的蓝牙模块编号会出现在系统蓝牙模块的名单中，以方便下次存取，若要建立联机，则蓝牙模块指示灯会从闪烁到恒亮。配对的操作步骤如下：

1）在移动设备的“设置”中开启蓝牙功能。

2）执行搜索设备命令，移动设备会向附近的蓝牙设备发出信号，搜索可用的蓝牙设备。

3）若搜索到可用的设备，则进行密码配对，一般配对密码为 1234。

4）若在应用程序中建立蓝牙联机，则蓝牙模块指示灯会由闪烁变为恒亮。

步骤 02 把 APK 程序文件复制到智能手机。将智能手机或平板电脑与计算机联机，在计算机端正常可以找到该设备，在智能手机 SD 卡文件夹中创建一个目录，把 APK 程序文件复制到该目录中。

步骤 03 把 APK 程序文件安装到智能手机中。智能手机或平板电脑上可能需要做一些安全性方面的设置，例如勾选允许安装未知来源的程序，因为有些智能手机或平板电脑默认只允许安装认证过的 APK 程序。此外，为了在系统端找到安装文件，可能需要安装 ES 文件浏览器，以便可以在目录中找到安装文件。另一个方法是将 APK 程序文件发送到智能手机的信箱来安装，当手机下载好文件后，系统会自动询问是否安装，随后选择直接安装即可。

步骤 04 系统蓝牙的联机及断线。[BT ON LINE] [BT OFF LINE]状态会显示在设备屏幕的上方。

程序执行后，建议先建立蓝牙连接，长久不用时则断线，其他设备要连线本机也需要先断线，因为蓝牙是一对一连接的，任何时候一部手机只能控制一台设备。若无法连线成功或断线，则蓝牙模块指示灯会闪烁，需要稍等一下，再次执行[BT ON LINE]进行连接。成功连线后，便可通过手机执行相关的控制。

5. 用 AI2 设计 Android 手机遥控程序

设计和开发手机程序可以用 App Inventor 2 开发工具，通过它的官网（见图 17-20），初学者可以快速认识该软件，进而使用它来设计自己的手机应用程序。有兴趣的读者可以参考该网站的内容学习手机相关程序的开发和设计。

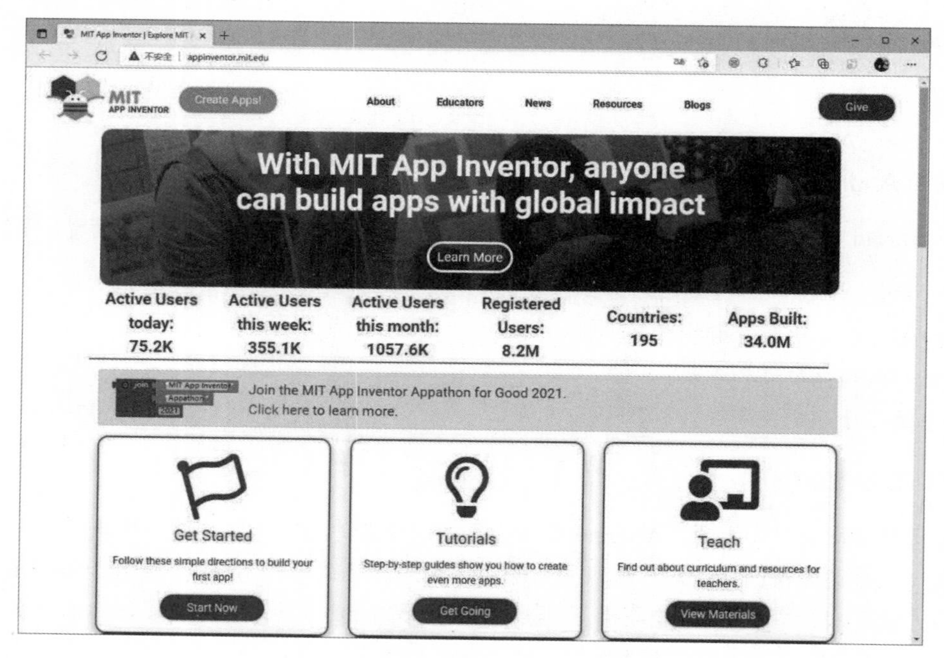

图 17-20 用 AI II 来开发手机程序

17.7　Arduino声控谱曲

特定人语音识别技术是录什么音就识别什么音，因而可用于不限定语言类型的声控应用，对于简谱DO、RE、ME等音阶识别也适用，所以做一台特定人语音谱曲机没有问题。本专题作品用Arduino来设计特定人语音声控谱曲，只要说出“DO”，设备就发出“DO”音阶，因此将随兴的简谱通过说的方式输入设备中，只需动动口，便可以谱曲了。

1. 专题作品的功能

功能设计如下：

以VCMM作为声控谱曲的输入主机，对说出的音阶或控制指令进行识别。

- 声控指令如下：
  - “高音”：音阶低音和高音切换。
  - “演奏”：完整演奏这首曲子。
  - “清除”：重新开始记录新曲子的音阶。
- VCMM通过串口与Arduino联机，用于传送或接收数据。
- VCMM进行识别，把识别结果输出到Arduino，Arduino驱动压电扬声器发出音阶或演奏歌曲。

图17-21为Arduino声控谱曲专题作品的实物照片。

图17-21　Arduino声控谱曲专题作品的实物照片

2. 专题作品的声控录音

本专题作品的制作是通过“说”的方式将简谱输入计算机中，因而要先将控制命令及音阶语音录音输入VCMM控制板上的芯片中，才能与Arduino控制程序结合进行测试。在语音录音训练并建立识别数据库的过程中，系统对新录音数据进行对比，把会混淆的录音数据剔除掉，如此一来可以提升整体的识别率。先对VCMM进行录音，录制如下内容：

- 第1段语音：“高音”。
- 第2段语音：“DO”。

- 第3段语音：“RE”。
- 第4段语音：“ME”。
- 第5段语音：“FA”。
- 第6段语音：“SO”。
- 第7段语音：“LA”。
- 第8段语音：“SI”。
- 第9段语音：“演奏”。
- 第10段语音：“清除”。

再对 VCMM 输入语音进行测试，把识别结果传入 Arduino 中，Arduino 再驱动压电扬声器发出对应的音阶，控制命令对应的操作如下：

- 说出“高音”：音阶低音或高音切换。
- 说出“演奏”：完整演奏这首曲子。
- 说出“清除”：重新开始记录新曲子的音阶。

3. 电路设计

图 17-22 是此专题作品的实验电路图，不包含 Arduino 基本动作的电路。使用如下零部件：

- VCMM：执行声控音阶输入。
- 按键：测试功能。
- LED：闪烁指示灯。
- 串口连接：用于Arduino与VCMM连接。
- 压电扬声器：发出音阶，演奏歌曲。

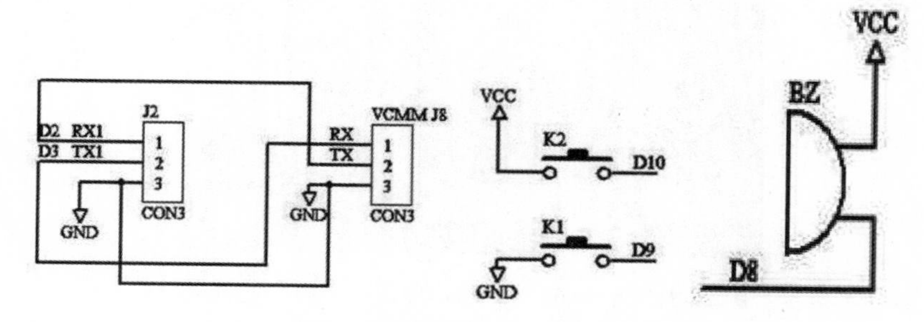

图 17-22 声控谱曲专题作品的实验电路图

4. 程序设计

本声控谱曲专题作品的程序以声控输入简谱数据，程序文件名为 mVCtone.ino，该程序主要分为以下几部分：

- 扫描按键以启动声控功能。
- 根据从串口侦测到的传入信号启动声控功能。
- 执行控制语音聆听功能，根据数据库内容进行识别。

- 控制语音识别及接收识别的结果。
- 控制发出音阶单音。
- 把单音增添到演奏歌曲中。
- 演奏歌曲。

示例程序 mVCtone.ino

```
#include <SoftwareSerial.h>          //包含软件串口链接库的头文件
SoftwareSerial url(2,3);             //通过软件设置 url 串口引脚
int led = 13;                //设置 LED 引脚
int k1 = 9;                  //设置按键 k1 引脚
int k2 = 10;                 //设置按键 k2 引脚
int bz=8;                    //设置压电扬声器引脚
//音调对应的频率值
int f[]={0, 523, 587, 659, 698, 784,  880, 987,
         1046, 1174, 1318, 1396, 1567, 1760, 1975};
char hif=0;                  //高音低音状态
#define MNO 50               //音阶输入总数
char no[MNO]={1,2,3 }; //歌曲旋律音阶数组，并先初值化 DO、RE、ME 数据
char noi=3;                  //数组数据输入指针
int ans;                     //存储识别结果的变量
//--------------------------------------
void setup()                 //初始化各种设置
{
   Serial.begin(9600);
   ur1.begin(9600);
   pinMode(led, OUTPUT);
   pinMode(led, LOW);
   pinMode(k1, INPUT);
   digitalWrite(k1, HIGH);
   pinMode(k2, INPUT);
   digitalWrite(k2, LOW);

   pinMode(bz, OUTPUT);
   Serial.begin(9600);
   digitalWrite(bz, LOW);
}
//------------------------------------
void led_bl()                //LED 闪动
{
   int i;
   for(i=0; i<1; i++)
   {
      digitalWrite(led, HIGH); delay(150);
      digitalWrite(led, LOW); delay(150);
   }
}
//-----------------------------------------------------------
void listen()                //语音聆听
{
```

```
    url.print('l');
  }
  //------------------------------
  char rx_char()            //接收识别的结果
  {
    char c; while(1)
    if (url.available() > 0)
    {
      c=url.read();
      Serial.print('>');
      Serial.print(c);
      return c;
    }
  }
  //----------------------------------------
  void vc()                  //语音识别
  {
    byte c,c1;
    url.print('r'); delay(500);
    c=rx_char();
    if(c!='@') { led_bl(); return; }
    c= rx_char()-0x30; c1=rx_char()-0x30;
    ans=c*10+c1;
    Serial.print("ans=");
    Serial.println(ans);
    vc_act();
  }
  //-----------------------------------------
  void so(char n)           //发出特定音阶的单音
  {
    tone(bz, f[n],500);
    delay(100);
    noTone(bz);
  }
  //------------------------------------------------------------
  void be()                  //“哔哔”声
  {
    int i;
    for(i=0; i<100; i++)
    {
      digitalWrite(bz, HIGH); delay(1);
      digitalWrite(bz, LOW); delay(1);
    }
  }
  void test()                //测试各个音阶
  {
    char i;
    so(1); led_bl();
    so(2); led_bl();
    so(3); led_bl();
```

```
  //for(i=1; i<15; i++) { so(i); delay(100); }
}
//-----------------------------------
void add(char n)        //加入单音到歌曲中
{
  if(noi<MNO) { no[noi]=n; noi++; }
  else { be(); be(); be(); be(); }
  so(n);
}
//-----------------------------------
void play_song()        //演奏一段旋律
{
  int i;
  for(i=0; i<noi; i++)
  {
    so(no[i]); delay(100);
  }
}
//-------------------------------------------
//声控编号 0    1   2   3   4   5   6   7   8    9
//执行动作 高音  DO  RE  ME  FA  SO  LA  SI  演奏     清除
//-------------------------------------------
void vc_act()           //根据识别结果执行声控应用
{
   if(ans==0)
   {
     hif=1-hif;
     if(hif==1) { be(); be(); }
     else be();
   }
   if(ans==1) if(hif==1) add(8); else add(1);
   if(ans==2) if(hif==1) add(9); else add(2);
   if(ans==3) if(hif==1) add(10); else add(3);
   if(ans==4) if(hif==1) add(11); else add(4);
   if(ans==5) if(hif==1) add(12); else add(5);
   if(ans==6) if(hif==1) add(13); else add(6);
   if(ans==7) if(hif==1) add(14); else add(7);
   if(ans==8) play_song();
  if(ans==9) { noi=0; be(); be(); be(); }
}
//-------------------------------------
void loop()             //主控循环
{
  char c;
  led_bl(); be();
  Serial.print("VC uart test : \n");
  Serial.print("1:listen  2:vc \n");
  //listen();           //聆听内容
  while(1)              //循环
  {
```

```
        if (Serial.available() > 0)    //有串口指令进入
        {
          c=Serial.read();             //读取串口指令
          //聆听内容
          if(c=='1') { Serial.print("listen\n"); listen(); led_bl();}
          //启动声控
          if(c=='2') { Serial.print("vc\n"); vc(); led_bl(); }
          //演奏歌曲
          if(c=='3') { led_bl(); play_song(); }
          //重新输入
          if(c=='4') { noi=0; be(); be(); be(); }
        }
        //扫描是否有按键
        if( digitalRead(k1)==0 ) { led_bl(); listen();}   //k1 按键聆听内容
        if( digitalRead(k2)==1 ) { led_bl(); vc(); }      //k2 按键启动声控
      }
    }
```

17.8 Arduino 控制家中的电视机

学会使用 Arduino 控制家电后，本专题作品将使用 Arduino 来控制电视机的操作，需要准备一台电视机及遥控器。Arduino 板有控制按键来控制电视机，可以通过串口来调试，经由额外的串口与学习型遥控器模块串口进行联机，实现发射与接收互动的功能。参考图 17-23，使用电视机的遥控器来做实验。图 17-24 是使用 Arduino 来控制家中电视机的实验作品的实物照片。

图 17-23 用电视机的遥控器来做实验

图 17-24 使用 Arduino 控制家中电视机的实验作品

1. 学习电视机遥控器的信号

学习型遥控器模块在实验前先下载 TV17.HEX 应用程序，可以去学习电视机的 17 组控制信号。有关如何学习这些控制信号，可参考本书附录。学习型遥控器模块先学习电视机遥控器对应操作的信号，顺序如下：

- 数字键0~9。
- 电视机电源。
- 静音。

- 返回。
- 上一个频道。
- 下一个频道。
- 调大音量。
- 调小音量。

然后测试一下，从学习型遥控器模块上发射相应的控制信号，看看电视机是否随之响应。一旦确认学习成功，便可下达串口指令来控制信号的发射：

- 数字0~9：'T' + '0' ~ 'T' + '9'。
- 电视电源：'T' + 'P'。
- 音：'T' + 'M'。
- 返回：'T' + 'B'。
- 上一个频道：'T' + 'U'。
- 下一个频道：'T' + 'D'。
- 调大音量：'T' + 'L'。
- 调小音量：'T' + 'S'。

2. 程序接口设计

发射控制子程序设计如下：

```
void op_dig(int d)            //发射数字码 0~9
{
  ur1.print('T');             //输出 'T' 控制码
  led_bl();                   //延迟
  ur1.write('0'+d);           //输出指定的某组数字，输出'0'~'9'
}

void op_com(char c)           //发射控制码
{
  ur1.print('T'); led_bl();
  if(c==power){ur1.print('P');
  if(c==mute ){ur1.print('M');
  if(c==ret  ){ur1.print('B');
  if(c==up  ){ur1.print('U');

  //输出 'T' 控制码
  led_bl(); }  //输出 '电源' 控制码
  led_bl(); }  //输出 '静音' 控制码
  led_bl(); }  //输出 '返回' 控制码
  led_bl(); }  //输出 '上一个频道' 控制码
  led_bl(); }  //输出 '下一个频道'控制码
  led_bl(); }  //输出 '调大音量' 控制码
  led_bl(); }  //输出 '调小音量' 控制码
```

```
    if(c==down ){ur1.print('D');
    if(c==vup  ){ur1.print('L');
    if(c==vdown){ur1.print('S');
}

op_com(power);              //开启电视机
op_dig(3); op_dig(6);   //切换到频道 36
op_dig(5); op_dig(8);   //切换到频道 58
op_dig(2); op_dig(2);   //切换到频道 22
```

3. 专题作品的功能

Arduino 控制板连接红外线学习模块，遥控电视机。Arduino 控制板上设计有 5 个按键，相关功能设计如下：

- k1键：开启电视机。
- k2键：电视机静音。
- k3键：切换到频道36。
- k4键：切换到频道58。
- k5键：切换到频道22。

4. 电路设计

图 17-25 是实验电路图，使用如下零部件：

- D13是板上原先的LED指示灯。
- 按键：用于发射信号。
- J0：原先板上的串口，用于下载程序。
- J1：用于连接额外串口与学习型遥控器模块LI J2串口。

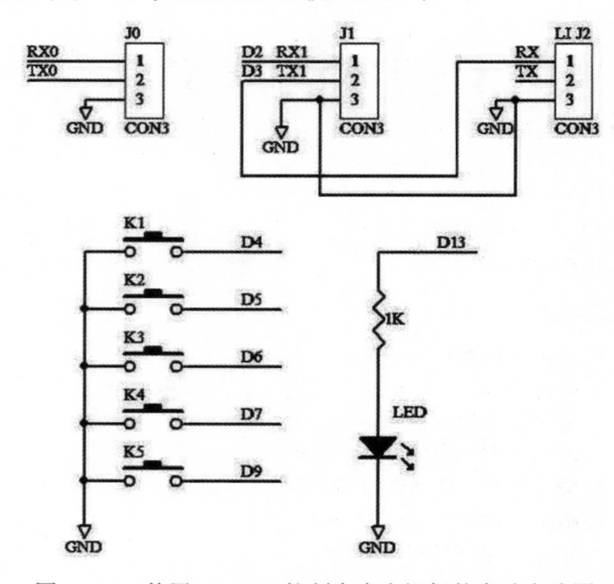

图 17-25　使用 Arduino 控制家中电视机的实验电路图

5. 程序设计

程序文件名为 ARTV.ino。该程序主要分为以下几部分：

- 包含软件串口链接库的头文件，并指定产生额外串口引脚，D2为接收引脚，D3为发射引脚。
- 侦测按键是否被按下，根据所按的键发射相应的信号。
- 发射数字码0~9的子程序op_dig(int d)。
- 发射控制码的子程序op_com(char c)。

示例程序 ARTV.ino

```
#include <SoftwareSerial.h>          //包含软件串口链接库的头文件
SoftwareSerial url(2,3);             //通过软件设置 url 串口引脚
int led = 13;                  //设置 LED 引脚
int k1 = 4;                    //设置按键 k1 引脚
int k2 = 5;                    //设置按键 k2 引脚
int k3 = 6;                    //设置按键 k3 引脚
int k4 = 7;                    //设置按键 k4 引脚
int k5 = 9;                    //设置按键 k5 引脚

#define power   0              //定义 '电源' 控制码
#define mute    1              //定义 '静音' 控制码
#define ret 2                  //定义 '返回' 控制码
#define up  3                  //定义 '上一个频道' 控制码
#define down    4              //定义 '下一个频道' 控制码
#define vup 5                  //定义 '调大音量' 控制码
#define vdown   6              //定义 '调小音量' 控制码
//----------------------------------------
void setup()                   //初始化各种设置
{
  Serial.begin(9600);
  url.begin(9600);
  pinMode(led, OUTPUT);
  pinMode(led, LOW);
  pinMode(k1, INPUT);     digitalWrite(k1, HIGH);
  pinMode(k2, INPUT);     digitalWrite(k2, HIGH);
  pinMode(k3, INPUT);     digitalWrite(k3, HIGH);
  pinMode(k4, INPUT);     digitalWrite(k4, HIGH);
  pinMode(k5, INPUT);     digitalWrite(k5, HIGH);
}

//-------------------------------------
void led_bl()                  //LED 闪动
{
  int i;
  for(i=0; i<1; i++)
  {
    digitalWrite(led, HIGH); delay(150);
    digitalWrite(led, LOW); delay(150);
```

```
    }
}
//--------------------------------------
void op_dig(int d)           //发射数字码 0~9
{
     ur1.print('T');      led_bl();
     ur1.write('0'+d);    led_bl();
     Serial.write('0'+d);
}
//--------------------------------------
void op_com(char c)          //发射控制码
{
     ur1.print('T'); led_bl();
     if(c==power){ur1.print('P'); led_bl(); }
    if(c==mute ){ur1.print('M'); led_bl(); }
    if(c==ret ){ur1.print('B'); led_bl(); }
    if(c==up ){ur1.print('U'); led_bl(); }
    if(c==down ){ur1.print('D'); led_bl(); }
    if(c==vup ){ur1.print('L'); led_bl(); }
    if(c==vdown){ur1.print('S'); led_bl(); }
}
//--------------------------------------
void loop()                  //主控循环
{
    char c;
    led_bl();
    Serial.print("ALIR TV test : \n");
    while(1)
    {
      //扫描是否有按键被按下，若有则根据按键功能控制电视机
      if( digitalRead(k1)==0 ) op_com(power);
      if( digitalRead(k2)==0 ) op_com(mute);
      if( digitalRead(k3)==0 ) {op_dig(3); op_dig(6); }
      if( digitalRead(k4)==0 ) {op_dig(5); op_dig(8); }
      if( digitalRead(k5)==0 ) {op_dig(2); op_dig(0); }
    }
}
```

17.9 Arduino 声控电视机

要制作中文声控电视机的专题作品，需要准备一台电视机和一个遥控器。专题作品的实物照片如图 17-26 所示，Arduino 板有控制按键来启动声控，进而控制电视机的操作，可以通过串口进行调试，经由额外串口与声控板及学习型遥控器模块的串口进行联机，实现发射与接收的功能。当 Arduino 执行声控后，获取使用者下达的声控命令，进而执行对应的操作。

图 17-26　中文声控电视机专题作品的实物照片

1. 学习电视机遥控器的信号

在实验前，先下载 TV17.HEX 应用程序，让学习型遥控器模块学习电视机的 17 组控制信号。关于如何学习控制信号，可参考本书的附录。

学习型遥控器模块学习电视机遥控器控制信号的顺序如下：

- ☐数字 0 ~ 9
- ☐电视机电源
- ☐静音
- ☐返回
- ☐上一个频道
- ☐下一个频道
- ☐调大音量
- ☐调小音量

然后测试一下，从学习型遥控器模块上发射控制信号，随后看看电视机是否会随之响应。一旦确认学习成功，便可下达串口指令来控制信号的发射：

- ☐数字 0 ~ 9：'T' + '0' ~ 'T' + '9'
- ☐电视机电源：'T' + 'P'
- ☐静音：'T' + 'M'
- ☐返回：'T' + 'B'
- ☐上一个频道：'T' + 'U'
- ☐下一个频道：'T' + 'D'
- ☐调大音量：'T' + 'L'
- ☐调小音量：'T' + 'S'

2. 程序设计

发射信号部分的程序代码如下：

```
void op_dig(int d)                          //发射数字码 0~9
{
  url.print('T');                           //输出 'T' 控制码
  led_bl();                                 //延迟
  url.write('0'+d);                         //输出指定的某组数字，输出 '0'~'9'
}

void op_com(char c)                         //发射控制码
{
  url.print('T'); led_bl();                 //输出 'T' 控制码
  if(c==power){url.print('P');              //输出 '电源' 控制码
  if(c==mute ){url.print('M');              //输出 '静音' 控制码
  if(c==ret  ){url.print('B');              //输出 '返回' 控制码
  if(c==up   ){url.print('U');              //输出 '上一个频道' 控制码
```

```
    if(c==down ){url.print('D');          //输出 '下一个频道' 控制码
    if(c==vup  ){url.print('L');          //输出 '调大音量' 控制码
    if(c==vdown){url.print('S');          //输出 '调小音量' 控制码
  }

op_com(power);          //开启电视机
op_dig(3); op_dig(6); //切换到频道36
op_dig(5); op_dig(8); //切换到频道58
op_dig(2); op_dig(2); //切换到频道22
```

声控电视机的控制码及对应的操作如下：

- ☐ 11 开启电视机
- ☐ 12 静音
- ☐ 13 返回
- ☐ 14 上一个频道
- ☐ 15 下一个频道
- ☐ 16 调大音量
- ☐ 17 调小音量
- ☐ 18 频道 36
- ☐ 19 频道 58
- ☐ 20 频道 22

识别的结果即为要执行的控制对应的控制码，存储在 ans 中。执行声控后，如果 ans=11，系统会说出“开关”，并执行对应的操作。程序代码如下：

```
void vc_act()
{
   if(ans==11) op_com(power);        //开启电视机
   if(ans==12) op_com(mute );        //静音
   if(ans==13) op_com(ret );         //返回
   if(ans==14) op_com(up    );       //上一个频道
   if(ans==15) op_com(down );        //下一个频道
   if(ans==16) op_com(vup );         //调大音量
   if(ans==17) op_com(vdown);        //调小音量

   if(ans==18) {op_dig(3); op_dig(6); }//切换到频道36
   if(ans==19) {op_dig(5); op_dig(8); }//切换到频道58
   if(ans==20) {op_dig(2); op_dig(2); }//切换到频道22
}
```

3. 专题作品的功能

在 Arduino 控制声控电视机的实验中，使用 Arduino 额外串口连接红外线学习模块及声控模块，程序执行后，打开“串口监视器”窗口，计算机按键的功能如下：

- 数字1：聆听声控命令。
- 数字2：执行声控。

Arduino 控制板的按键也可以启动，操作如下：

- k1键：聆听声控命令。
- k2键：执行声控。

4. 电路设计

图 17-27 是实验电路图，使用如下零部件：

- D13是板上原先的LED指示灯。
- 按k1键：聆听声控命令。
- 按k2键：执行声控。
- J0：原先板上的串口，用于下载程序。
- J1：用于连接额外串口与学习型遥控器模块LI的J2串口，也用于连接声控模块VI的J2串口。

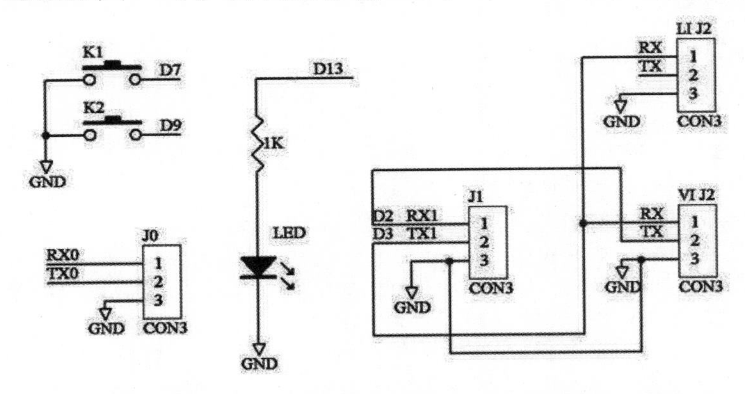

图 17-27　Arduino 声控电视机专题作品采用的实验电路图

5. 程序设计

程序文件名为 VC_TV.ino，主要分为以下几部分：

- 包含软件串口链接库的头文件，并指定产生额外串口引脚，D2为接收引脚，D3为发射引脚。
- 侦测是否有按键被按下，再根据按键情况把对应的控制信号发射出去。
- 发射数字码0~9的子程序op_dig(int d)。
- 发射控制码的子程序op_com(char c)。
- 语音聆听子程序listen()。
- char rx_char()接收识别结果的子程序。
- 语音识别子程序vc()。
- 执行声控应用子程序vc_act()。

示例程序 VC_TV.ino

```
#include <SoftwareSerial.h>       //包含软件串口链接库的头文件
SoftwareSerial url(2,3);          //通过软件设置 url 串口引脚
//定义电视机遥控器按键的功能编号
#define power   0
#define mute    1
#define ret 2
#define up  3
#define down    4
```

```
#define vup 5
#define vdown   6
int led = 13;             //设置 LED 引脚
int k1 = 7;               //设置按键 k1 引脚
int k2 = 9;               //设置按键 k2 引脚
int ans;                  //存储识别结果的变量
//----------------------------------------
void setup()              //初始化各种设置
{
  Serial.begin(9600);
  ur1.begin(9600);
  pinMode(led, OUTPUT);
  pinMode(led, LOW);

  pinMode(k1, INPUT);
  digitalWrite(k1, HIGH);
  pinMode(k2, INPUT);
  digitalWrite(k2, HIGH);
}
//-------------------------------------
void led_bl()             //LED 闪动
{
  int i;
  for(i=0; i<1; i++)
  {
     digitalWrite(led, HIGH); delay(150);
     digitalWrite(led, LOW); delay(150);
  }
}
//----------------------------------
void listen()             //语音聆听
{
  ur1.print('l');
}
//----------------------------------
char rx_char()        //接收识别的结果
{
  char c; while(1)
  if (ur1.available() > 0)
  {
    c=ur1.read();
    Serial.print('>');
    Serial.print(c);
    return c;
  }
}
//----------------------------------------
void vc()             //语音识别
```

```
{
  byte c,c1;
  url.print('r'); delay(500);
  c=rx_char();
  if(c!='/') { led_bl(); return; }
  c= rx_char()-0x30; c1=rx_char()-0x30;
  ans=c*10+c1;
  Serial.print("ans="); Serial.println(ans);
  vc_act();
}
//------------------------------------------
void op_dig(int d)           //发射数字码 0~9
{
  url.print('T');            //输出 'T' 控制码
  led_bl();                  //延迟
  url.write('0'+d);          //输出指定的某组数字，输出'0'~'9'
}
//------------------------------------------
void op_com(char c)          //发射控制码
{
  url.print('T');  led_bl();                          //输出'T'控制码
  if(c==power){url.print('P'); led_bl(); }            //输出 '电源' 控制码
  if(c==mute ){url.print('M'); led_bl(); }            //输出 '静音' 控制码
  if(c==ret ){url.print('B'); led_bl(); }             //输出 '返回' 控制码
  if(c==up ){url.print('U'); led_bl(); }              //输出 '上一个频道' 控制码
  if(c==down ){url.print('D'); led_bl(); }            //输出 '下一个频道' 控制码
  if(c==vup ){url.print('L'); led_bl(); }             //输出 '调大音量' 控制码
  if(c==vdown){url.print('S'); led_bl(); }            //输出 '调小音量' 控制码
}
//------------------------------------------
void vc_act()            //根据识别结果执行声控应用
{
  if(ans==11) op_com(power);    //开启电视机
  if(ans==12) op_com(mute );    //静音
  if(ans==13) op_com(ret );     //返回
  if(ans==14) op_com(up   );    //上一个频道
  if(ans==15) op_com(down );    //下一个频道
  if(ans==16) op_com(vup );     //调大音量
  if(ans==17) op_com(vdown);    //调小音量
  if(ans==18) {op_dig(3); op_dig(6); }     //切换到频道 36
  if(ans==19) {op_dig(5); op_dig(8); }     //切换到频道 58
  if(ans==20) {op_dig(2); op_dig(2); }     //切换到频道 22
}
//------------------------------------------
void loop()              //主控循环
{
  char c; led_bl();
  Serial.print("VC uart test : \n");
```

```
  Serial.print("1:listen   2:vc \n");
  listen();              //聆听内容
  while(1)               //循环
  {
    if (Serial.available() > 0)        //有串口指令进入
    {
      c=Serial.read();                 //读取串口指令
      if(c=='1') { Serial.print("listen\n"); listen(); led_bl();}//聆听内容
      if(c=='2') { Serial.print("vc\n"); vc(); led_bl(); }       //启动声控
    }
    //扫描是否有按键被按下
    if( digitalRead(k1)==0 ) { led_bl(); listen();}        //k1 按键聆听内容
    if( digitalRead(k2)==0 ) { led_bl(); vc(); }           //k2 按键启动声控
  }
}
```

附录 A

A.1 ASCII 对照表

控制字符的 ASCII 编码如表 A-1 所示。

表A-1 控制字符的ASCII编码

十 进 制	十六进制	控制字符	十 进 制	十六进制	控制字符
0	00H	NULL	16	10H	DLE
1	01H	SOH	17	11H	DC1
2	02H	STX	18	12H	DC2
3	03H	ETX	19	13H	DC3
4	04H	EOT	20	14H	DC4
5	05H	ENQ	21	15H	NAK
6	06H	ACK	22	16H	SYN
7	07H	BEL	23	17H	ETB
8	08H	BS	24	18H	CAN
9	09H	HT	25	19H	EM
10	0AH	LF	26	1AH	SUB
11	0BH	VT	27	1BH	ESC
12	0CH	FF	28	1CH	FS
13	0DH	CR	29	1DH	GS
14	0EH	SO	30	1EH	RS
15	0FH	SI	31	1FH	US

可见字符的 ASCII 编码如表 A-2 所示。

表A-2　可见字符的ASCII编码

十 进 制	十六进制	字　符	十 进 制	十六进制	字　符
32	20H	SPACE	66	42H	B
33	21H	!	67	43H	C
34	22H	"	68	44H	D
35	23H	#	69	45H	E
36	24H	$	70	46H	F
37	25H	%	71	47H	G
38	26H	&	72	48H	H
39	27H	'	73	49H	I
40	28H	(	74	4AH	J
41	29H	)	75	4BH	K
42	2AH	*	76	4CH	L
43	2BH	+	77	4DH	M
44	2CH	,	78	4EH	N
45	2DH	-	79	4FH	O
46	2EH	.	80	50H	P
47	2FH	/	81	51H	Q
48	30H	0	82	52H	R
49	31H	1	83	53H	S
50	32H	2	84	54H	T
51	33H	3	85	55H	U
52	34H	4	86	56H	V
53	35H	5	87	57H	W
54	36H	6	88	58H	X
55	37H	7	89	59H	Y
56	38H	8	90	5AH	Z
57	39H	9	91	5BH	[
58	3AH	:	92	5CH	\
59	3BH	;	93	5DH	]
60	3CH	<	94	5EH	^
61	3DH	=	95	5FH	_
62	3EH	>	96	60H	`
63	3FH	?	97	61H	a
64	40H	@	98	62H	b
65	41H	A	99	63H	c

（续表）

十 进 制	十六进制	字 符	十 进 制	十六进制	字 符
100	64H	d	114	72H	r
101	65H	e	115	73H	s
102	66H	f	116	74H	t
103	67H	g	117	75H	u
104	68H	h	118	76H	v
105	69H	i	119	77H	w
106	6AH	j	120	78H	x
107	6BH	k	121	79H	y
108	6CH	l	122	7AH	z
109	6DH	m	123	7BH	{
110	6EH	n	124	7CH	|
111	6FH	o	125	7DH	}
112	70H	p	126	7EH	~
113	71H	q	127	7FH	△

A.2 简易稳压电源的制作

Arduino 相关硬件电路实验及制作基本都采用+5V 电源，根据所设计的专题作品的电源负载会有不同的电源供电方式，有以下几种：

- USB电源供电：适合小电流负载及基本实验。
- 使用3节干电池：约4.5V电压，可驱动Arduino电路，适合小电流负载。
- 使用7805稳压芯片：适合用于一般的电流负载。
- 采用大电流5V供电：适合用大电流负载，如驱动多个舵机。

图 A-1 是使用 7805 稳压芯片时建议采用的电路。由市售的 9V 电源适配器来将市电 220V 转换为直流 9V 的电源，经由 7805 稳压芯片进行稳压，其中的电容器作为滤波电容使用，LED 作为电源指示灯，其作用之一是指示+5V 电源的存在，作用之二是当电源接到控制板上时，如果一不小心把电源端弄短路了，可以马上检查出来。

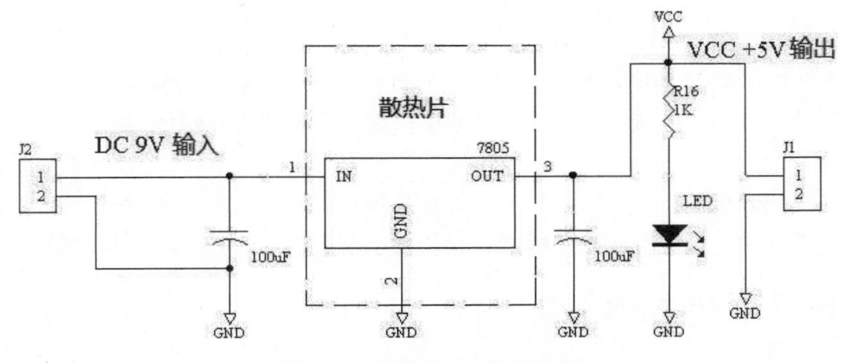

图 A-1 简单的 5V 稳压电源

由于稳压芯片上的压降有 4V，因此在电流负载稍大的使用场合，芯片外壳的温度会上升，因此必须外加散热片来散热。此外，市售的 9V 电源适配器的插头输出端的正负极以及转接头的搭配需要特别注意，这是自制稳压电源时要注意的地方。自制稳压电源适配器的插头输出端的正极在中间，外部金属的部分是负极，自制时可以用万用表确认一下。图 A-2 是自制稳压电源的实物照片，输出端经由两条线连接到自制的控制板上。9V 电源适配器也可以用于给 Uno 单板供电，如图 A-3 所示。

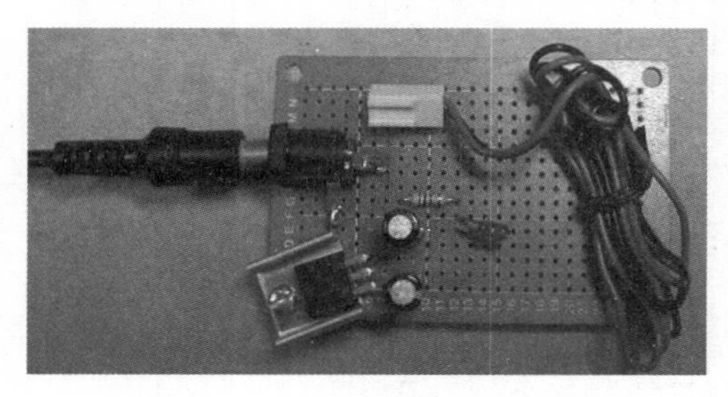

图 A-2　自制的 5V 稳压电源

图 A-3　Uno 单板上的稳压电源

图 A-4 是市面上两款电源适配器的实物照片。右侧的设计是使用传统的变压器来降压，因此体积较大，重量较重。左侧的设计采用了交换式控制电路，因而体积较小，重量较轻，还内建有短路自动保护的设计，一旦输出端短路时电流过大，则会自动将输出端隔离开来，等待数秒后再恢复供电，不过它的价格比传统的变压器电源适配器贵一倍。

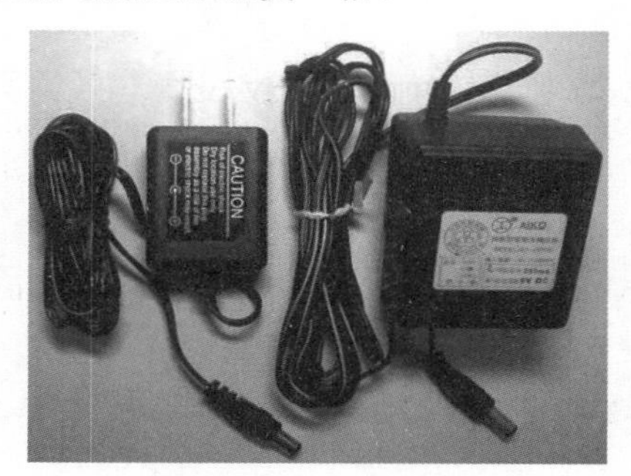

图 A-4　两款不同的电源适配器

A.3　自制 Arduino 实验板

在本书中介绍使用 Uno 控制板来学习书中的软硬件设计，读者可以直接选择成品来做实验，或者购买空的万用洞洞板和 OK 线（镀银线）来做配线焊接。本节将介绍如何有效地利用洞洞板来制作一个控制板。

如果读者是在校的学生，又对计算机制作有相当浓厚的兴趣，那么自己动手焊接一片 Arduino 单板机是一件非常有意义且很有成就感的事、为什么要自己动手去实践呢？原因如下：

- 可以提高自己动手实践的能力。
- 可根据需要自行增加I/O的功能。

- 可以将单板机的I/O用扁平电缆（或单芯线）接出来，在面包板上做实验。
- 实验做完后，这个Arduino单板机可以继续用于其他专题作品的制作。
- 自己可以做项目设计及产品开发。

市面上现成的单板机所具有的功能可能无法完全满足自己专题作品的设计，可以使用单板来制作特殊的硬件，因为一个单板机，既可用于基本 I/O 的实验，又可针对专题作品的制作扩充 I/O 接口，也可用于计算机产品的开发。

以开发市面上的抓娃娃机为例，就可以使用 Arduino 单板来做原型电路的开发，以 Arduino 单板为中心，只要结合步进电动机控制接口、语音及音效控制接口，便可以完成一套相当有趣、会说话、会发出电玩音效的抓娃娃机。总之， Arduino 单板机有很多用途，第一次做 Arduino 单板机用于实验，以后就可以将它用于其他设计了。

当然，自己动手制作一定会花费很多时间，也许会失败。不过，本节会带领初学者一起来焊接一个 Arduino 单板机，只要读者耐心和细心，一定可以成功。一分耕耘，一分收获。不要怕失败，特别是在校学生，应该把握求学时的学习机会，学得一技之长，为自己以后就业或创业“积攒”能力。

本书的各个实验都是以简单的硬件为基础，引导初学者学会 Arduino 的基本 I/O 功能控制，读者可以先在面包板上做实验，等实验成功后，再将必要的电路焊在 Arduino 单板上，因为无论做什么实验，都会用到这些必要的基本电路。至于 Arduino 的 I/O 端口，则可以在芯片底座的旁边焊上排针母座（如 Uno 单板），这样方便以单芯线连到面包板上来做其他的实验。

图 A-5 是以自制的 Arduino 简单实验板来做本书中有关 LCD 的各种实验，图 A-6 是自制的 Arduino 简单实验板。

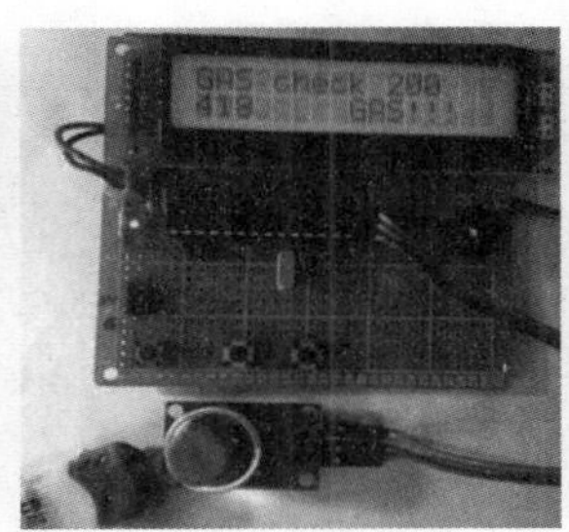

图 A-5 自制的 Arduino 简单实验板来做 LCD 实验

图 A-6 自制的 Arduino 简单实验板

1. 焊接配线时保持线路的整齐

在零部件购置齐备后，就可以开始线路的焊接了。可以先将芯片底座摆上，用焊锡加以固定，再摆上其他的被动电阻、电容元器件，最后以银线进行配线。如果是焊接数据总线，可能一次有 8 条线，那么一次将其焊完即可，这样可以避免发生线路漏焊的问题。

2. 焊接配线的小技巧

各个芯片底座应设为同一个方向，也不宜太密，否则不好焊接配线，也不宜太松，否则其他零部件放不下去，芯片底座与芯片底座之间应保持 2~3 孔的距离。图 A-7 为芯片底座摆放的参考示意图。

- 银线进行配线时，配线不宜过长，最好是先焊上一点后，预先拉至另一点的位置，确定长度后将其剪下，再焊至另一点处，而在转角处，应尽可能拉成直角，而且配线往芯片底座内侧走，这样可以避免配线之间互相交叉而妨碍配线，芯片底座与芯片底座之间还可以摆上电阻或电容。图A-8为焊接配线参考示意图。

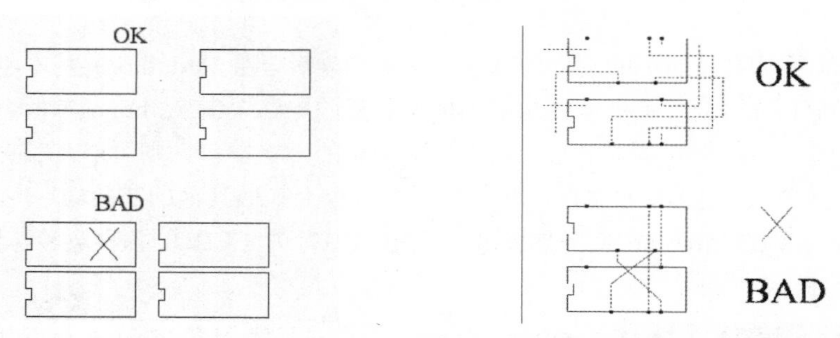

图 A-7 芯片底座摆放的参考示意图

图 A-8 焊接配线参考示意图

- 先焊上各芯片底座、+5V电源（以红色配线）及地线（以黑色配线）。
- 类似的信号线尽可能采用同一种颜色的配线，如黄色配线表示数据总线，棕色配线表示地址总线，如此一来，在电路检查及焊接其他线路时就容易多了。
- 焊接时电烙铁温度要够，避免出现冷焊、虚焊等情况。
- 焊接同一个芯片底座接点要连接两条线时，焊接速度要快，不要让第一点解焊，否则第一点的配线便会跳起来。图A-9为部分焊接完成的控制板的背面图，焊接好部分基本电路后便可以进行测试，焊接多少测试多少，焊接完，测试也就完成了。

图 A-9 焊接完成后的背面图

A.4 L51 学习型遥控器模块特性的说明

红外线遥控器有低价、应用普遍的优点，是传统电子设备、家电、玩具中常配备的遥控方式，家电自动化应用及整合控制也常常会用到，因此红外线遥控器的学习型控制接口及相关应用很关键。有了 L51 红外线学习型遥控器模块（见图 A-10），红外线遥控在未来的应用就更广，是传统电子创新应用的极佳实验平台。有了 L51，通过 Arduino/8051 的 C 语言程序的开发，就可以快速开发出各种多元化、富有创意的应用。

图 A-10 L51 学习型遥控器模块的实物照片

1. 功能

- 系统组成：遥控器+模块+电池仓，可由外部5V供电。
- 3组红外线发射输出，可控制多组家电遥控设备。
- 1组红外线学习输入，支持红外线载波频率：32.768kHz。
- 可学习并存储10组红外线命令，由遥控器设置学习和发射。
- 含2组接近触发传感器，接近时可发射4组红外线信号，压电扬声器发出“哔哔”提示声，以手触碰传感器自动发射信号，控制家电的开启。
- 成品或套件组装完成后，都可以直接用于家中，只需一个遥控器即可控制多组家电遥控设备。
- 支持UART TTL接口，从串口可控制模块进行学习和发射，可制作家电自动化相关的8051专题作品，提供了外部8051汇编语言及C语言示例程序。
- L51使用LO51芯片（ISP型8051微控制器），由PC接口下载程序，快速方便。
- 验证新程序的功能，程序代码最大容量为64 KB。
- 与计算机联机，计算机变身为家电的遥控器，可遥控家电。
- 下载史宾/罗本艾特机器人程序，与计算机联机后，计算机可控制史宾/罗本艾特机器人。
- 用洞洞板设计额外的硬件扩充。
- 支持SDK 8051的C语言版本的程序开发工具，用于自行设计遥控器的学习功能。
- 软件含支持8051的C语言示例程序。
- 软件含应用程序：
  - 学习型遥控器的制作——10组红外线控制信号。
  - 红外线信号分析器——演示版。

2. 学习型遥控器的制作和应用示例——10 组红外线控制信号

- L51下载文件L10v1.HEX后，将L51变为万用遥控器的实验开发平台，我们可以利用它：
  - 将许多遥控器的常用键码存储在单板机上来操控。
  - 以手触控把控制信号发射出去。
  - 控制遥控器发射控制信号。
  - 将L51控制板与外部8051联机，设计特殊硬件来控制L51发射信号。
  - 将L51控制板与外部计算机联机，将计算机变为遥控器来控制设备。
- 网络上有很多新的8051示例程序可支持L51的各种应用：
  - 任意按键安排8051学习型遥控器。
  - 空调定温控制。
  - 定时发射红外线控制信号。
  - 遥控隔壁间的家电设备。
  - 打电话回家控制空调开关。
  - L51各种应用实例。

3. L51 串口控制码

- 控制码 'L' + '0'~'9'：学习一组控制信号。
- 控制码 'T' + '0'~'9'：发射一组控制信号。

在专题作品中，可以轻松加入学习和发射一组遥控器的控制信号，基于 8051 微控制器的 C 语言示例程序如下：

```
//学习遥控器的控制信号
if(c=='0') { tx('L'); tx('0'); break; }
if(c=='1') { tx('L'); tx('1'); break; }
if(c=='2') { tx('L'); tx('2'); break; }
//发射遥控器的控制信号
if(c=='0') { tx('T'); tx('0'); }
if(c=='1') { tx('T'); tx('1'); }
if(c=='2') { tx('T'); tx('2'); }
```

更多有关 L51 相关产品的应用及整合产品套餐可上网查询。

A.5 L51 学习型遥控器的使用

图 A-11 是 L51 的使用示意图。将家中常用的遥控器，如电风扇、空调机、电视机、音响等的遥控器，都用 L51 学习一遍，而后由单个遥控器就可以实现对这些设备的遥控，之后电风扇、空调机、音响的遥控器便可以收好不用了，只留下电视机和主机的遥控器即可。L51 目前的版本可学习和发射 10 组控制信号，由 '0' ~'9' 键发射。

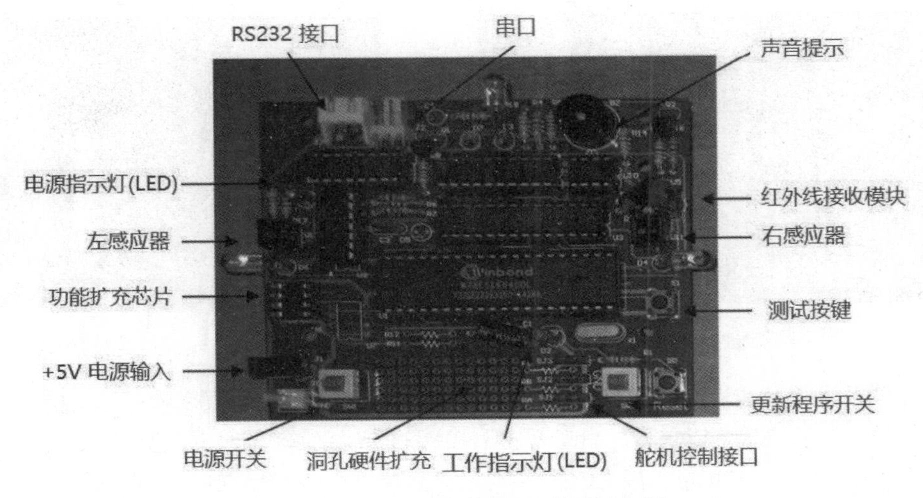

图 A-11　学习型遥控器的使用示意图

操作说明如下：

步骤 01 准备。接+5V 电源并通电，或者把 3 节电池放入电池仓。

步骤 02 电源指示灯（LED）亮起，工作指示灯（LED）闪烁，开机正常。

步骤 03 控制板上按键 S1 的操作如下：

- 按一下S1键：发射编号为0的遥控器控制信号。
- 按S1键2秒：学习编号为0的遥控器控制信号。

步骤 04 如图 A-12 所示是在学习遥控器的控制信号。学习遥控器的控制信号时，LED 会亮起，此时系统正等待接收红外线的控制信号进来，将要学习的红外线遥控器靠近主机右侧的红外线接收模块，按下该键，系统读到控制信号，LED 就会闪烁一下后熄灭，3 秒内若未读到红外线控制信号，则会自动离开学习模式。学习时请避开强光（如客厅黄色的亮灯光）。

步骤 05 遥控器学习控制信号：按 '+' + '0'~'9' 键，压电扬声器发出“哔哔”的提示声，按 '+' 键后，LED 会亮起，先在遥控器上按下 '0'~'9' 键中的一个，表示设置编号，接着 LED 亮起，进入学习模式。

步骤 06 遥控器发射控制信号：按 '0'~'9' 键，单键发射。

步骤 07 接近左感应器 1 秒，发射编号为 1 的红外（IR）信号，接近左感应器 2 秒，发射编号为 2 的红外线信号，接近右感应器 1 秒，发射编号为 3 的红外线信号，接近右感应器 2 秒，发射编号为 4 的红外线信号，使用 L51 来整合多个遥控器的控制，需要逐个按键来分辨是哪一个键，才能进行有效控制，对于 L51 左右感应器，以手感应直接遥控，是本机另一个方便之处。

图 A-13 是感应器使用的情况，以手靠近感应器便会开启家电，如同变魔术一般，经常使用遥控器的朋友就会觉得好用。特别是盲人使用感应器，整合一下功能，就可以改进人机接口，带来更多的便利。本套系统已经开发和测试了一阵子，习惯使用感应器开启家电后，遥控器就都收起来了，没有感应器还真不方便，就像生活中没有手机，也让人觉得怪怪的。

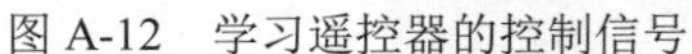

图 A-12 学习遥控器的控制信号

图 A-13 感应器的使用

步骤 08 L51 学习型遥控模块有程序代码下载功能，因此下载新版应用程序就可以支持不同的应用，学习型遥控器模块可以仿真一台电视机遥控器的 17 组控制信号，实验前先下载 TV17.HEX 应用程序，学习电视机的 17 组控制信号。先让学习型遥控器模块学习电视机遥控器的相应操作，学习顺序如下：

数字 0~9、电视机电源、静音、返回、上一个频道、下一个频道、调大音量、调小音量

然后测试一下，从学习型遥控器模块上发射相应的控制信号，看看电视机是否会随之响应。上述过程如下：

- 遥控器学习 '0'~'9'：按'+' + '0'~'9'键，学习'0'~'9'键。
- 遥控器学习7组控制键：按 '+' + 该组按键，学习该组键的控制信号，如 '+' + '静音' 键，学习 '静音' 键的控制信号。

压电扬声器发出“哔哔”提示声，按 '+' 键后，LED 会亮起，先在遥控器按下 '0'~'9' 键中的一个，表示设置编号，接着 LED 亮起，进入学习模式。接着从遥控器发射，按 '0'~'9' 键，单键发射。

步骤 09 L51 提供了 SDK 8051 程序开发工具，因而可以在自己的 C 语言程序中加入红外线学习及发射功能，L51 同时还提供了支持 8051 的 C 语言示例程序。

```
pro_ip(0);      //学习第 0 组遥控器的控制信号
pro_op(0);      //发射第 0 组遥控器的控制信号
```

步骤 10 L51 使用 8051 的可下载程序功能，从计算机的 USB 接口下载程序，方便快速验证各种实验及应用程序：

- 与计算机联机，计算机变身为家电遥控器，可遥控家电。
- 下载史宾/罗本艾特机器人程序，与计算机联机后，计算机可控制史宾/罗本艾特机器人。
- 含遥控器译码程序，可以学习如何解码遥控器的控制码。
- 可用Android手机来做遥控家电的实验。

步骤 11 用 Android 手机来做遥控家电的实验。

- Android手机程序的相关开发工具：可免费下载的App Inventor软件。
- Android手机程序：APK安装文件及源程序（App Inventor开发）。

- Android手机程序功能可以自行修改，基于8051微控制器的简单示例控制程序也可以自行修改，然后下载到8051微控制器上去执行。
- 采用Android手机程序开发工具——App Inventor（见图A-14），以堆积木的方式来设计程序功能。

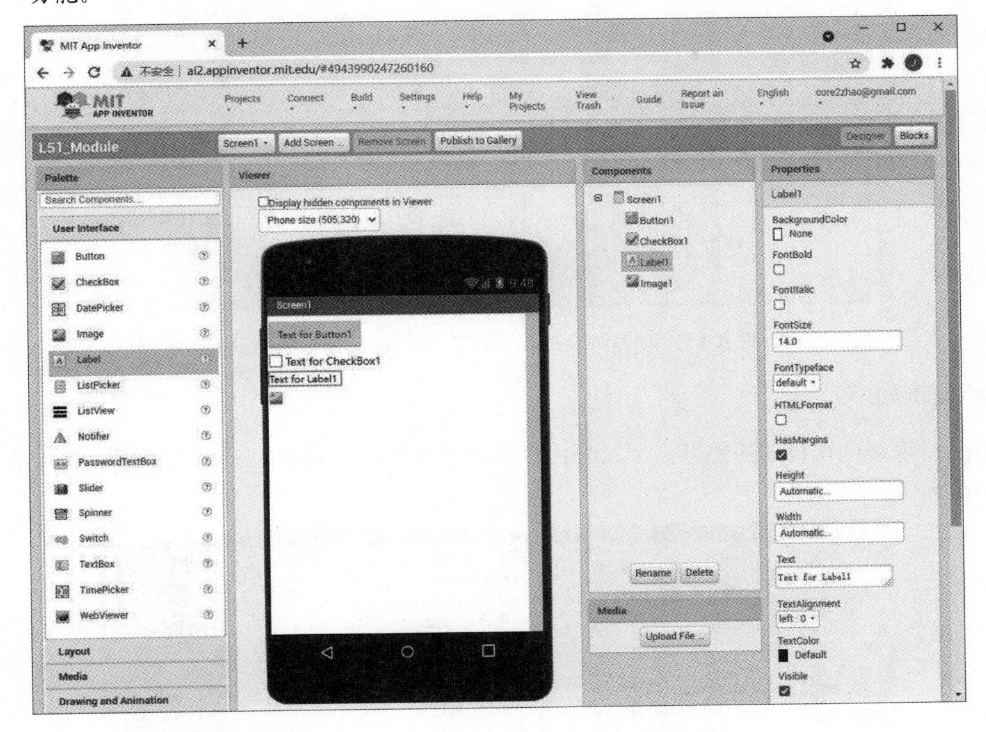

图 A-14　Android 手机程序开发工具——App Inventor

A.6　L51 学习型遥控模块的遥控器信号分析及应用

L51 学习型遥控模块有程序代码下载功能，通过下载新版应用程序，可以支持不同的应用，目前支持的特殊功能应用如下：

- 支持SDK 8051的C语言版本的程序开发工具，支持自行设计遥控器学习功能。
- 支持红外线信号分析器的演示版功能，由计算机来学习、存储、发射信号。
- 由计算机应用程序发射遥控器的控制信号，来控制家电等应用。

系统可以进行各种遥控器的信号分析等，如图 A-15 所示。

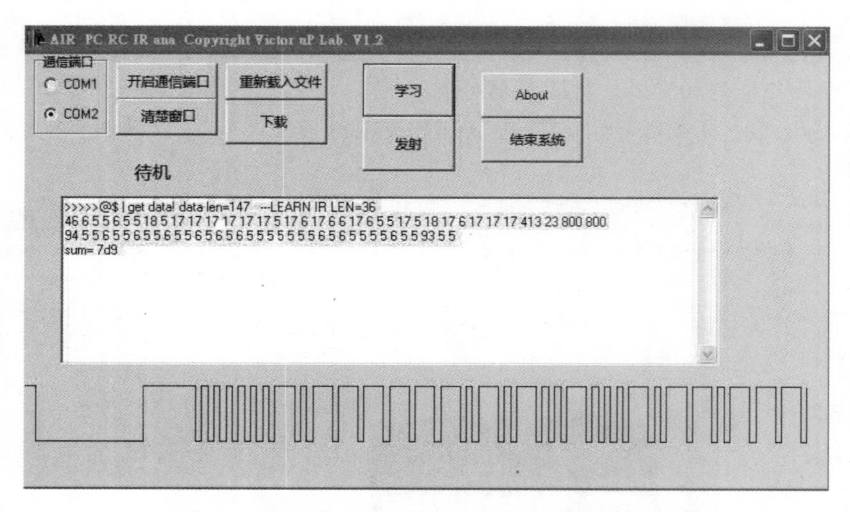

图 A-15　对各种遥控器的控制信号进行分析的工具

分析实例如下：

实例 1：东芝电视机的遥控器，经过分析，控制信号的长度为 36，适合本书译码程序的实验，如图 A-16 所示。

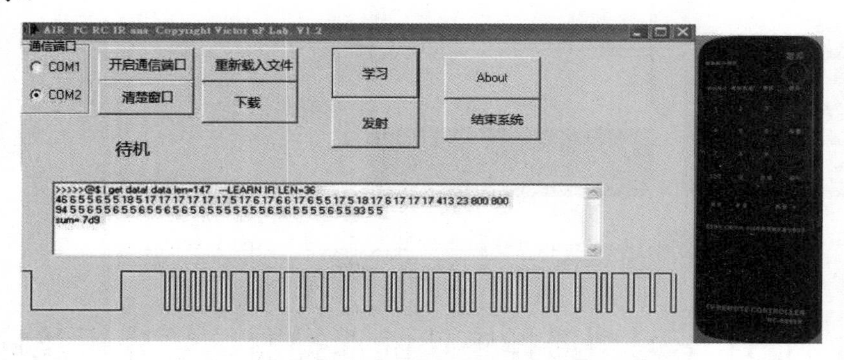

图 A-16　分析东芝电视机的遥控器的控制信号

实例 2：名片型遥控器，经过分析，控制信号的长度为 38，适合本书译码程序的实验，如图 A-17 所示。

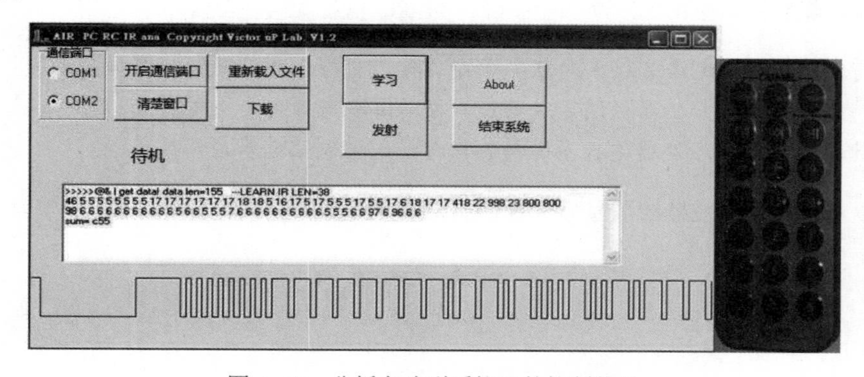

图 A-17　分析名片型遥控器的控制信号

A.7 VI 中文声控模块的使用

VI 中文声控模块有几种机型，还可委托设计不同应用的接口（有些支持红外线遥控器的发射接口）。本节说明它的基本操作和应用功能。

1. 操作示意图

VI 中文声控模块的操作示意图如图 A-18 所示。

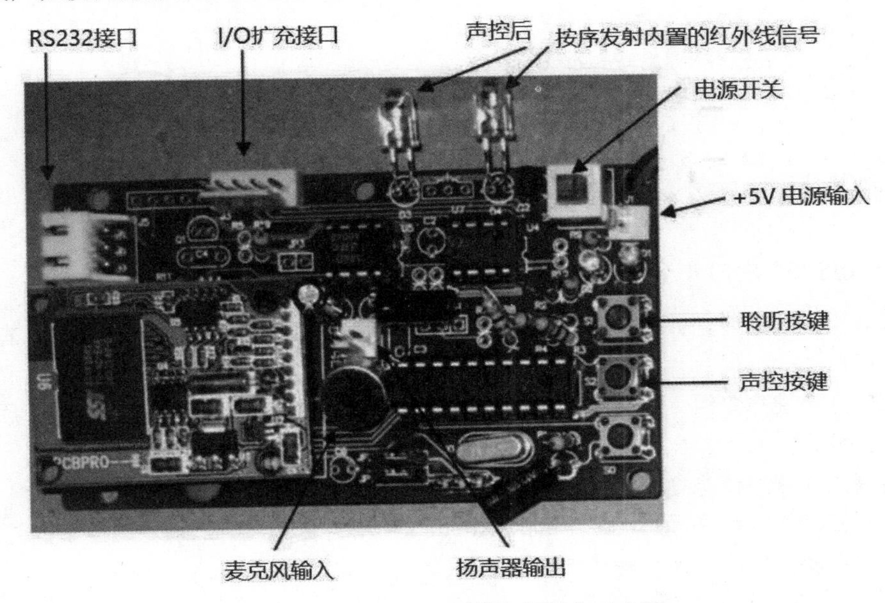

图 A-18　VI 中文声控模块的操作示意图

2. 按键声控

- 按S0键：系统重置。
- 按S1键：聆听系统已存在的语音内容，一直循环。
- 按S2键：进行一次识别。当工作指示灯LED亮起且听到“哔”的一声，表示系统正在等待语音输入，此时可以说出命令来实施控制。

3. 两种修改声控指令的方法

VI 支持程序下载功能，可以使用两种方法修改内部的声控指令：

方法 1：直接下载声控脚本文件。用文字处理器自行修改 VI.TXT 文件，由应用程序连接 USB 接口下载到模块中。

方法 2：改写 VIC.H 头文件。在 8051 声控范例 C 语言程序 VI_demo.C 中编辑 VIC.H 头文件，再经 KEILC 编译生成 HEX 文件，再下载到模块重新执行。

4. VI 串口、声控指令、控制码

- 控制码 'l': 语音聆听，操作与按下S1键相同。
- 控制码 'r': 语音识别，操作与按下S2键相同。

通过控制码可经由 8051 微控制器的串口进行声控功能的整合，在专题作品中可以轻松加入中文声控，声控支持 8051 微控制器的 C 语言示例程序如下：

```
recog()
{
   char c,c1;
   wled=0; tx_char('r'); delay(1000);
   c=rx_char();
   if(c!='/') { led_bl(); return; }
   c= rx_char()-0x30; c1=rx_char()-0x30;
   ans=c*10+c1; run(); wled=1;
}
```

5. Arduino/8051 串口 4 个步骤完成声控车专题作品的设计

步骤01 定义中文声控命令组：以声控车为例，它的声控命令为：前进、后退、左转、右转、停止、演示。

步骤02 编辑中文声控命令组：以文字处理器自行修改 VI.TXT 文件，内容为：前进、后退、左转、右转、停止、演示。

步骤03 更新控制模块声控命令数据库：由 USB 接口下载到模块中。

步骤04 设计对应动作的程序代码：修改 8051/Arduino 串口整合 C 程序，加入声控车的前进、后退、左转、右转、停止、演示等动作的控制码。

6. 支持程序下载及程序开发功能

VI 支持程序下载功能及声控 SDK 8051 程序开发工具，可以在自己的 C 程序中加入中文声控的创意应用功能：

- load_db(): 加载中文声控数据库。
- say1(name[lno]): 说出中文声控数据库的内容。
- recog(): 对数据库内容进行声控比对。

结合 L51 红外线学习模块，可以在自己的 C 程序中加入红外线学习及发射功能，因为有支持 8051 微控制器的示例 C 语言程序，所以易学易用。

7. 支持红外线遥控器的发射接口

特定机型的 VI 支持红外线遥控器的发射接口，声控后发射信号，还支持遥控器设备免改装变为声控设备。

A.8 VCMM 特定人语音声控模块的使用

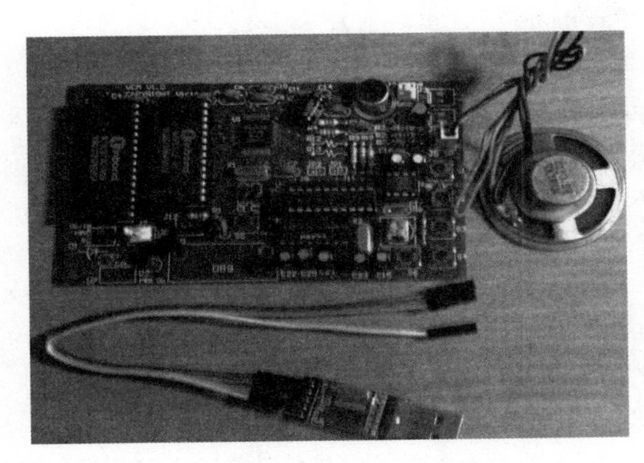

VCMM 可用于不限定语言的声控相关实验，它有以下特点：

- 使用8051微控制器作为控制芯片。
- 可通过USB接口下载各种C语言控制程序来做声控实验。
- 含支持8051微控制器的C语言SDK开发工具及程序源码。
- 新的C语言应用程序可从网络下载。

对于不限定语言的声控，在使用前需要先录音进行训练，把训练结果存储到数据库中，录什么声音便能够识别出什么声音。本节将说明如何进行语音训练。

1）系统已经预先包含控制程序，可以直接调用。+5V 电源连接至 J7 引脚。

2）扬声器的接线连接到 J5 SP，打开电源，电源指示灯 LED D2 亮起，工作指示灯 LED D3 闪烁，表示开机正常。或者按下复位（RESET）键 S6，可以重新启动系统。

3）系统已录有测试语音（例如 1、2、3），先按 S3 键，聆听系统已存在的语音内容（作为要识别的字词）。多按几次 S3 键，听听内建的已经训练的语音。

4）按 S 键，说出要识别的字词。系统会以英文说出“What’s name”作为提示语， 工作提示灯 LED D3 亮起，这时对着麦克风说出语音，例如说“1”，系统识别出来后会说“1”。

5）因为是特定人语音识别，所以谁来用语音训练，那么识别谁的语音就会很准确，在安静的环境下，识别率可达 95%。

6）语音输入操作的技巧：

- 训练及识别时周围环境不宜太嘈杂。
- 语音输入前会有提示语，同时工作提示灯LED会亮起，等提示语说完再输入语音。
- 语音输入时与麦克风的最佳距离为30cm，有效距离为100cm，距离越远，说话声越大。若声音太小，系统会以英文说出 “Please louder”，即提示输入语音者的说话声要大一些。

7）S1~S4 功能键：

- 按S1键：用于输入语音进行训练，作为识别语音的参考样本，一次训练一组，演示系统有

5个识别的单音。已训练好的语音会永久保存在存储芯片中。对于要输入进行训练的语音，每次都要输入2次。按下S1键，操作过程如下：

- ➢ 系统说出 “Say name”（说出名字），第1次录音。
- ➢ 系统说出 “Repeat name”（重复名字），第2次录音。

  两次录音生成语音参考样本。若训练成功，系统会说出语音输入者刚刚输入的语音进行确认。由于录音训练时会过滤混淆音，这样可以减少误识的情况，当新输入的语音与原先输入的语音相似时（混淆音），则无法输入新的语音。

- 按S2键：用于修改原先已存在的语音参考样本。先按S3键聆听系统中已存在的某组语音内容。再按S2键，则该组语音内容就会被删除掉。接着执行语音输入训练，以建立新的语音参考样本。若在语音输入过程中失败，可以按S1键来输入新的语音样本。
- 按S3键：聆听系统已存在的语音内容，编号为0~4。
- 按S4键：进行识别。
- 同时按S6和S1键，而后先放开S6键（S6键就是复位（RESET）键），清除所有已训练的语音，或者重置声控芯片系统，系统会发出“哔哔哔”3声来回应。在系统宕机，完全没有响应时，才使用这个组合复位键，因为一旦执行声控芯片的系统重置，原先存储在芯片内的所有语音样本数据会全部被清除掉，用户只能重新输入所有语音进行训练。

8）其他说明：

- 当用户第一次使用此系统时，不必输入新的语音样本，可以用系统自带的单音，如“1”“2”“3”来进行识别。
- 用户可以根据自己喜好来重新输入新的语音样本，如“John”“Nancy”“Peter”“Mary”“Sandy”。
- 系统可以识别5个单音，编号为0~4，当识别到这5个单音时，系统会说出对应的语音进行确认。

9）提高识别率的方法：

- 尽量避免使用容易混淆的音作为识别的字词，如数字“1”和“7”的中文语音。
- 同一个识别对象使用多组参考样本。例如，将“美国”“America”“USA”语音都识别为“美国”。
- 不限使用语言，例如汉语、英语、法语；或者方言，如粤语、客家话等。
- 语音输入质量十分重要，太大声、太小声、背景噪音太大都不宜。
- 由于语音输入的麦克风是电容式、无指向式的，因此可以对着麦克风以适当的距离（如30cm）说话。
- 在进行语音训练与识别的过程中，说话时离麦克风的距离尽量差不多远，以免声音输入的方位偏差太大。

A.9 本书实验所需的零部件及模块

本书实验所需的零部件及模块在电子器材市场均可购得，也可以到网上购买，这些零部件和模块包括：

- Arduino Uno实验板（成品）。
- 遥控车（套件）。
- VI中文声控模块（成品）。
- VCMM声控模块（成品）。
- L51学习型遥控器模块（成品）。
- MSAY中文语音合成模块（成品）。

本书实验用的基本控制板及配件如下，配齐后即可开始做实验：

- UNO控制板和USB连接线。
- 面包板和单芯配线。
- 实验零部件或模块。

对于高端一点的实验或专题作品的设计，才需要以小洞洞板（8cm×8cm）来焊接 Arduino 最小电路。下面列出各章实验所学的零部件。

Arduino 最小电路制作所需的零部件如表 A-3 所示。

表A-3 Arduino最小电路

编 号	名 称	规 格	数 量	使用章节
1	Uno芯片	ATMEGA328P-PU	1	1
2	芯片底座	28 PIN 窄边	1	1
3	石英晶振	16 MHz	1	1
4	发光二极管	5 mm，红	2	1
5	电阻	1 kΩ	2	1
6	按键	4 PIN	2	1
7	排针	3×1，2.54排针	1	1
8	电阻	10 kΩ	1	1

其他实验用的零部件如表 A-4 所示。

表A-4　其他实验用的零部件

编　号	名　称	规　格	数　量	使用章节
1	发光二极管	5mm，红	1	4 ~ 17
2	条形LED灯	10组LED灯	1	4
3	电阻	1 kΩ	4	4 ~ 17
4	电阻	100 Ω	8	4
5	扬声器	8Ω	1	4
6	压电扬声器	1205 5V外激式	1	4
7	电阻	10 kΩ	1	4
8	晶体管	2SC945	1	4
9	按键	4 PIN	2	4 ~ 17
10	七节数字显示器	共阳	1	4
11	电解电容	10 uF	1	11
12	继电器模块	5 V	1	4
13	二极管	1N4001	1	4
14	LCD16×2	2A16DRG	1	6
15	可变电阻	100 kΩ	1	4 ~ 17
16	电阻	100 kΩ	1	7
17	光敏电阻	实验通用	1	7
18	温湿度模块	DHT11	1	9
19	排针	3×1	3	4 ~ 17
20	人体感应器模块	焦电型	1	9
21	超声波收发模块	SR04	1	9
22	磁簧开关	普通材质	1	9
23	振动开关	普通材质	1	9
24	土壤湿度模块	特殊模块	1	9
25	声控模块	VCMM	1	15
26	瓦斯侦测模块	MQ2模块	1	9
27	红外线接收模块	38 kHz	1	11
28	名片型遥控器	实验通用	1	11
29	中文声控模块	VI30	1	16
30	180度舵机	S3003	1	12
31	电动机控制模块	Mo1	1	17
32	蓝牙模块	HC-06	1	17
33	车体	MCA套件	1	17
34	语音合成模块	MSAY	1	13
35	学习型遥控器模块	L51	1	14
36	七节数字显示器模块	Tm1637	1	17
37	水泵	3V 水泵	1	17
38	串行排灯	ws2812-8	1	15